建筑钢结构抗连续倒塌的机理、评估与鲁棒性提升

Progressive collapse prevention of steel building structures：
mechanism, evaluation and robustness enhancement

王　伟　王俊杰　著

中国建筑工业出版社

图书在版编目（CIP）数据

建筑钢结构抗连续倒塌的机理、评估与鲁棒性提升＝
Progressive collapse prevention of steel building
structures: mechanism, evaluation and robustness
enhancement/王伟，王俊杰著. —北京：中国建筑工
业出版社，2021.3
　　ISBN 978-7-112-25923-6

Ⅰ.①建… Ⅱ.①王… ②王… Ⅲ.①钢结构-坍塌
-防治-结构设计-研究 Ⅳ.①TU391

中国版本图书馆 CIP 数据核字（2021）第 034406 号

　　近年来，建筑结构的抗连续倒塌问题受到工程界广泛关注，已成为土木工程
防灾减灾的前沿研究之一。本书配合我国《建筑结构抗倒塌设计标准》的编制工
作，系统介绍了钢结构抗连续倒塌机理和抗连续倒塌鲁棒性提升的关键技术和评
估方法，内容主要包括国内外钢结构抗连续倒塌研究的发展历程与研究现状；我
国典型钢框架节点子结构抗连续倒塌机理研究；带楼板钢框架梁柱节点抗连续倒
塌机理研究；单层组合楼盖系统抗连续倒塌机理研究；组合楼板钢框架结构抗连
续倒塌性能的多尺度数值分析和评估策略；组合楼板钢框架结构抗连续倒塌鲁棒
性提升方法等。

　　本书适合广大土建专业人员在抗连续倒塌分析和设计中参考，也可供高校教
师从事相关科研和教学工作参考。

　　　　责任编辑：武晓涛
　　　　责任校对：芦欣甜

建筑钢结构抗连续倒塌的机理、评估与鲁棒性提升
Progressive collapse prevention of steel building structures:
mechanism，evaluation and robustness enhancement
王　伟　王俊杰　著

*

中国建筑工业出版社出版、发行（北京海淀三里河路 9 号）
各地新华书店、建筑书店经销
霸州市顺浩图文科技发展有限公司制版
北京建筑工业印刷厂印刷

*

开本：787 毫米×1092 毫米　1/16　印张：21　字数：518 千字
2021 年 7 月第一版　　2021 年 7 月第一次印刷
定价：**78.00** 元
ISBN 978-7-112-25923-6
（37201）

前　　言

连续倒塌（progressive collapse）是指由偶然因素引起的局部破坏最终导致结构的大部分甚至整体倒塌的事故。连续倒塌最终可能导致破坏的严重性使得人们必须对其发展规律进行研究，进而在结构设计阶段将此种破坏的出现概率和可能导致的经济损失限制在可以接受的程度。建筑结构鲁棒性（robustness）是指在偶然灾变作用导致部分竖向承重构件失效的条件下，建筑结构不发生连续倒塌破坏的能力。近些年来，受数次国内外重大连续倒塌事故的推动，建筑结构的鲁棒性已成为当前结构工程学术研究的焦点和工程设计关注的重点之一。各国设计规范与指南均要求对较为重要的建筑物应提高结构鲁棒性从而避免连续倒塌破坏。

对于多高层钢框架结构而言，由于体系的复杂性，一般的概念设计方法难以充分满足抗连续倒塌设计的需求，因而较多采用基于失效构件拆除的备用荷载路径法。然而，若要建立完备的建筑钢结构连续倒塌防控理论，需要解决以下两个关键问题：（1）连续倒塌通常伴随梁柱节点区域材料屈服后大应变、连接大转动和大变形等强几何非线性效应乃至钢材断裂等非连续变形效应，因此亟需探明梁柱节点子结构在构件拆除工况下的全过程性态和工作机理。（2）组合楼板的空间效应会对钢框架结构的抗连续倒塌能力产生极大影响，如果未予充分认识和考虑将可能导致较严重的误判。由于梁板组合作用和尺度效应的复杂性以及与梁柱节点行为的耦联性，目前有关组合楼板对空间钢框架结构鲁棒性影响的研究十分滞后，既缺乏大尺度机理试验结果，也缺乏可以快速评估钢框架组合楼板体系抗连续倒塌能力的高效数值分析方法和理论预测模型。

有鉴于此，本书作者自 2008 年以来，以多高层抗弯钢框架梁柱子结构极端拉结性态和大型足尺组合楼盖系统连续倒塌机理为切入点，采用足尺试验观测、精细化数值仿真模型开发和力学理论分析等技术手段，从节点、楼盖和结构体系层次对建筑钢结构抗连续倒塌机理和抗力发展机制展开研究，建立了系统的抗连续倒塌鲁棒性评估方法和便于工程应用的鲁棒性提升策略，希望对建筑钢结构体系的抗连续倒塌设计提供有益的借鉴。

为解决建筑钢结构抗连续倒塌机理、计算评估与鲁棒性提升问题，自 2008 年我们系统地开展了下列研究：

1）柱贯通式钢管柱-H 形梁节点连续倒塌机理研究；
2）隔板贯通式钢管柱-H 形梁节点连续倒塌机理研究；
3）外伸式端板单边螺栓连接节点连续倒塌机理研究；
4）带楼板钢框架梁柱节点连续倒塌机理研究；
5）单层组合楼盖系统连续倒塌机理研究；
6）组合楼板钢框架结构连续倒塌的多尺度数值分析；
7）组合楼板钢框架结构抗连续倒塌性能理论评估方法；
8）组合楼板钢框架结构体系抗连续倒塌评估策略；

9）组合楼板钢框架结构体系抗连续倒塌鲁棒性提升方法。

本书即是在参考国内外相关研究成果的基础上，对我们在建筑钢结构抗连续倒塌方面的研究成果加以总结而成。全书大纲由我拟定，由王俊杰起草第 1 章，我起草 2～9 章，最后由我负责全书的修改和统稿。本书内容主要基于下列我所指导研究生的学位论文工作，他们是王俊杰博士、李玲博士、严鹏硕士、秦希硕士、孙昕硕士、陈达标硕士。作者感谢同济大学陈以一教授、爱丁堡大学 Yong Lu 教授、美国国家标准技术研究院鲍弋海研究员对本书研究提出的宝贵意见。

本书的研究还得到了国家自然科学基金重点项目（批准号：51038008）、面上项目（批准号：52078366、51778459、51008220、51378380）、重点国际合作项目（批准号：51820105013）、土木工程防灾国家重点实验室基金项目（批准号：SLDRCE09-B-02、SLDRCE19-A-03）的资助。对此，本书作者表示衷心感谢。

尽管我们做出了努力，但由于学识和水平有限，书中依然难免存在不当和疏漏之处，恳请读者不吝指正，以期在今后加以改进和完善。

王伟

2020 年 10 月

目　　录

第**1**章

绪言

1.1 建筑结构连续倒塌研究背景

爆炸、撞击、火灾或施工失误等偶然荷载可能导致结构中承载构件的破坏，如果这种局部破坏依次地向其相邻构件传递，将导致结构的大部分甚至整体倒塌，此过程称为结构连续倒塌[1-4]。连续性和不成比例性是结构连续倒塌的两个重要特征[1]。连续性表现为某个或某些结构构件的失效持续地向其周边构件传递，而不成比例性是指初始的构件破坏和最终的结构倒塌之间破坏程度上的不成比例。与地震作用相比，虽然引起连续倒塌初始破坏的偶然荷载相对较小，且概率也很低，但其导致后果的严重程度却并不逊色。

近几十年已经发生了多起导致严重经济损失和人员伤亡的结构连续倒塌事件。1968年，英国 Ronan Point 公寓因天然气爆炸而发生部分倒塌[5]，自此连续倒塌现象开始引起研究人员的重视，并进行了一些初步的探索[6-10]。真正促使结构连续倒塌得到土木工程界广泛关注的是世纪之交的两个典型连续倒塌案例，即 1995 年美国俄克拉荷马城（Oklahoma City）的艾尔弗雷德·P. 默拉联邦大楼（Alfred P. Murrah Federal Building）汽车炸弹袭击事件[11-13] 和 2001 年美国世界贸易中心（World Trade Center）恐怖袭击事件[14-16]。在这些标志性事件之后，近年来关于结构连续倒塌的研究十分活跃。研究数量的增长得益于分析方法、数值仿真和试验技术的进步。

尽管目前已经有了很多关于结构连续倒塌的研究，但是在连续倒塌机理以及设计预防措施方面还有许多需要进一步探讨的地方。结构连续倒塌的发生概率很低，为了这种极其偶然的潜在破坏因素而改变现有建筑的结构设计方案是不合理的，因此挖掘现有结构形式中潜在的倒塌抗力就变得十分必要。目前，工程师们普遍采用的防止结构连续倒塌的方法主要有[1]：（1）增强结构强度、刚度和延性；（2）增强局部强度和延性阻止初始破坏扩展；（3）增强结构冗余度提供替代荷载传递路径；（4）增强结构构件和非结构构件之间的连接，以减小碎片的撞击。除了抗弯机制外，结构中有利于提高抗连续倒塌能力的抗力机制主要有：（1）梁的悬链线机制[17-18] 和楼板的薄膜机制[19-20]；（2）梁的压力拱机制[21-22]；（3）去柱部位之上框架的桁架机制[23-24]；（4）分隔墙和填充墙等非结构构件的支撑作用[25-26]。

1.2 结构抗连续倒塌设计方法

工程界对结构连续倒塌控制与抗倒塌设计展开了广泛的研究，并将成果纳入设计规范和指南之中。预防结构连续倒塌的思路主要分为如下几种：（1）减小突发事件的可能性；（2）针对意外事件进行设计，使结构构件在偶然荷载作用下不发生破坏；（3）针对局部破坏进行设计，允许一定程度的破坏，避免结构发生不成比例的坍塌。Leyendecker[8,27] 将结构抗连续倒塌的设计方法分为三类，包括事件控制、间接设计和直接设计。事件控制与思路（1）相对应，要求在突发事件发生之前通过设置防护措施将危险源隔离在建筑之外，是结构设计以外的措施[28]。间接设计和直接设计与思路（2）、（3）相对应，在此主要针对间接设计和直接设计方法进行论述。

1. 间接设计

针对突发事件采取概念性设计措施增加结构的强度、冗余度以及延性，来抵御连续倒塌的发生，同时包含拉结力法，相应措施一般包括：（1）合理的结构布置，避免结构出现薄弱环节；（2）加强连接构造，保证结构的整体性和连续性；（3）提高冗余度，保证多个荷载传递路径；（4）采用延性材料以及延性构造措施，实现延性破坏；（5）考虑反向荷载作用；（6）楼板/梁的悬索作用；（7）设计墙使其能承受横向荷载。

拉结力法即在结构中通过构件直接进行相互拉结，来提供结构的整体牢固性以及荷载的多个传递路径，可归为一种量化的概念设计。根据拉结的位置和作用，可分为内部拉结、周边拉结、对墙柱的拉结和竖向拉结四种类型，各种拉结均要求传力路径连续、直接，并对拉结强度进行验算。我国规范对拉结的概念和作用有一些简单的描述，但没有具体规定[29]。另外，英国建筑法规[30-31]和美国国防部（DOD）设计指南[32]（以下简称DOD设计指南）均明确提出此设计要求。然而，根据 Abruzzo 的研究[33]，即使满足DOD设计指南中的拉结强度规定，结构在抵御连续倒塌方面仍然具有明显的弱点。另外，该方法的设计质量多依赖于设计人员的经验。对于复杂、不规则结构的设计，设计者将很难有效地理解并运用这一方法。

2. 直接设计

针对突发事件产生的偶然荷载，通过提高结构抗偶然荷载的能力来抵御连续倒塌的发生，包括备用荷载路径法和局部加强法。

备用荷载路径法（alternate path method）是当前研究结构连续倒塌的主流方法，它既是一种设计方法，也是一种分析方法。该方法的思路是将初始失效构件去除后，考察结构在原有荷载作用下发生内力重分布并逐步趋近新的稳定平衡状态或发生连续倒塌破坏的过程，忽略引起构件破坏的初始原因。该设计过程不依赖于意外荷载，适用于任何意外事件下的结构破坏分析。备用荷载路径法在美国总务管理局（GSA）设计指南[34]（以下简称 GSA 设计指南）、DOD 设计指南[32]和日本控制设计指南[35]中均有具体的规定。其中，2009 版 DOD 设计指南[32]明确要求在初始破坏发生后，不允许构件发生后续破坏，即剩余结构应有能够完全承担原本由失效构件承受的荷载的能力。

局部加强法（enhanced local resistance）也称为关键构件法或特殊抗力法，对于拆除后可能引发结构大范围坍塌的构件，应进行加强设计，阻断或减轻初始局部破坏，以降低结构发生连续倒塌的可能性。英国规范[30]及欧洲规范[36]中，关键构件在原有荷载的基础上应能够承受 $34kN/m^2$ 的均布荷载，该荷载值参考了 Ronan Point 公寓楼发生连续倒塌事故时承重墙的失效荷载。英国规范[30,31,37]建议在拉结力法和备用荷载路径法设计均不满足要求时才进行局部加强法设计。2009 版 DOD 设计指南[32]也包含了此设计方法。

各国规范对于以上方法各有侧重。可以看出，我国仅在倒塌理论和设计中规定了相应的设计思路，但缺少具体可行的操作流程和设计参数。英国规范[30] 及欧洲规范[36] 的抗倒塌设计思路侧重于拉结力法和局部加强法，而 GSA 设计指南[34]、DOD 设计指南[32] 则侧重备用荷载路径法。DOD 设计指南[32] 中依据倒塌风险大小将建筑物分为 OC Ⅰ～OC Ⅳ四个等级，其中 OC Ⅰ建筑无需进行抗连续倒塌设计，OC Ⅱ建筑可采用拉结力法与局部加强法进行组合设计或采用备用荷载路径法设计，OC Ⅲ建筑应采用备用荷载路径法与局部加强法设计，OC Ⅳ建筑需采用三种方法进行设计。

1.3　结构连续倒塌研究层次

为了研究建筑结构在连续倒塌大变形情况下的各种抗力机制，学者们通过试验和数值模拟开展了大量的研究。如图 1.1 所示，建筑结构连续倒塌研究可以按照结构层次分为三类[38]：（1）平面梁柱节点子结构；（2）楼盖子结构；（3）整体结构。由于试验条件的制约，目前结构连续倒塌试验研究主要集中于平面梁柱节点子结构层次[39-53]。通过此类试验可以对比不同节点连接构造和楼板构造对梁柱节点在连续倒塌工况下的表现，但其难以获得荷载在空间中的重分布情况以及楼板三维抗力的贡献。另一方面，整体结构试验[54-61] 最能反映连续倒塌发生时结构的实际性能，然而试验难度和费用极高，且很难有完美的测量方案来捕捉结构的全部响应。与以上两类试验相比，楼盖子结构既试验可以反映结构在连续倒塌情况下的三维性能，又具有适中的试验难度和费用，是一个理想的折中方案。

(a) 平面梁柱节点子结构[41]　　　　(b) 单层楼盖子结构　　　　(c) 整体结构[54]

图 1.1　结构连续倒塌试验分类

1.4　钢结构梁柱节点子结构连续倒塌研究

1.4.1　节点子结构试验

对于梁柱节点的性能研究，分析模型通常取为失效柱上方节点及其连接的两侧梁组成的子结构，即模拟的是中柱失效工况。目前，梁柱节点子结构试验研究主要采用如图 1.2 所示的两类试验装置，即"双跨梁柱节点子结构"和"双半跨梁柱节点子结构"。对研究对象所采用加载方式，大部分为在柱顶施加拟静力的竖向荷载，即 Pushdown 分析方法，可获得结构的静力响应；也可以在框架梁上施加重力荷载后再去除中柱底部支承，如果是瞬间去除支承便可考虑结构的动力响应。

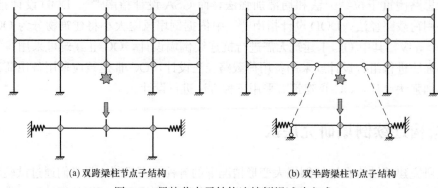

(a) 双跨梁柱节点子结构   (b) 双半跨梁柱节点子结构

图 1.2　梁柱节点子结构连续倒塌试验方式

1.4.1.1　钢框架非刚性节点

Rölle 对纯钢结构平端板连接节点进行拟静力试验[62]，研究表明螺栓直径、端板厚度以及螺栓布置、钢材强度、柱翼缘与端板强弱关系对节点承载力没有明显影响，但对节点转动能力影响较大。在对钢框架结构进行抗倒塌设计时，可通过调整节点构造而使塑性铰出现在节点处，利用节点较好的变形能力来增强悬链线效应，以实现结构在初始破坏后的内力重分布。

Kozlowski[63] 对一组纯钢结构平端板连接节点试件进行了拟静力试验，试件最终因中柱节点连接梁截面和端板的焊缝断裂而破坏，在承载力退化之前梁弦转角达 0.07rad，表现明显的延性破坏特征，但还未发展明显的悬链线效应。

Yang[64] 对两组不同构造的节点进行拟静力试验，第一组为铰接节点，分别采用腹板连接、翼缘角钢连接、鳍板连接、翼缘腹板角钢（8mm 角钢）连接；第二组为半刚性节点，分别采用平端板连接、外伸端板连接、翼缘腹板角钢（12mm 角钢）连接。结果表明，在铰接节点中，腹板角钢连接节点在悬链线作用下承载能力最高，转动能力最强，性能最佳；半刚性节点试件呈现出弯曲受力向悬链线受力的转变，其中翼缘腹板角钢连接节点的承载力和转动能力最强，性能最佳。

Liu[65] 对腹板角钢连接节点进行中柱失效条件下试验，分别采用动力方式和静力方式去除中柱。试验结果表明，两种加载条件下节点的破坏模式是一致的，均为腹板角钢趾部断裂，但试件在动力试验中产生的竖向动位移大于静力试验的最终稳定位移。

1.4.1.2　钢框架刚性节点

Karns[66-68] 对栓焊混合连接节点和盖板加劲节点这两种钢结构焊接节点进行了爆炸破坏试验和拟静力加载试验，结果表明盖板加劲节点的承载力和变形能力均远高于栓焊混合连接节点，可见增强节点强度和刚度对抵抗结构连续倒塌的效果是相当显著的。

Sadek 对两个分别采用栓焊混合连接节点和狗骨式节点的钢框架平面梁柱节点进行拟静力试验[41,69]，试验结果表明，狗骨式节点的承载力和转动能力都高于栓焊混合连接节点。

Lee[70] 对带翼缘加劲板的栓焊混合连接节点进行拟静力试验，变换梁的跨高比进行研究。试验结果表明，不同跨高比的试件的极限弦转角不同，但是极限承载力差别不大。

1.4.2　节点子结构数值模型

为了细致考察梁柱节点在连续倒塌工况下的性能，可采用精细的有限元模型，通常指的是采用实体单元的模型［图 1.3（a）］。为减小计算量，可以在节点区域以外的部分采用其他形式的单元。例如，Sadek[69] 在对栓焊混合连接节点拟静力试验进行模拟时，节点区部分采用实体单元，以精确反映材料的三向受力特点，偏离柱翼缘一定距离处的梁截面均采用壳单元［图 1.3（a）］。远离节点区的部位，还可进一步简化为梁单元[71]［图 1.3（b）］甚至是刚体[72]［图 1.3（c）］，其前提是该简化仍能反映被模拟对象的主要受力特点。

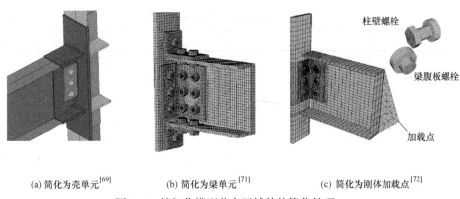

(a) 简化为壳单元[69]　　　　　(b) 简化为梁单元[71]　　　　　(c) 简化为刚体加载点[72]

图 1.3　精细化模型节点区域外的简化处理

在精细化模型中，材料断裂模拟仍是个难题。目前的数值模拟研究中常常不考虑材料断裂的问题，仅体现材料的塑性发展。若需进行断裂模拟，需要在模型某些预定部位定义材料的断裂属性，采用合适的断裂准则。Khandelwal[73] 将节点区及梁端附近一定长度范围内的梁截面定义为可以考虑材料断裂 Gurson 模型，而其余部位采用普通的 J2 塑性模型。Sadek[69] 则采用较为简单的失效应变作为断裂判断准则，根据对材性试验的数值模拟确定采用不同单元类型时应用的钢材本构曲线以及各自适用的失效应变。Xu[74] 为了模拟焊缝的断裂，在梁翼缘与柱翼缘连接处设定了初始裂纹。

由于材料断裂会造成模型刚度的瞬时突变，容易造成收敛性困难。对断裂的模拟，采用显式积分算法更易收敛。Yang[71] 分别采用 ABAQUS/Standard 静力隐式积分处理器和 ABAQUS/Explicit 动力显式积分处理器对非刚性螺栓连接型节点在悬链线效应下的性能进行模拟，证明前者比后者的模拟更为精确，但是对断裂的完全模拟后者效果更佳。采用静力隐式积分算法时，为了避免材料断裂之后计算不收敛而退出，在断裂面上设定具有一定刚度的弹簧，使得断裂发生后刚度矩阵不至于奇异。Sadek[69] 采用 LS/DYNA 显式动力积分算法，有效地模拟了栓焊混合连接节点的下翼缘断裂。

1.5　楼盖子结构连续倒塌研究

1.5.1　楼盖子结构试验研究

目前，国内外学者已经借助楼盖子结构对楼板在连续倒塌工况下的空间性能展开了大量试验研究，但这些试验的对象主要为混凝土结构，针对钢-混凝土组合楼盖子结构的研究十分有限。但混凝土楼盖子结构的连续倒塌试验研究会为钢-混凝土组合楼盖子结构空间作用的研究提供借鉴。

1.5.1.1 混凝土结构

表1.1汇总了一些有代表性的混凝土楼盖子结构连续倒塌试验研究[75-93]。这些试验研究以混凝土梁板楼盖[75-85]或混凝土无梁楼盖[86-93]为研究对象，通过拆除单个或多个柱子的方式引入初始破坏，采用静力或动力加载的方式研究了这些结构在发生初始破坏后的抗连续倒塌性能。

混凝土楼盖子结构连续倒塌试验　　　　　　　表1.1

作者	结构类型	失效柱位置	加载方式	缩尺比例
Qian[75]	梁板楼盖	中柱	单点加载	1/4
Qian[76]	梁板楼盖	角柱	单点加载	1/3
Qian[77]	梁板楼盖	角柱侧边柱；角柱侧边柱和角柱	分配梁均布加载	1/4
Qian[78]	梁板楼盖	角柱	动力加载	1/3
Dat[79]	梁板楼盖	角柱侧边柱	分配梁均布加载	1/3
Lim[80]	梁板楼盖	角柱；边中柱	单点加载	2/5
Ren[81]	梁板楼盖	中柱	单点加载	1/3
Lu[82]	梁板楼盖	边中柱	单点加载	1/3
Yu[83]	梁板楼盖	边中柱	分配梁均布加载	3/10
Du[84]	梁板楼盖	角柱；角柱侧边柱；中柱	单点加载	1/3
Almusallam[85]	梁板楼盖	边中柱	单点加载	1/4
Qian[86]	无梁楼盖	内柱	分配梁均布加载	1/4
Qian[87]	无梁楼盖	角柱	单点加载	1/3
Qian[88]	无梁楼盖	角柱	动力加载	1/3
黄文君[89]	无梁楼盖	中柱	分配梁均布加载	1/3
Ma[90]	无梁楼盖	角柱	分配梁均布加载	1/3
Ma[91]	无梁楼盖	边柱；边中柱和内柱	分配梁均布加载	1/3
Russell[92]	无梁楼盖	角柱；角柱侧边柱；边中柱	沙袋均布加载；动力加载	1/3
Adam[93]	无梁楼盖	角柱	动力加载	1

静力加载包括直接施加集中力于失效柱的单点加载方式［图1.4（a）］，和通过布置分配梁［图1.4（b）］或逐级堆叠沙袋［图1.4（c）］于楼板受影响区域的均布加载方式。这两种加载方式可以看作是基于不同的试验假定，单点加载的方式假定引起楼盖子结构破坏的荷载主要是通过柱子传递而来的上层结构荷载，而均布加载的方式假定引起楼盖子结构破坏的荷载主要是直接施加于本层楼盖的结构荷载。受限于单点加载的荷载施加方式，在失效柱位置处的节点失效后，楼盖子结构便丧失承载能力。对于均布加载方式来说，在节点失效后，楼板可能还会继续提供承载力。采用逐级堆叠沙袋的方式加载，只能得到试件达到极限承载力之前的性能曲线[92]，然后试件会因承载力不足而突然坠落，既难以获得试件在极限承载力之后的性能曲线，也不利于试验过程中的控制，而采用分配梁施加均布荷载可以有效地解决上述问题。在开展动力加载试验时，通常会采用堆叠沙袋的方式，先在楼板受影响区施加预设的均布荷载，然后再突然拆除目标柱子。

关于混凝土梁板楼盖子结构的试验研究表明，楼板的存在可以大幅提高梁柱节点子结

(a) 单点加载[75]

(b) 分配梁均布加载[77]

(c) 堆叠沙袋均布加载[78]

图 1.4 混凝土楼盖子结构加载方式分类

构各变形阶段的承载力，并能将梁柱节点子结构的极限承载力至少提升一倍[75,76,81]。对于中柱或边柱失效的情况，楼盖子结构可以激发抗弯机制、压力拱机制、受压薄膜作用、悬链线机制、受拉薄膜作用[75,80]，而对于角柱失效情况，楼盖子结构的承载力主要由抗弯机制提供[76,80]。提高梁受力筋的配筋率可以同时提高前期的抗弯承载力和后期的悬链线抗力，而提高楼板内的配筋率仅能提高楼板在大变形时的受拉薄膜作用，对前期的抗弯承载力没有明显影响[82]。增加梁高可以提高前期的抗弯承载力，不能提高后期的悬链线抗力[82,83]。

一般来说，无梁楼盖的荷载重分布能力要弱于有梁楼盖，这可能会使其在去除柱子后出现更严重的破坏。对于中柱或边柱失效的情况，楼盖子结构的前期承载力主要由抗弯机制和受压薄膜作用提供，后期承载力主要由受拉薄膜作用提供[86,91]。对于角柱失效情况，单层楼盖子结构的承载力主要由抗弯机制和部分发展的受拉薄膜作用提供[87,90]；而对双层楼盖子结构的试验研究表明，层间的空腹桁架机制也会提高角柱失效情况下的承载力[93]。混凝土无梁楼盖子结构的失效主要受冲切破坏控制，而不是弯曲破坏[92]。在板柱节点区域设置柱帽可以有效提高无梁楼盖的抗冲切性能，从而大幅提高无梁楼盖子结构的后期承载力[87]。

考虑到结构连续倒塌是一个动力过程，一些学者对混凝土楼盖子结构开展了突然抽柱的动力试验研究。结果表明，混凝土楼板可以大幅度减小梁柱子结构的动力响应，且梁板楼盖子结构的动力荷载放大系数约为 1.3[78]，而无梁楼盖子结构的动力荷载放大系数约为 1.24[93]。这说明，按照 DOD 设计指南[32] 简单地将动力放大系数定为 2.0 是不符合实际的。

在无梁楼盖子结构的动力试验中，测得的钢筋最大应变率均小于 0.35/s，在此应变率情况下，材料的强度提升效果可以被忽略[92]。其他关于混凝土梁柱节点子结构的试验研究[21,94] 也表明，在连续倒塌条件下，材料的应变率效应可以忽略。

总的来说，目前关于混凝土楼盖子结构的连续倒塌试验研究主要以单层楼盖子结构为对象，研究其在移除单个柱子时的结构性能，但也有少部分学者对可能出现的多柱失效[77,91] 情况，或以两层甚至多层楼盖子结构[56,93] 为研究对象开展了试验研究。并且，受限于试验条件的限制，现有的研究主要采用缩尺试件，足尺试验非常稀少[93]。

此外，有些学者从改进节点或楼板构造的角度，给出了提升混凝土结构抗连续倒塌性能的方法。这些方法包括：通过在梁内设置起波钢筋[95] 或改进型弯起钢筋[96]，以及在梁下方设置未预紧的钢绞线[97] 等方式来提升钢筋混凝土梁在大变形下的悬链线抗力；通过在楼板表面贴附新型材料薄片[98,99] 来提升楼板在大变形下的受拉薄膜作用。

1.5.1.2 钢-混凝土组合结构

压型钢板组合楼板是钢框架结构中广泛采用的楼板形式。压型钢板除了可以替代底层受拉钢筋外，还可以作为浇筑混凝土的模板，节省支模费用，也可以直接作为顶棚使用。如图 1.5 所示，常用的压型钢板组合楼板可分为开口型和闭口型两种。现有的组合楼盖子结构连续倒塌试验也都聚焦于这两类压型钢板组合楼板。

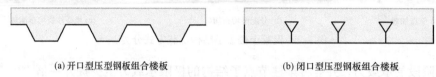

(a) 开口型压型钢板组合楼板   (b) 闭口型压型钢板组合楼板

图 1.5 压型钢板组合楼板分类

如表 1.2 所示，与混凝土楼盖子结构的试验研究程度相比，目前考虑楼板空间作用的钢-混凝土组合楼盖子结构连续倒塌的试验研究还十分有限，并且所考虑的梁柱节点形式也只有腹板螺栓连接的铰接节点和端板螺栓连接的半刚接节点两类。

钢-混凝土组合楼盖子结构连续倒塌试验   表 1.2

作者	组合楼板类型	节点类型	失效柱位置	加载方式	缩尺比例
Astaneh-Asl[100]	开口型	铰接	边中柱	单点加载	1
Hadjioannou[101,102]	开口型	铰接	边中柱；中柱	水箱均布加载	1/2
Johnson[103,104]	开口型	铰接	角柱；边中柱；中柱	水箱均布加载	1/2
Fu[105,106]	闭口型	半刚接	中柱	分配梁均布加载	1/3

如图 1.6 所示，在这些试验研究中，均采用静力的方式施加单点或均布的竖向荷载。采用单点集中加载的方式 [图 1.6 (a)]，Astaneh-Asl[100] 发现组合楼盖子结构的破坏由失效柱位置处的梁柱节点控制，若节点不发生过早破坏，则梁和楼板可通过发展足够的悬链线机制和受拉薄膜机制来避免连续倒塌的发生，但是，如果梁柱节点破坏过早，则这种加载方式不能获取楼板的后期承载能力。在 Hadjioannou[101,102] 和 Johnson[103,104] 的试验中 [图 1.6 (b) 和图 1.6 (c)]，采用向楼板受影响区域放置的水槽内逐级注水的方式施加均布荷载，但是这种方式与前述堆叠沙袋的均布加载方式存在同样的问题，即不容易控制和不能获得极限承载力之后的性能曲线。此外，在 Hadjioannou[101,102] 的试验中，当达到加载装置最大可施加的荷载时，试件仍未破坏，最终在拆除梁柱节点螺栓之后，试件才在水槽施加的竖向荷载发生破坏。如图 1.6 (d) 所示，Fu[105,106] 采用与图 1.4 (b) 类似的分配梁系统施加等效的均布荷载。

在承载能力方面，Astaneh-Asl[100]、Hadjioannou[101,102] 和 Fu[105,106] 的试验结果均表明，其所试验的组合楼盖子结构均能抵抗因移除单个柱子而导致的连续倒塌。但在 Johnson[103,104] 的试验中，受限于较弱的节点螺栓和较弱的水平边界约束，其在角柱失效、边柱失效和中柱失效情况下的承载力仅分别为设计荷载的 50%、75% 和 60%。不过，在进行中柱移除试验时，此试验工况的楼板区域边界已因受到边柱移除试验的影响而遭到

(a) 单点加载[100]

(b) 水箱均布加载[101]

(c) 水箱均布加载[103]

(d) 分配梁均布加载[106]

图 1.6　组合楼盖子结构加载方式分类

明显破坏[103]。以上试验表明，在移除内柱和边柱工况时，组合楼盖子结构的承载力主要由前期的抗弯机制和后期的悬链线机制和受拉薄膜作用提供；而在角柱失效时，组合楼盖子结构的承载力主要由抗弯机制提供。

在以上介绍的试验研究中，主要采用缩尺试件来研究组合楼盖子结构在移除各位置柱子情况下的抗连续倒塌性能。这些试验的结果揭示了组合楼板对抗连续倒塌承载力的巨大贡献，并且获得了组合楼盖子结构在连续倒塌条件下可能出现的各种抗力机制。

1.5.2　楼盖子结构数值模型

与试验研究相比，数值模拟研究可以用较低的成本开展大量工况的模拟计算，是结构连续倒塌研究的重要手段。上述试验研究表明，楼盖的连续倒塌主要由梁柱节点区域的钢材断裂或混凝土的压溃引起。因此，在针对此类问题的数值模型，必须要能够准确考虑钢材的断裂和混凝土的塑性损伤性能。目前，已有不少学者开展了组合楼盖子结构和混凝土楼盖子结构连续倒塌的数值研究。

如图 1.7 所示，在有关组合楼盖子结构的数值模型中，梁、柱以及剪切板一般采用壳单元，混凝土采用实体单元，栓钉采用梁单元，钢筋采用桁架单元。Sadek[107] 通过此类模型研究了采用剪切板铰接节点的组合楼盖子结构在移除中柱条件下的抗连续倒塌性能和相应的破坏模式。计算结果表明，组合楼盖的受拉薄膜抗力主要由钢筋和压型钢板提供，并且，钢筋网和压型钢板分别能够发展双向和单向的薄膜拉力。不过，由于梁柱节点为剪切板铰接连接，组合楼盖子结构模型在移除中柱条件下的抗连续倒塌能力远低于 GSA 设计指南[34] 的要求。

基于 Sadek[107] 的模型，并改进了其易因栓钉相邻混凝土单元过度扭曲而导致的计

图 1.7　组合楼盖子结构有限元模型[108]

算收敛性问题，Alashker[108] 对比研究了单点加载和均布加载方式，也研究了压型钢板厚度、配筋率和剪切板连接处螺栓数量的影响。计算结果表明，压型钢板厚度对结构抗连续倒塌性能影响最大。因为剪切板铰接连接的破坏较早，增加剪切板铰接连接中的螺栓数量仅能提高小变形情况下的承载力。均布加载方式可以准确捕捉组合楼板的所有抗连续倒塌机制，而单点加载的方式会导致节点过早失效而丧失传力路径。基于上述计算结果[108]，Alashker[109] 提出了一种适用于计算组合楼盖子结构在中柱失效条件下抗连续倒塌承载力的理论方法。此方法假定组合楼板在连续倒塌情况下的承载力主要由楼板的受拉薄膜效应和钢梁的悬链线机制来提供，并且对组合楼板的变形形态和破坏模式进行了一系列简化假定，最终的计算结果与有限元结果比较接近。但是，此方法需要迭代求解，应用起来比较繁琐。

Fu[110] 以 Johnson[103] 的试验为原型进行了有限元模拟，发现楼板的受拉薄膜效应比梁的悬链线效应出现更早。通过对配置后张预应力自复位节点的钢框架底层结构的有限元模拟，Dimopoulos[111] 发现组合楼板可以将钢框架的抗连续倒塌承载力提高 30%，且柱子过早的受压失稳可能会制约整体结构承载力的发展。

除此之外，还有一些学者开展了有关混凝土楼盖子结构连续倒塌的数值研究。基于 Qian[75] 的楼盖子结构试验，Pham[112,113] 标定了精细化的有限元模型并开展了一系列参数分析。计算结果表明，边界水平约束刚度只对楼板的受压薄膜效应有影响，对受拉薄膜效应没有影响；在所有单柱失效工况中，移除角柱不是最不利的工况，反倒是移除与角柱相邻的内柱最危险。以精细化的有限元模型为标定依据，Bao[114] 提出了适用于混凝土结构抗连续倒塌分析的简化建模方法，并将其应用于整体混凝土框架结构的抗连续倒塌鲁棒性分析。Weng[115] 通过对混凝土无梁楼盖子结构的数值研究发现，楼板内贯通钢筋的配筋率至少要大于 0.63% 才能保证无梁楼盖子结构在连续倒塌条件下的抗冲切破坏性能，此外，提高楼板厚度会提升无梁楼盖子结构的前期承载力，但同时会弱化无梁楼盖子结构的变形能力。

1.6　组合楼板钢框架结构的连续倒塌简化计算模型

在对组合楼板钢框架结构进行整体连续倒塌分析时，为了避免过大的计算成本，通常会采用简化模型进行结构建模，即梁、柱和栓钉采用梁单元，楼板采用壳单元。

1.6.1 节点模型

与用于抗震分析的节点模型相比[116,117]，用于连续倒塌分析的节点简化模型必须能够考虑轴力以及弯剪组合作用的影响。如图1.8（a）所示，在 Sadek[69,107,118,119] 等学者采用的节点简化模型中，梁柱之间的力通过一系列水平和竖向的弹簧传递。每个剪切板处的螺栓，以及翼缘与柱壁之间的挤压作用都可以用一个水平弹簧来代替，其中螺栓弹簧模型可以考虑螺栓的非线性性能和破坏模式，梁翼缘与柱壁挤压弹簧是一个简单的接触弹簧。因为此模型重点关注梁的悬链线性能，因此竖向的抗剪弹簧只考虑线弹性性能。但在连续倒塌大变形时，图1.8（a）中所示的具有一定长度的竖向和水平弹簧会相互作用，这种相互作用会破坏模型的计算效果，比如弹性的竖向剪切弹簧发生倾斜之后会对水平轴向弹簧有影响。为了解决这个问题，Khandelwal[118,120] 提出了一个如图1.8（b）所示的简化节点模型，将中间的螺栓弹簧用一个梁单元代替，上下两个弹簧分别表示混凝土楼板或梁翼缘与柱壁之间的挤压作用。

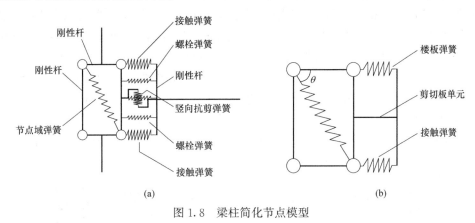

(a)　　　　　　　　　　　　　　　(b)

图 1.8　梁柱简化节点模型

以上模型的节点区均假定只发生剪切变形。不过 Xu[121] 指出，因为节点区变形对结构整体性能影响很小，在连续倒塌模拟时，节点区的变形可以忽略。

1.6.2 框架模型

Kim[122,123] 用平面钢框架简化模型分别研究了狗骨式连接、翼缘加焊盖板连接和栓焊混合连接三种梁柱连接形式在连续倒塌情形下的性能。简化模型中，节点域用刚体代替，连接处用塑性铰代替，梁柱用可以考虑轴力和弯矩相互作用的梁单元代替。计算结果发现三种连接的抗震性能相似，但翼缘加焊盖板连接的抗连续倒塌性能最优。Kim[124] 用相似的平面钢框架简化模型研究了悬链线机制在钢框架连续倒塌时所起的作用。计算结果表明，在考虑悬链线机制时，梁能够提供相当大的承载力，并且，增加层数和跨数，以及加入支撑限制梁端水平位移都可以增强悬链线机制。Kim[125,126] 用相似的简化模型研究了平面抗弯钢框架的抗连续倒塌性能。计算结果表明，增加层数、减小跨度和增加跨数可以提高钢框架结构的抗连续倒塌性能；与动力分析的相比，静力分析会高估钢结构的抗连续倒塌能力。

Khandewal[73,120] 提出了两个分别适用于抗剪连接和抗弯连接的钢框架简化模型，并用精细化的有限元模型结果进行校核，而后用其分别分析了不同抗震烈度设计的钢框架的抗连续倒塌性能。计算结果表明，高抗震烈度设计的钢框架因具有更好的结构布置和强度而具有更优的抗连续倒塌能力，同时发现，替代荷载路径法并不能够充分考察钢框架结构的强度储备。Khandewal[118] 用同一模型研究了两个分别采用中心支撑（低抗震烈度设计）和偏心支撑（高抗震烈度设计）的钢框架。计算结果表明，偏心支撑钢框架因为有更好的结构布局而具有更高的抗连续倒塌能力。

1.6.3 整体结构模型

Hoffman[127] 用三维有限元模型研究了具有外围抗弯框架和钢-混凝土组合楼板的钢框架结构的抗连续倒塌性能，分别计算了一个3层结构和一个10层结构。研究结果表明，移除角柱和移除抗剪连接处的外围柱后，结构不能提供足够的抗倒塌能力；移除外围抗弯框架处的柱子，结构不发生连续倒塌；结构具有足够的承载力来承受移除内部的柱子的情况；结构的高度对结构的抗连续倒塌性能无明显影响。

如图1.9所示，Fu[128] 用三维有限元模型计算了两个分别采用剪力墙和支撑来抵抗水平力的20层钢框架结构在移除柱子情况下的表现。计算结果表明，移除结构柱子时的动力作用主要影响与柱相连的区域，移除较高层处的柱子会比移除底层柱子引起更大的竖向位移，同时，Fu推荐所有的结构构件的轴力都应该按照"1.0 恒荷载＋0.25 活荷载"荷载组合的两倍来设计。Fu[129] 用以上模型进行了一系列的参数化分析，分别研究了不同的钢材和混凝土强度，以及网格尺寸的影响。最终，作者提出了以下四个有利于提高钢结构建筑抗连续倒塌能力的措施：提高钢构件的强度；提高混凝土强度（效果有限）；减小跨度，增强结构的冗余度；增加配筋率（只在发生大变形时起作用）。

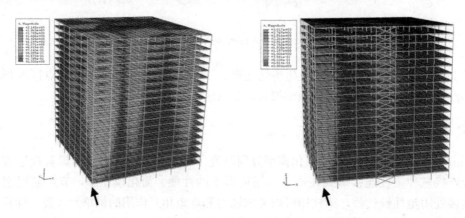

图1.9　组合楼板钢框架结构柱失效模拟[128]

如图1.10所示，Kwasniewski[130] 用细致的三维有限元模型分析了一个8层钢框架结构在移除柱子之后的反应。在建模过程中，分别用试验数据和精细化模拟结果标定了梁柱节点模型和组合楼板简化模型。计算结果表明，其所模拟的原型结构有较好的抗连续倒塌性能。

Li[131,132] 对比了整体模型和单榀模型在去柱后的不同性能，指出只有通过整体分析

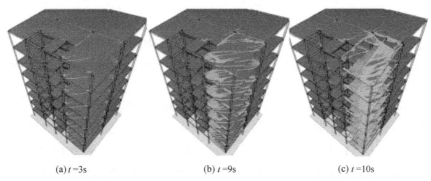

(a) t =3s   (b) t =9s   (c) t =10s

图 1.10　组合楼板钢框架结构角柱失效模拟[130]

才能准确获得钢框架结构的抗连续倒塌能力。在破坏发生前，由于没考虑楼板的贡献，单榀模型会出现更大的变形，且与失效柱相邻的柱子会受到更大的重分配荷载。破坏发生后，单榀框架可能会高估结构的易损性，也可能会低估结构的易损性，尤其是不能捕捉连续倒塌向单榀框架平面外传播的现象。因此，想要准确得到结构的抗连续倒塌能力，只有通过整体结构建模分析才能实现（图 1.11）。

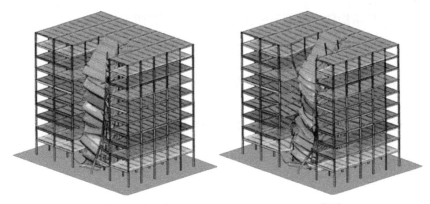

图 1.11　钢框架组合楼板结构连续倒塌模拟[131]

1.7　结构抗连续倒塌鲁棒性评价方法

DOD 设计指南[32] 和 GSA 设计指南[34] 提出的替代荷载路径法是评价结构抗连续倒塌鲁棒性最常用的方法。不用考虑具体的破坏原因，仅仅只需要移除关键结构构件，并分析剩余结构跨越破坏构件的能力。但是，Khandelwal[133] 指出此方法并不能充分提供结构连续倒塌可能性的信息，有可能结构满足替代荷载路径法的要求，但是却依然会发生连续倒塌。

Izzuddin[134] 基于替代荷载路径法提出了一个评估多层结构抗连续倒塌鲁棒性的简化方法。他指出，耗能能力、冗余度和延性不能单独作为鲁棒性的评价指标，相反，只有通过拟动力分析将三者结合起来才能评价结构的鲁棒性。Vlassis[135] 利用此方法进行了实例研究。结果表明，如果受影响构件的延性需求不确定的话，只通过拉结力规定不能保证结构鲁棒性。

Starossek[1,136] 指出如果初始破坏是确定的，那么结构的抗连续倒塌鲁棒性就可以通过结构的暴露程度和易损性来评价。为了提出评价结构抗连续倒塌鲁棒性的方法和指标，Starossek[137] 根据不同的破坏发展模式，对结构连续倒塌进行了分类。利用基于风险概率分析的决策分析理论，Baker[138] 提出了一个结构抗连续倒塌鲁棒性的评价方法。基于结构间的连接程度，Agarwal[139] 提出了一个结构易损性评估方法。

根据替代荷载路径法，Khandelwal[133] 用"Pushdown"的分析方式来评价抗连续倒塌鲁棒性，其主要有三种 Pushdown 方式：（1）均匀 Pushdown，即在残余结构上施加等比例逐渐增大的重力荷载；（2）跨内 Pushdown，即只在与失效柱相邻跨内施加等比例逐渐增大的重力荷载；（3）增量动力 Pushdown，即先施加重力荷载，再突然移除柱子。Xu[74,121,140] 提出用一种基于能量的非线性静力 Pushdown 的分析方法来评价结构的动力峰值响应，并且用此方法评估结构的易损性。Bao[114] 基于 Khandelwal[133] 的 Pushdown 分析方法和 Izzuddin[134] 的能量等效方法提出了一个适用于评估多层结构抗连续倒塌鲁棒性的简化方法。他指出，应将非线性静力响应曲线所对应的位移定为等效动力响应曲线的终止点，在此终止点之前的动力响应最大值与抗连续倒塌需求的比值即可作为此结构的鲁棒性评价指标。

综上，目前评估结构抗连续倒塌鲁棒性的方法主要有四类：

（1）基于变形的方法，鲁棒性用移除关键构件后结构的变形来评价，如替代荷载路径法；

（2）基于力的方法，鲁棒性通过剩余结构承担荷载与名义重力荷载的比值来评价；

（3）基于能力的方法，根据能量守恒定律来评价结构易损性；

（4）基于危险性分析的方法，根据结构达到某种极限状态的概率来定义结构鲁棒性。

1.8 现有研究不足

总体而言，钢框架的刚性节点承载力较高，变形能力虽相对半刚性节点弱，但延性较好。此外，增强节点强度和刚度可使节点的破坏部位转移至应力状态简单的梁截面，对抵抗结构的连续倒塌效果是相当显著的。但以上对中柱失效条件下钢框架梁柱节点性能研究均针对 H 形截面柱和 H 形截面梁的节点，对闭合截面柱所适用的节点性能研究仍未出现。

在不发生断裂等严重破坏的梁柱子结构中，梁跨高比主要影响梁柱子结构在竖向变形过程中梁端截面弯矩与轴力的发展比例，从而影响不同抗力机制的贡献程度。然而，当梁柱节点发生断裂等破坏而损害梁截面的完整性时，梁跨高比对梁柱节点性能的影响恐怕就要复杂得多了，需要进一步通过试验验证。

由于试验条件的限制，目前已有的组合楼盖子结构连续倒塌试验大都采用缩尺试件。为了确保能够准确获得原型结构的性能，在设计缩尺试件时，既要保证所有几何尺寸均按照比例缩尺，还要保证缩尺前后材料的性能不发生变化。在组合楼板中，常用的压型钢板厚度为 0.8～1.2mm。如果原型结构中所采用的压型钢板厚度为 1.2mm，且缩尺试件的缩尺比例为 1/2，则难以寻得缩尺试件中所需要的 0.6mm 厚度的压型钢板。并且，压型钢板的板肋尺寸也很难找到对应缩尺后的截面规格。此外，如果组合楼板内所采用的钢筋直径为8mm的带肋钢筋，则其1/2缩尺后，难以找到直径为4mm的带肋钢筋，只能以光圆钢筋替代，但这又会极大地改变钢筋与混凝土之间的粘结滑移行为。鉴于以上困难，对于组合楼盖子结构来说，缩尺试件可能难以获得原型结构在连续倒塌工况下的真实性能。

目前，组合楼盖子结构试验中所采用的梁柱节点连接形式有剪切板螺栓铰接节点[102,103]和端板螺栓半刚接节点[105,106]，缺乏针对国内组合楼板钢框架结构中常用的栓焊刚接节点的试验研究。

在目前有关组合楼盖子结构的连续倒塌数值模拟中，均未充分考虑应力状态对局部钢材延性断裂的影响，尤其是应力三轴度和罗德角的影响。但是，梁柱节点的断裂行为会极大地影响整体结构的抗连续倒塌行为，若是不能准确预测钢材的断裂时刻，就会导致数值模拟结果失真。若要在有限元模型中直接考虑应力三轴度和罗德角等应力状态参数的影响，那么此有限元模型必须在断裂可能出现的节点位置划分足够细密的实体单元，以获得足够精度的应力状态参数。因为连续倒塌通常伴随着材料的断裂失效，为了保证计算的收敛性，在对其进行有限元模拟时通常采用显式算法。但是，较小的单元尺寸在增加模型单元数量的同时也会限制显式算法的计算步长，这两个因素都会大幅提高模型的计算耗时。为了保证计算效率，组合楼板-钢框架结构体系的连续倒塌模拟可以采用梁-壳简化模型[141]，即梁柱等构件由梁单元代替，组合楼板由分层壳单元代替。但是，目前还未有能在结构体系简化模型中考虑应力状态影响的模拟方法。

Sadek[107]和Alashker[108]基于组合楼盖系统的有限元分析都反映了压型钢板对组合楼盖系统抗连续倒塌能力的贡献。但是，压型钢板在实际结构中并不是连续的，而是会被分割成一定长度的板条，其两端会通过栓钉等抗剪连接件固定于梁的上翼缘。但是，压型钢板与抗剪连接件之间的连接可能会限制压型钢板内受拉薄膜作用的发展，从而限制组合楼盖系统的抗连续倒塌能力。但目前仍缺少有关压型钢板连续性对结构抗连续倒塌能力影响的相关研究。

现有针对组合楼盖系统抗连续倒塌能力的理论评价方法[142-144]大都由Bailey[145]的理论发展而来，但其计算过程都较为繁琐，不方便工程应用。Alashker[109]也提出了一种适用于计算组合楼板在移除中柱工况下抗连续倒塌承载力的理论方法，但此方法需要迭代求解，应用起来比较繁琐。因此，目前缺少能够考虑组合楼盖系统后期抗力机制且适用于工程应用的抗连续倒塌能力简化理论评估方法。

在钢框架结构中，通常通过支撑来承担水平荷载。由于支撑的传力路线更直接，其会明显影响相邻失效柱在连续倒塌工况下的表现[118,146]，但其布置位置对组合楼板钢框架结构体系抗连续倒塌能力的影响仍未有研究涉及。

针对以上几点不足，本书作者开展了相关研究。

1.9 本书内容安排

本书从节点、楼盖和结构层次论述了采用刚接节点的钢框架结构的抗连续倒塌性能，阐述了组合楼板对钢框架结构抗连续倒塌能力的贡献，并给出了适用于钢框架结构的鲁棒性评估和提升方法。各章节具体安排如下：

第1章：从试验研究、数值研究和理论分析三个方面，回顾并总结国内外关于钢框架结构抗连续倒塌性能的研究方法及进展，同时指出其研究的不足和遗留问题。

第2章：以柱贯通式钢管柱-H形梁节点为研究对象，采用试验和数值模拟相结合的方法，研究梁柱节点在中柱失效条件下的受力性能，包括破坏模式、内力效应、传力机理、变形能力、抗力机制发展等基本问题，揭示连接构造、梁跨高比对梁柱节点受力性能的影响，提出了节点内力效应发展模型。

第3章：以隔板贯通式钢管柱-H形梁节点为研究对象，并在其常用连接构造的基础上提出有利于后期竖向承载力提升的构造改进方案，通过有限元模拟分析及试验，考察采用普通连接构造和改进型连接构造的节点在中柱失效工况下的破坏模式、变形能力以及抗力机制，揭示连接构造对梁柱节点受力性能的影响。

第4章：以两种单边螺栓端板连接节点为研究对象，考察了单边螺栓节点在梁破坏与柱破坏下的抗连续倒塌性能，并在其常用连接构造的基础上提出有利于后期竖向承载力提升的改进设计方案。

第5章：以6个带不同楼板的梁柱刚接节点子结构为试验对象，分别研究了混凝土楼板、闭口型压型钢板组合楼板和开口型压型钢板组合楼板对失效柱上方节点和失效柱相邻节点抗连续倒塌性能的影响。

第6章：以两个足尺单层2×1跨组合楼盖子结构为试验对象，其中梁柱节点为栓焊刚接节点，组合楼板采用开口型压型钢板组合楼板，研究其在移除不同位置边柱情况下的抗力机制和破坏模式。

第7章：以第6章的足尺组合楼盖子结构试验为基础，建立了适用于分析组合楼板钢框架结构体系各结构尺度抗连续倒塌性能的数值计算方法，并用其开展了一系列参数分析。

第8章：以第6章的试验研究为依据，提出了一种将楼板和钢框架系统解耦的简化理论模型，并将其推广至结构体系层次。

第9章：在之前各章的基础上，给出了组合楼板钢框架结构抗连续倒塌设计的流程，以及基于改进型节点和支撑优化布置的鲁棒性提升方法。

第 2 章
柱贯通式钢管柱-H形梁节点连续倒塌机理研究

梁柱节点作为框架结构的关键传力部位，对结构抵抗连续倒塌起至关重要的作用。目前梁柱节点性能研究及应用，多基于往复荷载下产生的弯矩和剪力作用。在中柱失效条件下，梁柱节点承受单调荷载作用，并在受力过程中产生明显的轴力，使结构可以通过悬链线效应继续抵抗竖向荷载。梁柱节点的承载力与转动能力，是决定结构抗连续倒塌能力的重要性能参数，并且与连接构造密切相关。本章以应用较为广泛的柱贯通式钢管柱-H形梁刚性连接节点为研究对象，考察不同连接构造的节点在中柱失效条件下的受力性能，并评估框架结构抵抗连续倒塌的能力。

首先，总结梁柱节点在中柱失效条件下的性能试验研究方法，选择合理的试验对象与试验装置，设计节点试件与加载装置。然后，采用试验手段，考察不同构造的钢管柱-H形梁节点在中柱失效条件下的受力性能，并探讨连接构造对节点破坏机理的影响。基于试验结果，建立考虑材料断裂影响的精细有限元模型，模拟梁柱节点在中柱失效条件下的破坏过程，借此阐释梁柱子结构在中柱失效条件下的内力效应发展规律，对比子结构弯曲机制抗力和悬索机制抗力的发展特征，讨论梁跨高比对梁柱节点受力的影响。最后，依据梁柱子结构的静力性能曲线，分析框架在中柱失效产生的动荷载作用下的变形需求，提供结构的动力响应曲线。

2.1 梁柱节点子结构试验设计与流程

2.1.1 试验研究方法

框架结构的中柱失效后，原本由中柱传递的竖向荷载将在剩余结构中进行内力重分布。试验研究已经证明，梁端形成塑性铰之后，结构将逐渐依靠悬链线效应抵抗上部荷载（图 2.1），进一步提高抵抗连续倒塌的能力。但是，悬链线机制的发挥要求梁柱节点在维持一定承载力的同时具有足够的转动能力。为了研究和评估框架结构的抗连续倒塌能力，各国学者已进行了若干试验考察节点及其连接的梁柱构件进入悬链线阶段的受力

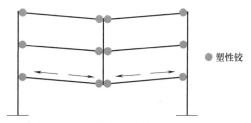

● 塑性铰

图 2.1 框架结构在中柱失效后可通过悬链线效应抵抗上部荷载

性态。本节将主要对但不局限于梁柱节点在中柱失效条件下的试验研究方法进行归纳及对比。

2.1.1.1 试验对象

目前梁柱节点性能研究均针对平面梁柱节点，根据梁柱子结构构成可分为图 2.2 所示的两种形式。

（1）三柱双跨子结构[40,63,67,69,147-150]　由中柱节点及其连接的两侧梁与两根邻柱组成，如图 2.2（a）所示，简称为 3C2B 型（three columns and two beams）。该子结构可直接考虑邻柱的约束作用，较接近结构的真实边界条件，

（2）节点双半跨子结构由中柱节点及两侧半跨梁组成［图 2.2（b）］，简称为 B-J-B 型（Beam-Joint-Beam）。由于失效跨框架梁在竖向荷载作用下将发生双曲反对称变形，因此可假定框架梁的反弯点位于梁跨中，其中间部分构成了 B-J-B 子结构。在该条件下，子结构梁端可自由转动，并受到竖向刚性约束和水平弹性约束，水平弹性约束强弱与框架自身刚度有关。在实际结构中，楼板水平刚度较大，尤其当失效跨外围框架跨数较多时，结构可为失效跨提供较强的水平约束，使其不发生明显的水平位移。此时，梁端的水平弹性约束也可简化为刚性约束。实际上，由于弹性约束在试验中难以实现，目前以 B-J-B 子结构为对象的试验[42,62,65,70]，均将梁端约束设定为固定铰支约束。

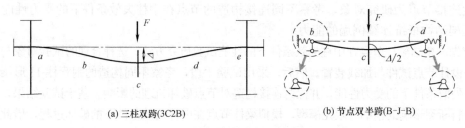

(a) 三柱双跨(3C2B)　　　　　　　(b) 节点双半跨(B-J-B)

图 2.2　平面梁柱节点子结构形式

相对 3C2B 子结构，B-J-B 子结构试验规模较小，对试验场地及加载条件要求较低，更为经济。此外，B-J-B 子结构超静定次数少，受力明确，计算模型简单，利于进行内力分析。

从已有的采用 3C2B 子结构的试验结果[40,63,67,69,147-150] 来看，梁柱节点子结构的破坏均发生在中柱节点部位，可见中柱节点是判定子结构乃至整体结构抗连续倒塌能力的关键部位。通过对中柱节点进行研究来获得结构抵抗连续倒塌性能是合理的。

2.1.1.2 加载方式

模拟结构的连续倒塌过程，可根据研究目的采用动力加载和 Pushdown 静力加载两种方式。

（1）动力加载：为获得结构在局部失效后动力响应，应采用动力加载方式模拟中柱瞬时失效。动力加载既可采取爆炸去柱方式[57,61,67]，也可采用瞬时去除下部支承装置的方式[65,151]。采用动力加载方式，首先需要在框架梁上施加预定的竖向荷载，所选取的竖向荷载值对节点性能有所影响[65]。

（2）Pushdown 静力加载：在结构连续倒塌研究中，Pushdown 静力加载仍是大多数试验[17,40,42,62,63,69,70,100,147-150,152]　选择的加载方式，其操作简便，可对试验过程进行较

为稳定的控制，有利于观察试验现象。但是静力加载无法考察竖向承重构件失效瞬时产生的冲击作用。

2.1.1.3　荷载分布

框架中柱失效后，失效跨上方的框架梁必定发生竖向大变形。在试验研究中，大部分研究者采用直接在柱顶施加集中荷载[17,42,62,63,67,69,70,100,147-150,153]的方式，如图2.3（a）所示。该方法的优点是操作方便，且试验结果与竖向荷载大小无关，得到的是节点随着竖向变形增大的完整受力性能。

实际上，中柱失效后的框架梁主要承受竖向分布荷载。为模拟该工况，可首先在框架梁上预加竖向分布荷载，然后去除中柱的下部支承来模拟中柱失效，如图2.3（b）所示。目前采用该荷载分布方式的试验[40,65,151,152]仍较少。此外，采用预加分布荷载后去除中柱的加载方式，需根据研究目的选取合适的分布荷载值，既要求预加荷载不至于使节点在柱失效之前发生明显损伤，又要求预加荷载足够使节点达到预计的破坏程度。

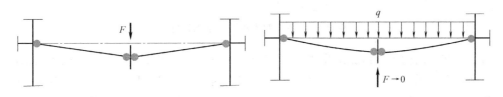

(a) 直接在柱顶施加集中荷载　　　　(b) 预加分布荷载后去除柱下支承

图2.3　梁柱子结构的荷载分布

从理论上，框架梁在集中荷载或分布荷载下的竖向变形模式存在一定差别。当梁端形成塑性铰之后，承受集中荷载的框架梁逐渐呈现出类似悬索的受力形式［图2.3（a）］，承受分布荷载的框架梁仍会表现出一定的悬链线受力形式［图2.3（b）］。为更准确地反映框架梁在集中荷载下通过轴拉力抵抗上部荷载的受力特征，本章将用"悬索效应"替代"悬链线效应"。实际上，集中荷载作为一种特殊的分布荷载，悬索效应也可视为一种特殊的悬链线效应。

2.1.2　试验设计

2.1.2.1　试验设计思路

根据第2.1.1节对梁柱节点性能试验研究方法的对比，为考察钢框架梁柱刚性节点在中柱失效条件下的受力性能，从某平面框架中提取出失效柱上方的"节点双半跨"平面梁柱子结构作为试验对象，采用Pushdown静力加载方式，通过在中柱上方施加竖向荷载的方式来模拟中柱失效条件，如图2.4所示。

2.1.2.2　试验装置

1. 试件边界条件确定

根据"节点双半跨"子结构试件的边界条件设定，需在子结构梁端设置平面固定铰支座，即约束水平与竖向位移，但梁可绕支座发生平面内转动。此外，为了模拟实际结构中上柱对子结构柱顶产生的较强约束，应限制柱顶的水平位移和转动自由度。柱顶由作动器施加竖向荷载，柱顶与作动器的连接可基本实现水平位移约束，但不能实现完全转动约

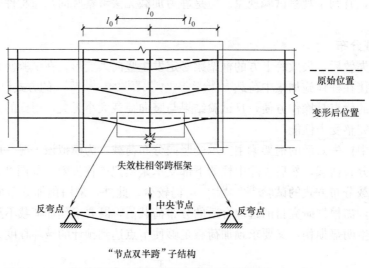

图 2.4 "节点双半跨"子结构试件

束。由于梁柱子结构不可避免地出现不对称破坏状态,例如图 2.5 所示左侧梁下翼缘首先断裂,则左右侧梁对中柱的拉结力必将出现差异,因此对连接柱顶的作动器加载头产生一定的附加水平力 ΔN 和附加弯矩 ΔM,当该附加荷载较大时可能造成加载装置破坏。为保证加载装置不受损坏,可在柱底增加水平位移与转动自由度的约束,以此来减小柱顶的附加水平力 ΔN 并消除附加弯矩 ΔM。如此设置,柱身仅能发生竖向位移,试件的边界条件可由图 2.6(a)表示。

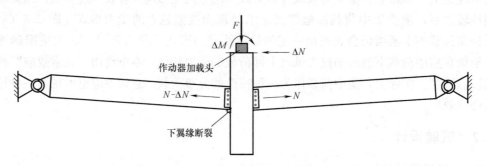

图 2.5 试件不对称破坏状态下对柱顶产生附加弯矩

实际上,框架中柱失效后,其柱底应为自由边界条件,柱顶伴随上层楼面构件一同发生竖向位移。因此,更为精确的子结构模型及中柱边界条件应如图 2.7 所示,中柱自梁柱节点处向上延伸一层楼的高度,柱顶可受到上层楼面的水平位移约束和转动约束,柱底无约束。从理论上来说,图 2.6(a)设定的边界条件与图 2.7 所示实际情况存在较大差异,但由于实际结构的柱身通常具有较大的抗弯刚度,在柱顶转动约束条件下仍可基本保持竖直运动,故而与试验设想的变形情况相符。为了验证该设想的合理性,笔者将在本章中通过数值模拟来进行对比分析,对比对象即为图 2.6(a)和图 2.7 设定的子结构模型。结果证明,采用图 2.6(a)设定的边界条件可有效反映实际框架结构在中柱失效后发生的受力情况。

Yang[42] 在进行梁柱节点在中柱失效条件下的性能试验时采用的边界条件与图2.6 (a) 相同，而 Sadek[69] 进行类似试验时则对柱身采用图2.6 (b) 所示的边界条件，后者是通过在柱顶设计特别装置来实现转动约束。以上两种柱身边界条件均可有效实现对梁柱子结构在中柱失效后的模拟，应根据具体试验条件选取。

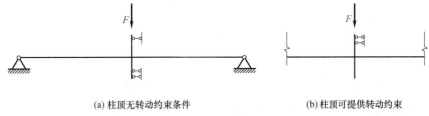

(a) 柱顶无转动约束条件　　　　　　　　(b) 柱顶可提供转动约束

图2.6　梁柱节点子结构试件的边界条件

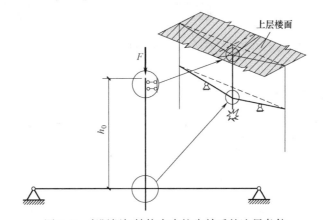

图2.7　实际框架结构在中柱失效后的边界条件

2. 试验装置组成

为实现图2.6 (a) 所示的梁柱子结构边界条件，设计试验装置如图2.8所示，由端部的三角反力架、底部的可拆卸地梁以及中部的柱底滑动约束装置组成。

整套装置为对称的水平自平衡反力装置，可自行平衡试件在发挥悬链线效应时对梁端支座产生的较大水平力。三角反力架通过耳板及销轴与梁端相连，实现平面铰约束。

试件柱顶连接作动器加载头，加载头仅施加竖向荷载。

柱底滑动约束装置由外箍支座与内滑动装置配合使用（图2.9）。柱底与内滑动装置相连，后者四面安装10个万向球，可沿外箍支座的内壁上下滑动。内滑动装置底部以下有约400mm的竖向滑动空间。

2.1.2.3　加载制度

对梁柱子结构试件的中柱柱顶施加单调竖向荷载的方式，加载速率不大于7mm/min，满足静力加载要求。试验加载全程由位移控制，分级加载并观测现象。在试件节点区进入屈服之前，每级荷载采用较小的位移增量（10mm），进入屈服后采用较大位移增量（30mm）。当试验满足以下条件之一时，加载停止：（1）中柱柱底无继续变形空间，即达到试验装置的加载行程限值；（2）出现可能有损于加载装置的情况而存在潜在安全隐患时。

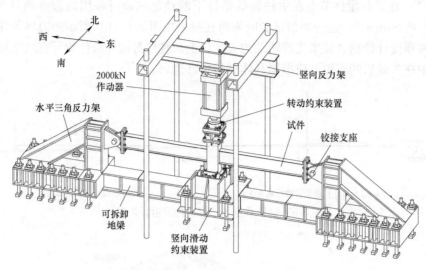

图 2.8　试验装置

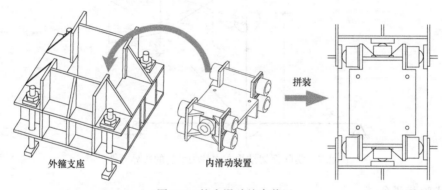

图 2.9　柱底滑动约束装置

2.2　试验概述

2.2.1　试件设计

本试验旨在研究柱贯通式钢管柱-H形梁节点的受力性能，研究参数包括连接构造和梁跨高比。其中柱截面形式包括圆管和方管，分别与 H 形梁采用外环板和内隔板形式接合，梁端连接构造考虑了全焊连接和栓焊混合连接两种主要方式。试验的主要目的是获得不同连接构造下的梁柱子结构的承载力和变形能力、节点的破坏模式和传力特性、弯曲机制与悬索机制的演化过程，以及梁跨高比的影响。

本试验共设计了七个节点试件，包括四个基准试件和三个对比试件，各试件的设计参数见表 2.1，节点的具体构造见图 2.10。节点试件编号的构成及含义如下：

$$\underline{\underset{\text{圆管柱外环板/方管柱内隔板}}{\text{CO/SI}} \quad - \quad \underset{\text{栓焊连接/全焊连接}}{\text{WB/W}} \quad - \quad \underset{\text{(附加对比参数)}}{\text{(2/RBS/R8)}}}$$

CO：Circular hollow steel column with outer-diaphragm（圆钢管柱外环板）；

SI：Square hollow steel column with inner-diaphragm（方钢管柱内隔板）；

WB：Welded flange-bolted web（栓焊连接）；

W：Welded flange-welded web（全焊连接）；

2：4 bolts arranged in two lines（4 个螺栓双排布置于腹板中部）；

RBS：Reduced beam section（梁截面削弱，狗骨式）；

R8：Span-depth ratio of beam is 8（梁跨高比为 8）。

四个基准试件为 CO-WB、CO-W、SI-WB、SI-W，其基本设计参数为：

（1）柱截面：采用冷成型闭合截面，包括方管和圆管柱。柱身总长 1100mm，自梁上下表面各外伸 400mm，已涵盖钢梁翼缘传递拉、压应力在柱壁上的影响范围[154]，即柱端构造不会对梁柱节点性能造成显著影响。

（2）梁截面：采用焊接 H 形截面，规格为 H300×150×6×8。

（3）梁柱节点构造：包括方钢管内隔板节点（SI）、圆钢管外环板节点（CO）；内隔板或外环板厚度与梁翼缘厚度一致，为 8mm；外环板自圆管外壁的最小外伸宽度为 25mm。

（4）梁与柱的连接方式：包括栓焊连接（WB）、全焊连接形式（W）；螺栓采用 10.9 级 M20 摩擦型高强度螺栓（预紧力 $P=155$kN[155]，扭矩 $T=440$N·m[156]）。根据《钢结构设计标准》GB 50017—2017[155] 进行设计，栓焊连接单侧均采用 4 个螺栓，基准试件采用单排布置形式。

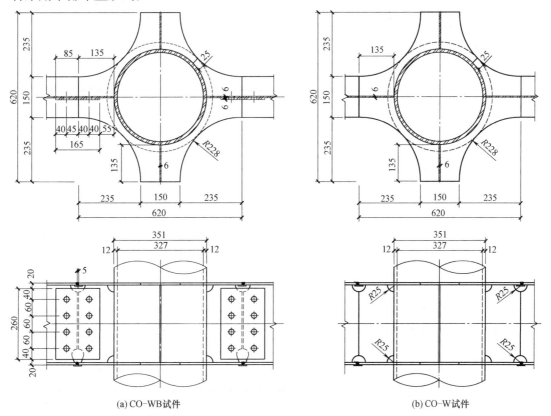

(a) CO-WB试件　　　　　　　　　(b) CO-W试件

图 2.10　试件的梁柱节点构造（单位：mm）

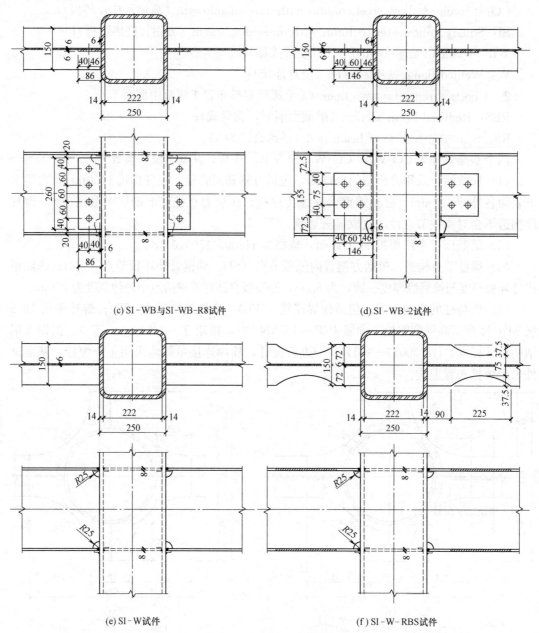

(c) SI-WB与SI-WB-R8试件   (d) SI-WB-2试件

(e) SI-W试件   (f) SI-W-RBS试件

图 2.10 试件的梁柱节点构造（单位：mm）（续）

节点试件设计参数   表 2.1

试件编号	柱截面	梁端连接构造	梁跨度 l_0/m	说明
CO-WB	$\phi351\times12$	栓焊	4.5	圆管柱外环板节点，R15 系列
CO-W	$\phi351\times12$	全焊	4.5	圆管柱外环板节点，R15 系列
SI-WB	□250×14	栓焊	4.5	方钢管内隔板节点，R15 系列
SI-W	□250×14	全焊	4.5	方钢管内隔板节点，R15 系列
SI-WB-2	□250×14	栓焊	4.5	栓焊双排螺栓布置，R15 系列
SI-W-RBS	□250×14	全焊	4.5	梁段狗骨式削弱，R15 系列
SI-WB-R8	□250×14	栓焊	2.4	梁跨高比为 8，R8 系列

（5）梁跨高比：梁跨度与梁高度比值为 $R=15$（即跨度 $l_0=4500\text{mm}$），标记为 R15。

以试件 SI-WB 和 SI-W 为基准，设计三个对比试件，变化参数分别为：

（1）SI-WB-2：将腹板连接螺栓布置变更为双排，其他参数同 SI-WB 试件；

（2）SI-W-RBS：将梁端截面以狗骨式进行削弱，其他参数同 SI-W；

（3）SI-WB-R8：将梁跨度减小为 2.4m，对应跨高比为 8，其他参数同 SI-WB。

各试件间的对比关系如图 2.11 所示。

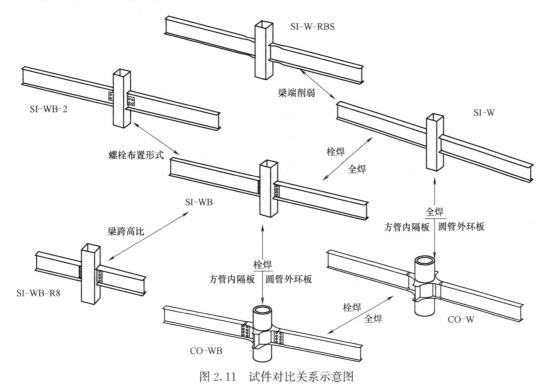

图 2.11 试件对比关系示意图

2.2.2 钢材材性

试件均采用牌号为 Q345 的钢材制作。钢材的材性由标准拉伸试验确定，材性试验的试样与试验构件为同批钢材。每种批次及厚度的钢材各取三个试样，共五组材性试件，编号分别为：（1）BF-8，取自梁翼缘，名义厚度为 8mm；（2）BW-6，取自梁腹板，名义厚度为 6mm；（3）CT-12，取自圆管柱，名义厚度为 12mm。五组材性试验的平均值数据列于表 2.2。

钢材材性试验结果 表 2.2

试件编号	屈服强度 f_y/MPa	抗拉强度 f_u/MPa	强屈比 f_u/f_y	断面收缩率	断后伸长率
BF-8	401	668	1.67	0.62	0.31
BW-6	407	638	1.57	0.67	0.31
CT-12	588	736	1.25	0.68	0.22

2.2.3 测量方案

1. 测量目标

本试验测量目标包括：（1）柱顶荷载；（2）节点试件的竖向构形；（3）梁柱重要截面

的应变分布及内力状态；（4）支座位移监测。

2. 位移计测点布置

位移计布置的目的是了解节点试件在加载过程中的竖向构形变化，同时监测梁端铰支座位移。R15 系列与 R8 系列节点试件的位移计测点布置详见图 2.12。

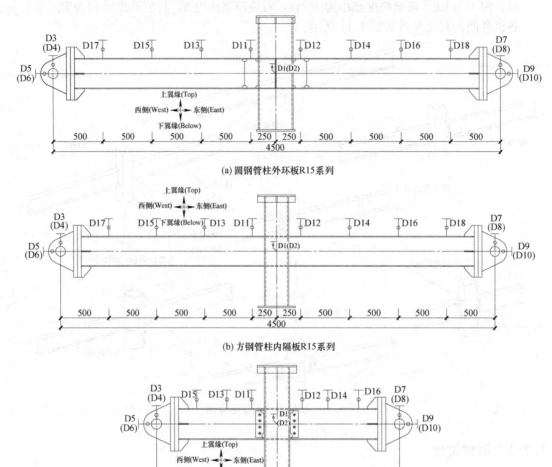

(a) 圆钢管柱外环板R15系列

(b) 方钢管柱内隔板R15系列

(c) 方钢管柱内隔板R8系列

图 2.12　试件位移计测点布置（单位：mm）

（1）梁柱轴线交点竖向位移通过前后两个位移计测量（分别记为 D1 和 D2），分析时取两者平均值。

（2）梁端铰支座位移包括平面内水平位移、竖向位移，分别由前后位移计测量得到，记为 D3～D10。分析时取平均值。

（3）梁段上翼缘中线处位移计沿梁轴线方向对称布置，记为 D11～D18（对 R15 系列试件）或 D11～D16（对 R8 系列试件）。

3. 应变测点布置

节点试件的应变测点布置见图 2.13，具体的节点域应变片测点布置详图见图 2.14。

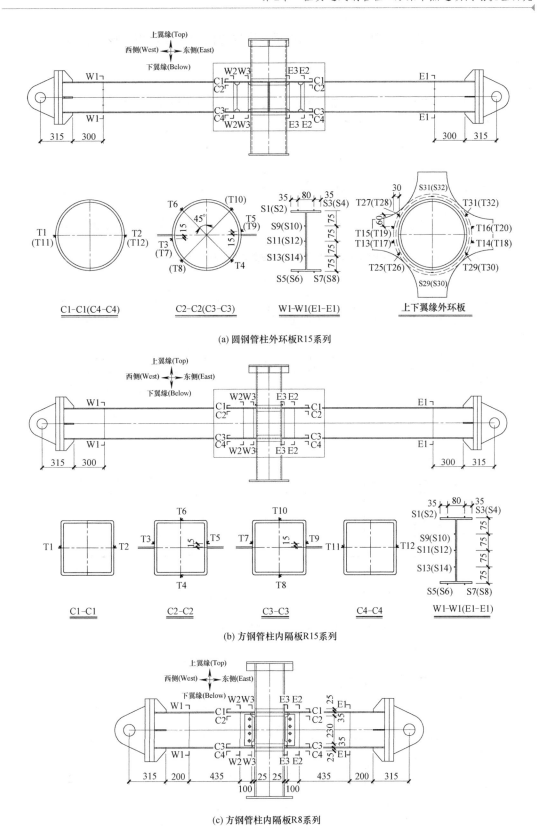

图 2.13　试件应变测点布置（单位：mm）

（1）靠近铰支座的梁截面（W1/E1 截面）设置单向应变片，用于该弹性截面的内力分析。

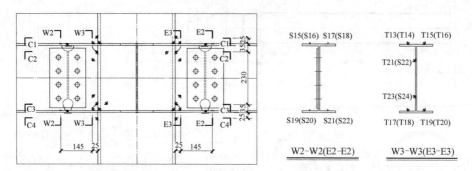

(a) CO-WB试件(W2/E2上下翼缘轴向应变采用大量程应变计)

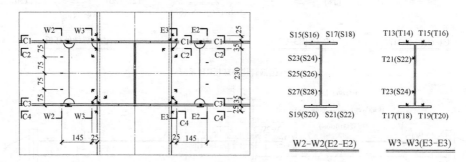

(b) CO-W试件(W2/E2上下翼缘轴向应变采用大量程应变计)

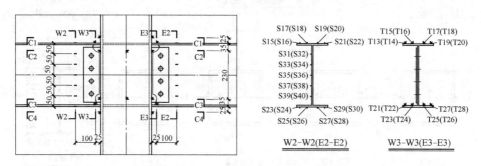

(c) SI-WB与SI-WB-R8试件(W3/E3上下翼缘轴向应变采用大量程应变计)

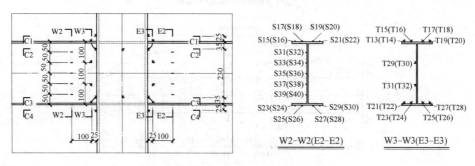

(d) SI-W试件(W3/E3上下翼缘轴向应变采用大量程应变计)

图 2.14　试件梁柱节点域应变片测点布置详图（单位：mm）

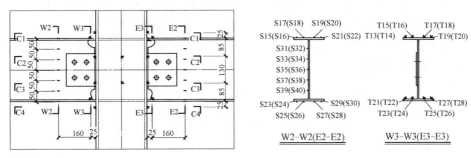

(e) SI-WB-2试件(W3/E3上下翼缘轴向应变采用大量程应变计)

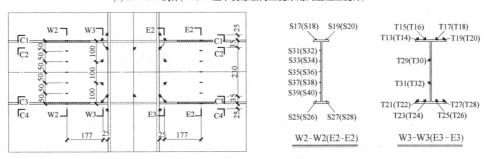

(f) SI-W-RBS试件（W3/E3上下翼缘外侧与W2/E2上下翼缘的轴向应变采用大量程应变计）

图 2.14 试件梁柱节点域应变片测点布置详图（单位：mm）（续）

（2）节点区域距柱边 25mm 处的梁截面（W3/E3）布置三向片，稍远离柱边一定距离的截面（W2/E2）布置单向片，用于了解大变形下的传力机理。其中预计梁截面应变最大的截面上下翼缘部位，采用大量程应变计测量（图 2.14）。

（3）节点区域梁上下翼缘附近柱截面（C1～C4）布置三向片，考察柱身受力特性。

2.3 试件分析参数及指标计算

在本章后续内容中，将会用到表征试件关键截面塑性承载力及梁柱子结构竖向承载力等参数，在数据分析中还将计算指定截面的内力效应以及支座反力等结果。为表述方便，统一在本节说明参数指标的计算原理与方法，所涉及的下标"W，E，T，B"分别用于标示试件西侧（West）与东侧（East），梁截面的上翼缘（Top）与下翼缘（Bottom），公式中 $D1$～$D18$ 均用于表示由对应编号的位移计获得的位移值。

2.3.1 变形参数

依据下列原则，由位移计测试数据（参见图 2.12）计算得到试件变形参数。

（1）柱顶竖向位移 Δ，等于作动器加载头施加的竖向位移，直接由伺服作动器输出数据。

（2）梁柱轴线交点处竖向位移 δ_0 取对应测点数据平均值，由式（2.1）确定：

$$\delta_0 = \frac{(D1+D2)}{2} \tag{2.1}$$

（3）梁段竖向变形，由位移计 D11～D18 输出数据表示。并假定单侧梁相邻位移计之间梁段的倾角相同，由位移计测量数据差值与其水平距离的商值确定。

（4）梁端铰支座竖向位移（下标 V）和水平位移（下标 H），分别取对应测点数据平均值，由式（2.2）确定：

$$\begin{cases} 西侧\ \delta_{VW}=\dfrac{(D3+D4)}{2},\ \delta_{HW}=\dfrac{(D5+D6)}{2} \\ 东侧\ \delta_{VE}=\dfrac{(D7+D8)}{2},\ \delta_{HE}=\dfrac{(D9+D10)}{2} \end{cases} \tag{2.2}$$

2.3.2 承载力指标

2.3.2.1 截面承载力

根据表 2.2 的钢材材性试验结果，取梁截面钢材的实测屈服强度为 $f_y=400\text{MPa}$，由此计算得梁截面的塑性承载力，计算理论值见表 2.3。

截面承载力 表 2.3

计算截面	承载力性质	理论值
H300×150×6×8 （未削弱梁截面）	全截面轴拉屈服承载力	$N_p=1641\text{kN}$
	全截面塑性抗弯承载力	$M_p=188\text{kN}\cdot\text{m}$
	腹板抗剪屈服承载力	$V_p=394\text{kN}$
H300×75×6×8 （RBS 截面）	全截面轴拉屈服承载力	$N_{p\text{-RBS}}=1161\text{kN}$
	全截面塑性抗弯承载力	$M_{p\text{-RBS}}=118\text{kN}\cdot\text{m}$
	腹板抗剪屈服承载力	$V_{p\text{-RBS}}=394\text{kN}$

2.3.2.2 梁柱子结构竖向承载力

在中柱顶端施加的竖向荷载下，"节点双半跨"受力及变形如同一根简支梁，其计算模型如图 2.15 所示，越接近中柱节点区域的梁截面弯矩越大，存在某最不利截面将形成塑性铰。经过计算可以判断，试件的最不利梁截面分别为梁与柱连接截面（SI 系列试件）或狗骨式削弱截面（SI-W-RBS 试件）、梁与外环板连接截面（CO 系列试件）。基于以上所提的梁与柱、梁与外环板连接截面处翼缘焊缝引弧板的加劲作用，可认为从连接截面向外端偏离 25mm 的梁截面为真实的最不利梁截面，分别对应于应变测点布置图（见图 2.13）中 W3/E3 截面（SI 系列试件）、W2/E2 截面（CO 系列试件）。当梁截面承受的弯矩达到全截面塑性抗弯承载力理论值时，认为该截面形成塑性铰。根据表 2.3 结果，可计算得到各试件的最不利截面形成塑性铰时，结构的竖向承载力，见表 2.4。

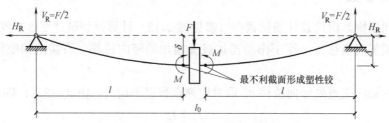

图 2.15 试件的简支梁计算模型

需要说明的是，如图2.15所示，梁截面承受的弯矩（$M=M_+-|M_-|$）由支座竖向反力产生的正弯矩（$M_+=V_R l$）和支座水平反力产生的负弯矩（$M_-=H_R \delta$）组成。在表2.4中，对最不利梁截面弯矩计算时仅考虑了竖向反力产生的正弯矩，且认为子结构对称受力即柱顶荷载 F 平均分配到两侧铰支座，可得 $F=2V_R$。基于 $M \leqslant M_+$，当柱顶施加荷载达到表中对应值 F_p 时，最不利截面弯矩可能并未达到全截面塑性抗弯承载力，即并未形成塑性铰。但是，若忽略水平反力产生的负弯矩，则截面弯矩与支座竖向反力产生的正弯矩相等。该假定至少需要满足以下两个前提条件之一：（1）试件梁段产生的轴向力很小，因而产生的支座水平反力 H_R 很小；（2）最不利截面产生的竖向位移 δ 很小。鉴于节点子结构在弯曲机制为主导的受力阶段，梁内轴力并未明显发展，支座水平反力较小，同时试件竖向变形仍较小，水平反力产生的负弯矩相对竖向反力产生的正弯矩而言可忽略不计，以正弯矩作为截面的弯矩进行计算是可行的。

试件竖向承载力指标　　　　　　　　　　　　表2.4

跨高比系列	适用试件	最不利截面状态[①]	柱顶荷载理论值
R15	CO-W，CO-WB	W2/E2 截面形成塑性铰	$F_p=194$kN
	SI-WB，SI-WB-2 SI-W，SI-W-RBS	W3/E3 截面形成塑性铰	$F_p=180$kN
	SI-W-RBS	W2/E2 截面形成塑性铰	$F_{p\text{-}RBS}=123$kN
R8	SI-WB-R8	W3/E3 截面形成塑性铰	$F_p=359$kN

① 截面塑性弯矩仅包含由支座竖向反力产生的正弯矩。

2.3.3　理论初始刚度与屈服转角

采用图2.15所示的简支梁模型对梁柱子结构试件进行计算，试件的初始刚度 K_Δ 可由式（2.3）计算，式中 E 为钢材弹性模量（$E=2.06 \times 10^5$MPa），I 为梁截面 H300×150×6×8 绕强轴的惯性矩（$I=6.26 \times 10^7$mm^4），l_0 为梁跨度。

$$K_\Delta=\frac{F}{\Delta}=\frac{48EI}{l_0^3} \qquad (2.3)$$

根据 DOD 设计指南[32]对节点转角（此处与后文均指 connection rotation）的定义，框架结构的节点转角与梁弦转角相同。当不计节点区的几何宽度，以梁柱轴线来计算节点的弯矩和转角时，可根据式（2.4）计算节点的弯曲初始刚度 K_θ 为：

$$K_\theta=\frac{M}{\theta}=\frac{Fl_0/4}{2\Delta/l_0}=K_\Delta \frac{l_0^2}{8}=\frac{6EI}{l_0} \qquad (2.4)$$

屈服转角 θ_y 依据全截面塑性抗弯承载力 M_p 来计算，见式（2.5）：

$$\theta_y=\frac{M_p}{K_\theta} \qquad (2.5)$$

依据式（2.3）～式（2.5）计算得到的各试件的初始刚度值与屈服转角列于表2.5中。

试件的理论初始刚度与屈服转角　　　　　　　　　表 2.5

跨高比系列	适用试件	l_0/m	K_Δ/(kN/mm)	K_θ/(MN·m/rad)	θ_y/rad
R15	CO-W、CO-WB SI-WB、SI-WB-2、SI-W	4.5	6.8	17.2	0.011
	SI-W-RBS	4.5	6.8	17.2	0.007
R8	SI-WB-R8	2.4	44.8	32.3	0.006

2.3.4　梁截面内力效应与铰支座反力

本小节所介绍的参数计算，同样基于梁柱子结构两侧梁对称受力的假定，每一侧梁及支座的受力情况根据图 2.16 所示的子结构单侧分析模型便可得到。

2.3.4.1　弹性梁段截面内力

根据试验的预分析，试件靠近铰支座的一段梁将在试验过程中始终保持弹性，因此可依据弹性力学的基本原理计算得到截面内力。如图 2.13 所示，位于铰支座附近的梁截面 W1 和 E1 布置了适量的应变

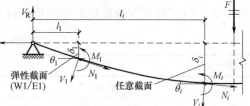

图 2.16　试件支座反力与截面内力分析模型

计，由应变数据并依据式（2.6）、式（2.7）和式（2.8）可计算得到对应截面轴力 N_1、弯矩 M_1 以及剪力 V_1，式中 $E=2.06\times10^5$ MPa 为钢材弹性模量，A 为截面面积，I 为截面绕强轴惯性矩，$(\sum\varepsilon)/n$ 为参与计算的 n 个应变的平均值，$\Delta\varepsilon/\Delta h$ 为截面曲率，l_1 为计算截面距反弯点（即梁端铰支座）的长度。

$$\text{截面轴力}\quad N_1=EA\frac{\sum\varepsilon}{n}\tag{2.6}$$

$$\text{截面弯矩}\quad M_1=EI\frac{\Delta\varepsilon}{\Delta h}\tag{2.7}$$

$$\text{截面剪力}\quad V_1=\frac{M_1}{l_1}\tag{2.8}$$

2.3.4.2　铰支座反力

依据 W1 与 E1 截面内力与试件竖向变形，可换算得到梁端铰支座反力，进而得到节点试件实际承受的竖向荷载。如图 2.16 所示，当 W1 或 E1 截面产生的竖向位移 δ_1 以及与铰支座的距离 l_1 已知，则可认为梁截面倾角为 $\theta_1=\delta_1/l_1$。当内力为 N_1、M_1、V_1 时，根据根力学平衡原理，可按式（2.9）和式（2.10）求得相邻支座的水平反力与竖向反力：

$$\text{竖向反力}\quad V_R=V_1\cos\theta_1+N_1\sin\theta_1\tag{2.9}$$
$$\text{水平反力}\quad H_R=N_1\cos\theta_1-V_1\sin\theta_1\tag{2.10}$$

2.3.4.3　塑性梁段截面内力

如图 2.16 所示，若已知梁段上任意截面竖向位移 δ_i 及其与铰支座的水平距离 l_i，可依据式（2.11）、式（2.12）和式（2.13）计算截面内力：

$$\text{截面轴力}\quad N_i=H_R\cos\theta_i+V_R\sin\theta_i\tag{2.11}$$
$$\text{截面剪力}\quad V_i=H_R\sin\theta_i+V_R\cos\theta_i\tag{2.12}$$

$$截面弯矩 \quad M_i = V_R l_i - H_R \delta_i \tag{2.13}$$

在式（2.13）中，截面弯矩 M_i 的计算是基于试件变形后梁截面初始中性轴（即梁腹板中线）。当截面发生断裂，真实中性轴将上移，那么由原式计算得到的弯矩值将不是截面的"实际弯矩"，本书将截面断裂后计算得到的弯矩称为"虚拟弯矩"。

2.3.5　抗力机制提供的竖向承载力

由公式（2.9）可知，支座竖向反力由 W1/E1 截面剪力以及截面轴力的竖向分量组成，分解后如式（2.14）和式（2.15）所示。其中，$V_{R\text{-}F}$ 来源于弯曲机制（flexural action），$V_{R\text{-}C}$ 来源于梁柱子结构的悬索机制（catenary action）。

$$弯曲机制抗力 \quad V_{R\text{-}F} = V_1 \cos\theta_1 \tag{2.14}$$
$$悬索机制抗力 \quad V_{R\text{-}C} = N_1 \sin\theta_1 \tag{2.15}$$

2.3.6　参数归一化

为便于对比，将上述参数通过合适的指标进行归一化处理。

（1）将柱顶竖向位移 Δ 采用单侧梁的轴线间长度 L_b（$L_b = l_0/2$）进行归一化，可得到梁弦转角 θ，用以表征梁柱子结构的相对变形量，即 $\theta = \Delta/L_b$。

（2）最不利截面的内力分别采用相应的塑性承载力指标（参见表 2.3）进行归一化，用以表征最不利截面塑性开展的程度。

（3）梁柱子结构的柱顶荷载 F 采用相应的试件竖向承载力指标（参见表 2.4），悬索机制或弯曲机制提供的竖向承载力 F_C 和 F_F 则采用试件单侧竖向承载力指标（即表 2.4 中数值的一半）进行归一化，用以表征子结构在大变形过程中抗力机制的发展程度。

2.3.7　DOD 设计指南的节点模型参数

根据 DOD 设计指南[32]，采用备用荷载路径法对结构进行倒塌分析时，需要建立结构的三维分析模型，在结构上施加指定的荷载后，拆除指定部位的承重构件（柱或剪力墙），计算剩余结构的响应。分析可采用线性静力程序（Linear Static Procedure，LSP）、非线性静力程序（Nonlinear Static Procedure，NSP）和非线性动力程序（Nonlinear Dynamic Procedure，NDP）。不同的分析程序，结构所施加的荷载不同，需根据相关要求选用。

结构构件分为主要构件（primary component）和次要构件（secondary component）。主要构件参与抵抗结构倒塌，必须在模型中建立，主要构件在分析中的内力效应不可超越相应的失效判定标准，否则视为失效。次要构件不参与抵抗结构倒塌，可以不在模型中建立，但需对其受力状态进行校核。采用半刚性或刚性连接的框架梁视为主要构件，简支梁则可视为次要构件。

构件的内力效应根据其发展特征，可分别定义为力控制效应（force-control action）或位移控制效应（deformation-control action）。对于抗弯钢框架而言，梁和柱的弯矩效应以及节点域（joint）剪力效应为位移控制效应，梁的剪力和柱的轴力效应为力控制效应。钢框架的节点连接（connections）的弯矩、轴力和剪力效应均为位移控制效应。位移控制效应发展曲线具有如图 2.17 所示的特点，该曲线借鉴了 ASCE 41-06[157] 的相应规定。

位移控制效应发展曲线的特点是承载力在线性增大和线性强化之后会发生退化，应用该曲线须满足变形条件 $e \geqslant 2g$；其中，类型 1 曲线在退化后一定变形范围内仍可保持一定的残余承载力，类型 2 曲线则不考虑退化后的残余承载力。

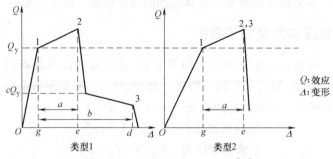

图 2.17　位移控制效应的定义[32]

DOD 设计指南[32] 规定，当框架建模时考虑构件之间的连接，则连接强度不得大于其连接的水平抗弯构件的强度。这就意味着，在框架的连续倒塌分析中，梁柱连接部位通常会成为构件失效的控制部位。指南还规定，采用备用荷载路径法进行结构的连续倒塌分析，不允许初始失效后的剩余结构发生进一步破坏，因此连接失效就表明结构的抗连续倒塌能力不满足要求。

采用非线性分析程序时，钢框架的连接的建模参数与失效准则均与连接构造有关，表 2.6 列出了完全约束刚性连接的相关参数，其中参数 a、b、c 参见图 2.17。可见，连接的失效判定依据是塑性转角，并且主要构件的转角限值对应于承载力退化前（图 2.17 中点 2）的转角，次要构件的转角限值对应于承载力完全丧失前（图 2.17 中点 3）的转角。满足抗连续倒塌要求的框架，其连接的塑性转动能力应分别大于其对应的转角限值。

钢框架非线性分析中完全约束刚性连接的建模参数与失效判定准则[32]　表 2.6

连接类型	建模参数			失效判定准则	
	塑性转角/rad		残余强度比值	塑性转角/rad	
	a	b	c	主要构件	次要构件
改进的 WUF-B①	$(0.021 \sim 0.0118)d$④	$(0.050 \sim 0.0236)d$	0.2	$(0.021 \sim 0.0118)d$	$(0.050 \sim 0.0236)d$
RBS②	$(0.050 \sim 0.0118)d$	$(0.070 \sim 0.0118)d$	0.2	$(0.050 \sim 0.0118)d$	$(0.070 \sim 0.0118)d$
WUF③	$(0.0284 \sim 0.0157)d$	$(0.043 \sim 0.0236)d$	0.2	$(0.0284 \sim 0.0157)d$	$(0.043 \sim 0.0236)d$

① WUF-B：栓焊混合连接（Welded Unreinforced Flange-Bolted Web）。

② RBS：削弱截面连接（Reduce Beam Section）。

③ WUF：翼缘焊接连接（Welded Unreinforced Flange），腹板可采用螺栓连接或焊接连接。

④ d 为梁高，单位为 m。

依据表 2.6 计算得到前述设计的 7 个节点的模型参数，计算所用变量 $d = 0.3\mathrm{m}$，结果列于表 2.7。

2.3.8　试件的设计参数汇总

设计了 7 个梁柱子结构试件，中柱节点为方管柱-H 型梁内隔板节点与圆管柱-H 型梁外环板节点，共涉及 6 种连接构造以及 2 种梁跨高比。试件的设计参数汇总见表 2.8。

节点模型参数　　　　　　　　　　　　　　　　　　　　　　表 2.7

连接类型	适用试件	建模参数			失效判定
		塑性转角/rad		残余强度比值	塑性转角/rad
		a	b	c	主要构件
WUF	CO-W，CO-WB SI-WB，SI-WB-2 SI-W，SI-WB-R8	0.024	0.036	0.2	0.024
RBS	SI-W-RBS	0.046	0.066	0.2	0.046

试件设计参数汇总　　　　　　　　　　　　　　　　　　　　表 2.8

项目	CO-WB	CO-W	SI-WB	SI-W	SI-WB-2	SI-W-RBS	SI-WB-R8
节点连接构造	圆管外环板栓焊连接单侧螺栓单排布置	圆管外环板全焊连接	内隔板栓焊连接螺栓单排布置	内隔板全焊连接	内隔板栓焊连接螺栓双排布置	内隔板全焊连接梁端翼缘RBS	方管内隔板栓焊连接螺栓单排布置
梁跨度 l_0/m	4.5	4.5	4.5	4.5	4.5	4.5	2.4
梁跨高比 R	15	15	15	15	15	15	8
节点试件竖向承载力指标	$F_p=194$kN (W2/E2)	$F_p=194$kN (W2/E2)	$F_p=180$kN (W3/E3)	$F_p=180$kN (W3/E3)	$F_p=180$kN (W3/E3)	$F_p=180$kN (W3/E3) $F_{p\text{-RBS}}=123$kN (W2/E2)	$F_p=359$kN (W3/E3)
最不利截面全截面塑性抗弯承载力	$M_p=188$kN·m (W2/E2)	$M_p=188$kN·m (W2/E2)	$M_p=188$kN·m (W3/E3)	$M_p=188$kN·m (W3/E3)	$M_p=188$kN·m (W3/E3)	$M_p=188$kN·m (W3，E3) $M_{p\text{-RBS}}=118$kN·m (W2/E2)	$M_p=188$kN·m (W3/E3)
最不利截面全截面轴拉屈服承载力	$N_p=1641$kN (W2/E2)	$N_p=1641$kN (W2/E2)	$N_p=1641$kN (W3/E3)	$N_p=1641$kN (W3/E3)	$N_p=1641$kN (W3/E3)	$N_p=1641$kN (W3/E3) $N_{p\text{-RBS}}=1161$kN (W2/E2)	$N_p=1641$kN (W3/E3)

注：括号内为对应表格数据计算时所采用的最不利截面编号。

2.4 试验结果

2.4.1 试件 CO-WB

1. 试验概况

试件 CO-WB 为圆钢管外环板栓焊混合连接节点，梁跨高比 $R=15$（梁跨度 $l_0=$ 4.5m）。试验加载的最大位移为 $\Delta_{\max}=388$mm，对应于梁弦转角为 $\theta_{\max}=0.172$rad，试验结束时节点并未完全失效。试验后的节点部位破坏形态以及子结构整体变形如图 2.18

所示。试验结果表明，栓焊混合连接可较有效地发展悬索机制。

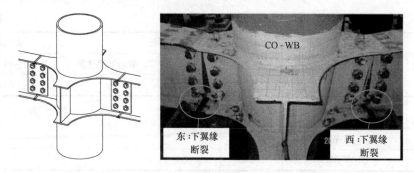

(a) 节点区域变形

(b) 子结构整体变形

图 2.18 试件 CO-WB 的试验后状态

2. 试件竖向变形形态

图 2.19 为加载过程中试件的整体竖向变形图，位移值以向下为负。从试件的竖向变形图可以看出：在加载位移较小时（$\Delta \leqslant 100\text{mm}$，$\theta \leqslant 0.044\text{rad}$），试件外观呈现较明显的弯曲形态；随着加载位移增大逐渐呈现悬索形态，在加载结束时试件的两侧梁段已被拉直，与图 2.18（b）所示一致。此外还观察到，外环板节点试件的节点区域（位于位移计 D11～D12 之间）刚度较大，竖向位移相差不大，呈现刚体运动特征。

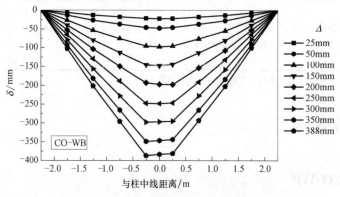

图 2.19 试件 CO-WB 的竖向变形形态发展

3. 荷载-位移曲线与关键试验现象

试件 CO-WB 的柱顶荷载-柱顶位移关系曲线如图 2.20 所示，图中曲线标明了各关键试验现象，并分别对应表 2.9 中各图。在图 2.20 中，上部横坐标（θ）与右侧纵坐标

（F/F_p）均采用归一化参数，其中 L_b（$L_b=2.25m$）为单侧梁长，F_p（$F_p=198kN$，参见表 2.5）为试件预计的最不利梁截面 W2/E2 的弯矩达到其全截面塑性抗弯承载力时的子结构竖向承载力指标。

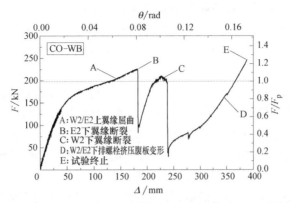

图 2.20　试件 CO-WB 的柱顶荷载（F）-柱顶位移（Δ）关系曲线

试件 CO-WB 关键试验现象　　　　　　　　　　　　　　　　表 2.9

西侧	东侧
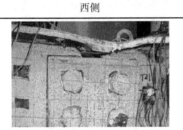	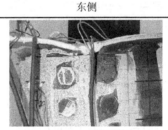
梁 W2 截面附近上翼缘屈曲（A）	梁 E2 截面附近上翼缘屈曲（A）

梁 W2 截面下翼缘断裂 （C，$\theta=0.106\,rad$，$F=1.05F_p$）	梁 E2 截面下翼缘断裂 （B，$\theta=0.081rad$，$F=1.12F_p$）

梁下排螺栓挤压腹板，螺孔变形（D）	梁下排螺栓挤压腹板，螺孔变形（D）

结合图 2.20 与表 2.9 说明试件 CO-WB 在柱顶竖向荷载作用下的受力特征与试验破坏现象：

（1）当 $\Delta < 45\text{mm}$，试件呈现线性受力特征；当 Δ 超过约 45mm（$\theta = 0.018\text{rad}$），试件开始进入非线性受力阶段，荷载随着加载位移增大缓慢上升。

（2）当 $\Delta = 130\text{mm}$（$\theta = 0.057\text{rad}$）时，柱顶荷载达到 F_p，此后观察到梁 W2/E2 附近截面的上翼缘发生明显屈曲（对应图 2.20 中点 A 及表 2.9 相关图片），柱顶荷载仍持续上升。

（3）当 $\Delta = 182\text{mm}$（$\theta = 0.081\text{rad}$）时，梁 E2 截面下翼缘断裂（B），柱顶荷载从 222kN（$1.12F_p$）迅速下降至 83kN（$0.42F_p$），此后荷载迅速回升。

（4）柱顶荷载达到第二个峰值 207kN（$1.05F_p$）时，$\Delta = 230\text{mm}$（$\theta = 0.102\text{rad}$），此后荷载小幅下降；当 $\Delta = 239\text{mm}$（$\theta = 0.106\text{rad}$）时，梁 W2 截面下翼缘断裂（C），柱顶荷载从 192kN（$0.97F_p$）迅速下降至 38kN（$0.19F_p$）。

（5）此后，荷载进入比较稳定的缓慢回升阶段，此过程中可观察到梁 W2/E2 截面的下排螺栓挤压腹板（D），板件的螺孔因承压产生明显椭圆化变形，腹板与剪切板发生可见的面外变形。

（6）当 $\Delta = 388\text{mm}$（$\theta = 0.172\text{rad}$），柱顶荷载达到 246kN（$1.24F_p$）且呈上升趋势，柱底已无变形空间，加载停止，试验结束（E）。

2.4.2　试件 CO-W

1. 试验概况

试件 CO-W 为圆钢管外环板全焊连接节点，梁跨高比 $R = 15$。试验加载的最大位移为 $\Delta_{\max} = 361\text{mm}$，对应于梁弦转角为 $\theta_{\max} = 0.161\text{rad}$，试验结束时节点已完全失效。试验后的节点部位破坏形态以及子结构整体变形如图 2.21 所示。试验结果表明，采用全焊连接的节点难以抑制破坏连续发生，无法充分发展悬索机制而造成受力后期抗力的持续下降。

2. 试件竖向变形形态

图 2.22 为加载过程中试件的整体竖向变形图，位移值以向下为负。对比图 2.22 与图 2.19 可知，试件 CO-W 的竖向变形发展特征与试件 CO-WB 一致。在加载位移较小时（$\Delta \leqslant 100\text{mm}$，$\theta \leqslant 0.044\text{rad}$），试件外观呈现较明显的弯曲形态；随着加载位移增大逐渐呈现悬索形态，在加载结束时试件的两侧梁段已被拉直，与图 2.21（b）所示一致。

3. 荷载-位移曲线与关键试验现象

试件 CO-W 的柱顶荷载-柱顶位移关系曲线如图 2.23 所示，图中曲线标明了各关键试验现象，并分别对应表 2.10 中各图。在图 2.23 中，上部横坐标（θ）与右侧纵坐标（F/F_p）均采用归一化参数，其中 $L_b = 2.25\text{m}$，$F_p = 198\text{kN}$。

试件 CO-W 在柱顶竖向荷载作用下的受力特征与试验破坏现象如下：

（1）当 $\Delta < 45\text{mm}$，试件呈现线性受力特征；当 Δ 超过约 45mm（$\theta = 0.018\text{rad}$），试件开始进入非线性受力阶段，荷载随着加载位移增大缓慢上升。

（2）当 $\Delta = 95\text{mm}$（$\theta = 0.042\text{rad}$）时，柱顶荷载达到 F_p，此后观察到梁 E2 附近截面的上翼缘发生严重屈曲（对应图 2.23 中点 A 及表 2.10 相关图片），柱顶荷载维持在

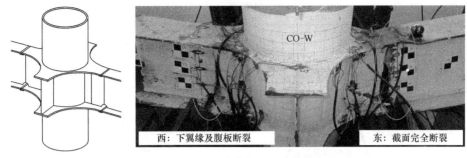

(a) 节点部位变形

西：下翼缘及腹板断裂　　　　　东：截面完全断裂

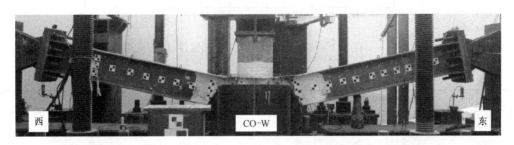

(b) 子结构整体变形

图 2.21　试件 CO-W 的试验后状态

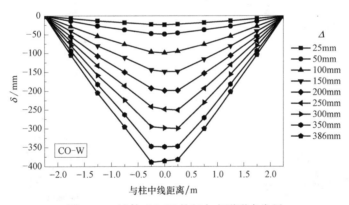

图 2.22　试件 CO-W 的竖向变形形态发展

205kN（1.04F_p）左右，直到加载位移达到 142mm（$\theta = 0.063$rad）后，荷载再次上升。

（3）当 $\Delta = 212$mm（$\theta = 0.094$rad）时，梁 E2 截面下翼缘断裂（B），且裂纹迅速向上扩展至腹板，柱顶荷载从 262kN（1.32F_p）迅速下降至 196kN（0.99F_p），此后荷载迅速回升。

（4）当 $\Delta = 242$mm（$\theta = 0.108$rad）时，梁 W2 截面下翼缘断裂（C），裂纹迅速向上扩展至腹板，柱顶荷载从 264kN（1.33F_p）逐渐下降至 80kN（0.40F_p）。

（5）此后梁 W2 与 E2 截面的裂纹沿腹板向上持续开展至接近腹板上边缘，并观察到 E2 截面上翼缘出现裂纹，此阶段柱顶荷载在 65kN（0.33F_p）～90kN（0.45F_p）之间波动。

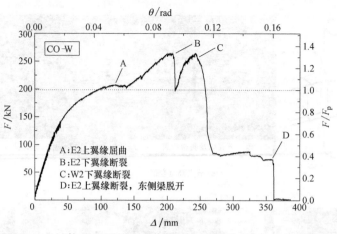

图 2.23　试件 CO-W 的柱顶荷载（F）-柱顶位移（Δ）关系曲线

试件 CO-W 关键试验现象　　　　　　　　　表 2.10

西侧	东侧
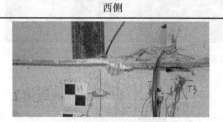	
梁 W2 截面附近上翼缘屈曲	梁 E2 截面附近上翼缘屈曲（A）

梁 W2 截面下翼缘断裂，裂纹扩展至腹板 （C，$\theta=0.108\mathrm{rad}$，$F=1.36F_{p}$）	梁 E2 截面下翼缘断裂，裂纹扩展至腹板 （B，$\theta=0.094\ \mathrm{rad}$，$F=1.35F_{p}$）

梁 W2 截面裂纹开展接近腹板上边缘（E）	梁 E2 截面上翼缘断裂，东侧梁与中柱脱开 （D，$\theta=0.160\ \mathrm{rad}$，$F=0.33F_{p}$）

（6）当 $\Delta=361\text{mm}$（$\theta=0.160\text{rad}$）时，梁 E2 截面上翼缘完全断裂（D），使得东侧梁与中柱脱开并掉落，柱顶荷载从 65kN（$0.33F_\text{p}$）骤降至零。

（7）此后随着柱顶竖向位移继续增大，柱顶荷载仍保持为零，直至 $\Delta=386\text{mm}$（$\theta=0.171\text{rad}$），柱底已无变形空间，加载停止，试验结束（E）。

2.4.3　试件 SI-WB

1. 试验概况

试件 SI-WB 为方钢管内隔板栓焊混合连接节点，腹板螺栓采用单排布置形式，梁跨高比 $R=15$。试验加载的最大位移为 $\Delta_{\max}=345\text{mm}$，对应于梁弦转角为 $\theta_{\max}=0.153\text{rad}$，试验结束时节点并未完全失效。试验后的节点部位破坏形态以及子结构整体变形如图 2.24 所示。同 CO-WB 试验类似，SI-WB 试验结果表明，栓焊混合连接可较有效地发展悬索机制。

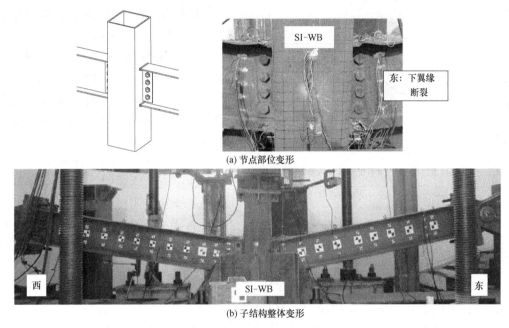

(a) 节点部位变形

(b) 子结构整体变形

图 2.24　试件 SI-WB 的试验后状态

2. 试件竖向变形形态

图 2.25 为加载过程中试件的整体竖向变形图，位移值以向下为负。可以看出：在加载位移较小时（$\Delta\leqslant100\text{mm}$，$\theta\leqslant0.044\text{rad}$），试件 SI-WB 外观呈现较明显的弯曲形态；随着加载位移增大逐渐呈现悬索形态，在加载结束时试件的两侧梁段已被拉直，与图 2.24（b）所示一致。对比图 2.25 与图 2.19 还可发现，试件 SI-WB 位于位移计 D11～D12 之间的区域不像试件 CO-WB 那样保持相同竖向位移，即试件 SI-WB 发生刚体竖向运动的区域不包括梁端连接部位，而仅限制在柱身宽度范围内。

3. 荷载-位移曲线与关键试验现象

试件 SI-WB 的柱顶荷载-柱顶位移关系曲线如图 2.26 所示，图中曲线标明了各关键试验现象，并分别对应表 2.11 中各图。在图 2.26 中，上部横坐标（θ）与右侧纵坐标（F/F_p）均采用归一化参数，其中 $L_\text{b}=2.25\text{m}$，$F_\text{p}=180\text{kN}$ 为试件预计的最不利梁截面

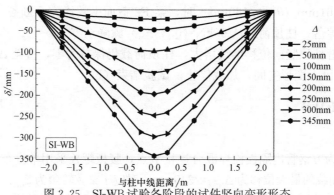

图 2.25　SI-WB 试验各阶段的试件竖向变形形态

W3/E3 的弯矩达到其全截面塑性抗弯承载力时的子结构竖向承载力指标。

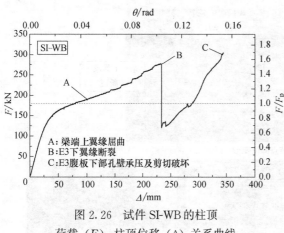

图 2.26　试件 SI-WB 的柱顶
荷载（F）-柱顶位移（Δ）关系曲线

试件 SI-WB 在柱顶竖向荷载作用下的受力特征与试验破坏现象如下：

（1）当 $\Delta < 30\text{mm}$，试件呈现线性受力特征；当 Δ 超过约 30mm（$\theta = 0.013\text{rad}$），试件开始进入非线性受力阶段，荷载随着加载位移增大缓慢上升。

（2）当 $\Delta = 75\text{mm}$（$\theta = 0.033\text{rad}$）时，柱顶荷载达到 F_p，此后观察到梁端上翼缘发生明显屈曲（对应图 2.26 中点 A 及表 2.11 相关图片），并且可持续听到螺栓滑移发出的声响，同时柱顶荷载仍持续上升。

（3）当 $\Delta = 234\text{mm}$（$\theta = 0.104\text{rad}$）时，梁 E3 截面下翼缘断裂（B），柱顶荷载从 275kN（$1.54F_p$）迅速下降至 72kN（$0.40F_p$）。

（4）此后荷载进入比较稳定的缓慢回升阶段，此过程中可观察到梁 E3 截面的下排螺栓挤压腹板，板件的螺孔因承压产生明显椭圆化变形。

（5）当 $\Delta = 345\text{mm}$（$\theta = 0.153\text{rad}$）时，东侧梁腹板因下部螺孔壁发生承压破坏而发生贯穿至避焊孔的板件剪切破坏（C），此时柱顶荷载达到 306kN（$1.70F_p$）且呈上升趋势，此时为避免试件严重不对称受力造成加载装置的破坏，停止加载，试验结束。

试件 SI-WB 关键试验现象　　　　　　　　　　　　　　　　表 2.11

西侧	东侧
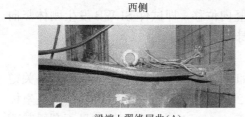	
梁端上翼缘屈曲（A）	梁端上翼缘屈曲（A）

续表

西侧	东侧
无	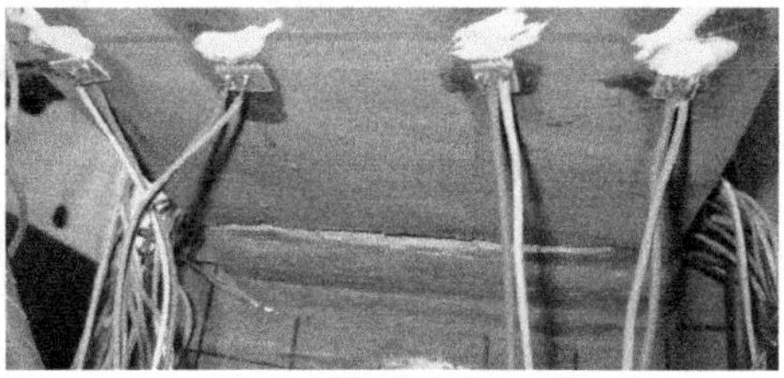 梁E3截面下翼缘断裂 （B，$\theta=0.104\text{rad}$，$F=1.54F_\text{p}$）
无	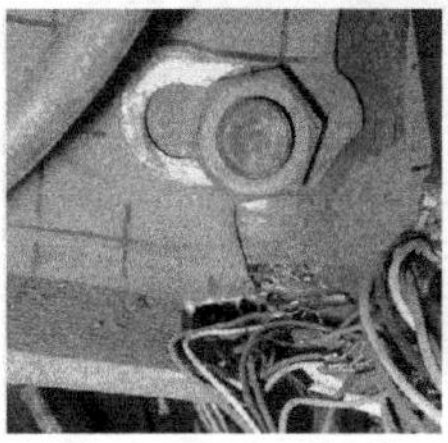 梁腹板下部孔壁承压破坏及剪切破坏 （C，$\theta=0.153\text{rad}$，$F=1.70F_\text{p}$）

2.4.4　试件 SI-W

1. 试验概况

试件 SI-W 为方钢管内隔板全焊连接节点，梁跨高比 $R=15$。试验加载的最大位移为 $\Delta_\text{max}=182\text{mm}$，对应于梁弦转角为 $\theta_\text{max}=0.081\text{rad}$，试验结束时节点抗力已经处于较低水平。试验后的节点部位破坏形态以及子结构整体变形如图 2.27 所示。同 CO-W 试验类似，SI-W 试验结果表明，采用全焊连接的节点难以抑制梁端截面破坏连续发生，无法充分发展悬索机制而造成受力后期的抗力下降。

2. 试件竖向变形形态

图 2.28 为加载过程中试件的整体竖向变形图，位移值以向下为负。可以看出：在加载位移较小时（$\Delta\leqslant100\text{mm}$，$\theta\leqslant0.044\text{rad}$），试件 SI-W 外观呈现较明显的弯曲形态；随着加载位移增大逐渐呈现悬索形态。

需要指出的是，当 $\Delta\geqslant150\text{mm}$，两侧梁段的竖向变形不对称，西侧梁变形值大于东侧梁。这是因为此时已发生梁 W3 截面下翼缘断裂，试件受力不再对称，同时柱底滑动约束装置因与柱底端板的连接螺栓逐渐失效而丧失对柱底的水平位移约束，导致中柱下部向东侧倾斜，造成了西侧梁段竖向变形大于东侧梁段。

3. 荷载-位移曲线与关键试验现象

试件 SI-W 的柱顶荷载-柱顶位移关系曲线如图 2.29 所示，图中曲线标明了各关键试验现象，并分别对应表 2.12 中各图。在图 2.29 中，上部横坐标（θ）与右侧纵坐标（F/F_p）均采用归一化参数，其中 $L_\text{b}=2.25\text{m}$，$F_\text{p}=180\text{kN}$。

试件 SI-W 在柱顶竖向荷载作用下的受力特征与试验破坏现象如下：

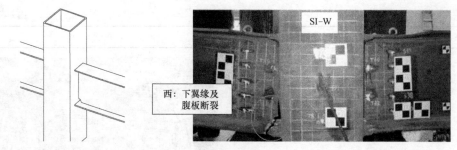

西：下翼缘及
腹板断裂

SI-W

(a) 节点部位变形

西　　　　　　　　　　SI-W　　　　　　　　　　东

(b) 子结构整体变形

图 2.27　试件 SI-W 的试验后状态

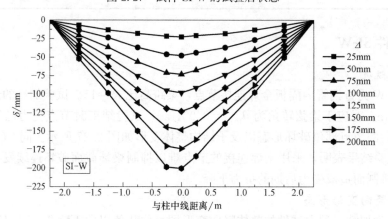

图 2.28　SI-W 试验各阶段的试件竖向变形形态

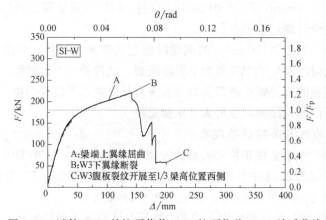

A:梁端上翼缘屈曲
B:W3下翼缘断裂
C:W3腹板裂纹开展至1/3梁高位置西侧

图 2.29　试件 SI-W 的柱顶荷载（F）-柱顶位移（Δ）关系曲线

（1）当 $\Delta<30\text{mm}$，试件呈现线性受力特征；当 Δ 超过约 30mm（$\theta=0.013\text{rad}$），试件开始进入非线性受力阶段，荷载随着加载位移增大缓慢上升。

（2）当 $\Delta=60\text{mm}$（$\theta=0.027\text{rad}$）时，柱顶荷载达到 F_p，此后观察到梁端上翼缘发生明显屈曲（对应图 2.29 中点 A 及表 2.12 相关图片），同时柱顶荷载仍持续上升。

（3）当 $\Delta=142\text{mm}$（$\theta=0.063\text{rad}$）时，梁 W3 截面下翼缘断裂（B），且裂纹迅速向上扩展至腹板，柱顶荷载从 220kN（$1.22F_p$）迅速下降至 204kN（$1.09F_p$）。

（4）此后柱顶荷载逐渐下降，并观察到西侧梁裂纹从避焊孔处沿腹板焊缝自下而上扩展，同时柱身发生逆时针倾斜（柱底向东偏移）。当 $\Delta=160\text{mm}$（$\theta=0.071\text{rad}$），荷载下降到最低值 120kN（$0.67F_p$），而后止降返升。

（5）当 $\Delta=176\text{mm}$（$\theta=0.078\text{rad}$），柱底滑动装置与柱底端板的某个或某几个螺栓被剪断并发出巨响，柱顶荷载从 152kN（$0.84F_p$）瞬间下降至 100kN（$0.56F_p$）。

（6）柱顶荷载再度回升，当 $\Delta=182\text{mm}$（$\theta=0.081\text{rad}$），再次听到螺栓被剪断的巨响，柱底滑动装置与柱底脱离而失效，柱顶荷载从 120kN（$0.67F_p$）瞬间下降至 59kN（$0.33F_p$）。

（7）随着加载位移增大，柱身继续倾斜，而柱顶荷载仍维持在 59kN（$0.33F_p$），为避免试件严重不对称受力造成加载装置的破坏，在 $\Delta=200\text{mm}$ 时停止加载（C），试验结束，此时观察到西侧梁端裂纹已经向上扩展至 1/3 梁高位置。

试件 SI-W 关键试验现象　　　　　　　　　　　　　　　　表 2.12

西侧	东侧及柱身
 梁端上翼缘屈曲（A）	 梁端上翼缘屈曲（A）
 梁 W3 截面下翼缘断裂（B，$\theta=0.063\text{rad}$，$F=1.22F_p$）	 柱身倾斜
 梁端裂纹开展至 1/3 梁高位置（C，$0.33F_p$）	

2.4.5 试件 SI-WB-2

1. 试验概况

试件 SI-WB-2 为方钢管内隔板栓焊混合连接节点，腹板螺栓采用双排集中布置形式，梁跨高比 $R=15$。该试件是 SI-WB 的对比试件，为了考察栓焊混合连接节点的腹板螺栓布置形式对节点受力性态的影响。

试验加载的最大位移为 $\Delta_{max}=387mm$，对应于梁弦转角为 $\theta_{max}=0.172rad$，试验结束时节点并未完全失效。试验后的节点部位破坏形态以及子结构整体变形如图 2.30 所示。

一方面，与 CO-WB 和 SI-WB 试验类似，SI-WB-2 试验结果证明栓焊混合连接可较有效地发展悬索机制；另一方面，采用集中螺栓布置形式的试件 SI-WB-2，受力后期开展悬索机制的效果不如螺栓单排分散布置的试件 SI-WB。

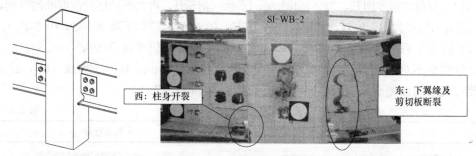

(a) 节点部位变形

(b) 子结构整体变形

图 2.30 试件 SI-WB-2 的试验后状态

2. 试件竖向变形形态

图 2.31 为加载过程中试件的整体竖向变形图，位移值以向下为负。可以看出：在加载位移较小时（$\Delta \leqslant 100mm$，$\theta \leqslant 0.044rad$），试件 SI-WB-2 外观呈现较明显的弯曲形态；随着加载位移增大逐渐呈现悬索形态，在加载结束时试件的两侧梁段已被拉直，与图 2.30（b）所示一致。同试件 SI-WB 一致，试件 SI-WB-2 发生刚体竖向运动仅限制在柱身宽度范围内。

3. 荷载-位移曲线与关键试验现象

试件 SI-WB-2 的柱顶荷载-柱顶位移关系曲线如图 2.32 所示，图中曲线标明了各关键试验现象，并分别对应表 2.13 中各图。在图 2.32 中，上部横坐标（θ）与右侧纵坐标（F/F_p）均采用归一化参数，其中 $L_b=2.25m$，$F_p=180kN$。

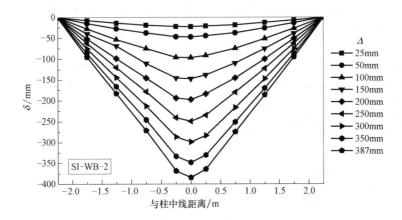

图 2.31 SI-WB-2 试验各阶段的试件竖向变形形态

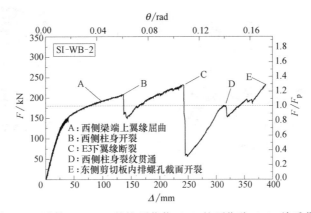

图 2.32 试件 SI-WB-2 的柱顶荷载（F）-柱顶位移（Δ）关系曲线

试件 SI-WB-2 在柱顶竖向荷载作用下的受力特征与试验破坏现象如下：

（1）当 $\Delta<30$mm，试件呈现线性受力特征；当 Δ 超过约 30mm（$\theta=0.013$rad），试件开始进入非线性受力阶段，荷载随着加载位移增大缓慢上升。

（2）当 $\Delta=75$mm（$\theta=0.033$rad）时，柱顶荷载达到 F_p，此后观察到西侧梁端上翼缘发生明显屈曲（对应图 2.32 中点 A 及表 2.13 相关图片），同时柱顶荷载仍持续上升。

（3）当 $\Delta=137$mm（$\theta=0.061$rad）时，西侧梁端下翼缘北端与柱身焊接处开裂（B），柱顶荷载从 207kN（$1.15F_p$）迅速下降至 158kN（$0.88F_p$），此后缓慢回升，期间观察到西侧梁端下翼缘南端与柱身焊接处开裂。

（4）当 $\Delta=243$mm（$\theta=0.108$rad）时，梁 E3 截面下翼缘断裂（C），柱顶荷载从 226kN（$1.26F_p$）迅速下降至 57kN（$0.32F_p$），此后可观察到东侧梁剪切板内排孔壁受螺栓挤压产生椭圆化变形。

（5）柱顶荷载随着加载位移增大再度回升，当 $\Delta=316$mm（$\theta=0.140$rad）时，西侧梁端下翼缘处柱身裂纹沿柱壁厚度方向贯通（D），荷载从 180kN（$1.00F_p$）下降至 150kN（$0.83F_p$）后复又上升。

（6）当 $\Delta=387$mm（$\theta=0.172$rad）时，东侧梁剪切板的内排螺孔截面断裂（E），同

时观察到西侧柱身裂纹自梁下翼缘两端沿柱身向上开展，此时柱顶荷载达到 232kN（$1.29F_p$）且无下降趋势，柱底已无变形空间，加载停止，试验结束。

试件 SI-WB-2 关键试验现象   表 2.13

西侧	东侧
 梁端上翼缘屈曲(A)	无
  梁端下翼缘与柱身焊接处开裂，北端先出现（南端后出现） $(B,\theta=0.061\mathrm{rad},F=1.15F_p)$	 梁 E3 截面下翼缘断裂 $(C,\theta=0.108\mathrm{rad},F=1.26F_p)$
 梁端下翼缘处柱身裂纹贯通 $(D,\theta=0.140\mathrm{rad},F=1.00F_p)$	 内排螺栓挤压剪切板
 柱身裂纹自梁下翼缘两端向上开展	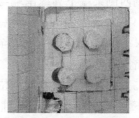 剪切板内排螺孔截面断裂 $(E,\theta=0.172\mathrm{rad},F=1.29F_p)$

4. 下层内隔板破坏情况

试件 SI-WB-2 的西侧呈现出与东侧截然不同的破坏模式，与方管柱内隔板的焊接质量密切相关。试验结束后，将各试件的柱子切割开并观察其内部构造及破坏情况，发现试件 SI-WB-2 的下层内隔板西侧与相邻方管柱柱身已完全脱开［图 2.33（a）］，而东侧仍与柱身完好连接［图 2.33（b）］。可以推断，由于内隔板西侧与柱身的焊接质量不佳，柱身在相连梁下翼缘的拉力作用下逐渐与内隔板脱开。此后，原本由内隔板传递的拉力作用转而由柱身承受，导致柱身发生严重的板件面外变形而最终断裂。相反，内隔板东侧由于与柱身焊接牢固而得以有效传递梁下翼缘拉力，保护柱身不发生明显的面外变形，使得东侧的破坏限制在梁端连接截面处。

(a) 西侧与柱身完全脱开　　　　　　　　(b) 东侧与柱身连接完好

图 2.33　试件 SI-WB-2 下层内隔板破坏情况

2.4.6　试件 SI-W-RBS

1. 试验概况

试件 SI-W-RBS 是方钢管内隔板全焊连接节点，梁端采用翼缘狗骨式削弱的 RBS 节点形式，梁跨高比 $R=15$。该试件是 SI-W 的对比试件，为了考察梁端削弱对节点受力性态造成的影响。

试验加载的最大位移为 $\Delta_{\max}=392\mathrm{mm}$，对应于梁弦转角为 $\theta_{\max}=0.174\mathrm{rad}$，试验结束时节点并未完全失效。试验后的节点部位破坏形态以及子结构整体变形如图 2.34 所示。较为特别的是，该试件的破坏并未发生在削弱的 RBS 截面或梁端截面处，而是发生了柱身开裂。柱身开裂的破坏模式可有效发挥悬索机制，因而在受力后期提供较高的抗力，较之试件 SI-W 的梁端截面开裂模式更为有利。

2. 试件竖向变形形态

图 2.35 为加载过程中试件的整体竖向变形图，位移值以向下为负。可以看出：在加载位移较小时（$\Delta \leqslant 100\mathrm{mm}$，$\theta \leqslant 0.044\mathrm{rad}$），试件 SI-W-RBS 外观呈现较明显的受弯形态；随着加载位移增大逐渐呈现悬索形态，在加载结束时试件的两侧梁段已被拉直，与图 2.34（b）所示一致。

3. 荷载-位移曲线与关键试验现象

试件 SI-W-RBS 的柱顶荷载-柱顶位移关系曲线如图 2.36 所示，图中曲线标明了各关键试验现象，并分别对应表 2.14 中各图。在图 2.36 中，上部横坐标（θ）与右侧纵坐标（F/F_{p}）均采用归一化参数，其中 $L_{\mathrm{b}}=2.25\mathrm{m}$，$F_{\mathrm{p}}=180\mathrm{kN}$；图中虚线纵坐标值 $F_{\mathrm{p\text{-}RBS}}$（$F_{\mathrm{p\text{-}RBS}}=123\mathrm{kN}$）为试件预计的最不利梁截面 W2/E2（即 RBS 截面）的弯矩达到其全截面塑性抗弯承载力时的子结构竖向承载力指标。

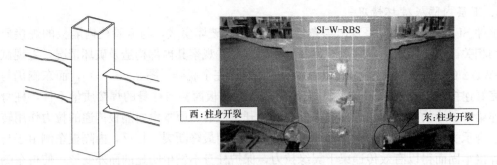

(a) 节点部位变形

(b) 子结构整体变形

图 2.34　试件 SI-W-RBS 的试验后状态

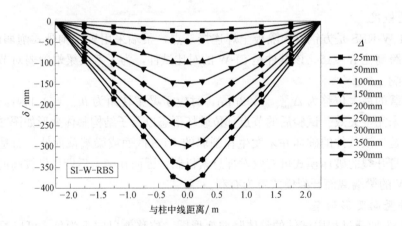

图 2.35　SI-W-RBS 试验各阶段的试件竖向变形形态

试件 SI-W-RBS 在柱顶竖向荷载作用下的受力特征与试验破坏现象如下：

（1）加载初期试件呈现线性受力特征，当 $\Delta=31\text{mm}$（$\theta=0.014\text{rad}$）时，柱顶荷载达到 $F_{\text{p-RBS}}$，但柱顶荷载-柱顶位移关系曲线的刚度并没有明显降低，荷载稳步上升。

（2）当 $\Delta=40\text{mm}$（$\theta=0.017\text{rad}$）时，荷载发展曲线刚度出现明显降低，此后可观察到 RBS 截面附近上翼缘发生明显屈曲（对应图 2.36 中点 A 及表 2.14 相关图片），同时柱顶荷载缓慢上升，期间在 $\Delta=113\text{mm}$（$\theta=0.050\text{rad}$）时荷载达到 F_{p}。

（3）当 $\Delta=175\text{mm}$（$\theta=0.078\text{rad}$）时，西侧梁端下翼缘南端与柱身焊接处开裂

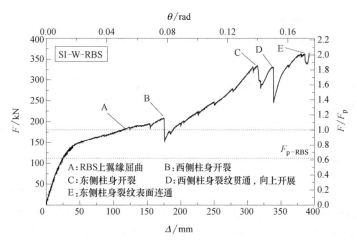

图 2.36　试件 SI-W-RBS 的柱顶荷载（F）-柱顶位移（Δ）关系曲线

（B），柱顶荷载从 207kN（$1.15F_p$）迅速下降至 155kN（$0.86F_p$）；此后柱顶荷载迅速回升并超过此前的荷载峰值，期间观察到西侧梁端下翼缘北端与柱身焊接处开裂，南北端裂纹同时向中部腹板方向发展。

（4）当 $\Delta=316$mm（$\theta=0.140$rad）时，观察到东侧梁端下翼缘南北端与柱身焊接处均发生开裂（C），柱顶荷载从 333kN（$1.85F_p$）下降至 280kN（$1.56F_p$），此后裂纹同时向中部腹板方向发展。

试件 SI-W-RBS 关键试验现象　　　　　　　　　　　　表 2.14

西侧	东侧
 梁 RBS 截面上翼缘屈曲（A）	 梁 RBS 截面上翼缘屈曲（A）
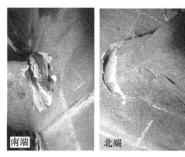 梁端下翼缘与柱壁焊接处开裂 南端先出现（北端后出现）（B,$\theta=0.078$rad,$F=1.15F_p$）	 梁端下翼缘与柱壁焊接处开裂，南北几乎同时出现（C,$\theta=0.140$rad,$F=1.85F_p$）

续表

西侧	东侧

梁端下翼缘处柱身裂纹沿柱壁厚度方向贯通，裂纹自梁下翼缘两端沿柱身向上开展（D，$\theta=0.150\text{rad}$，$F=1.83F_p$）	梁端下翼缘处柱身裂纹表面连通（E，$\theta=0.171\text{rad}$，$F=2.00F_p$）

（5）柱顶荷载再次回升，直至 $\Delta=339\text{mm}$（$\theta=0.151\text{rad}$）时，西侧梁端下翼缘处柱身裂纹沿柱壁厚度方向贯通（D），荷载从 330kN（$1.83F_p$）瞬时下降至 245kN（$1.36F_p$），此后裂纹自梁下翼缘两端沿柱身向上开展，荷载持续增大。

（6）当 $\Delta=386\text{mm}$（$\theta=0.171\text{rad}$）时，观察到东侧梁端下翼缘处柱身裂纹表面已连通（E），柱顶荷载从 360kN（$2.00F_p$）小幅下降至 340kN（$1.89F_p$），而后复快速上升。

（7）当 $\Delta=392\text{mm}$（$\theta=0.174\text{rad}$）时，柱顶荷载达到 365kN（$2.03F_p$），柱底已无变形空间，加载停止，试验结束。

4. 下层内隔板破坏情况

试件 SI-W-RBS 东西侧均呈现柱身开裂的破坏模式，同样与方管柱内下层内隔板与柱身的焊接质量不佳有关。图 2.37 为试件 SI-W-RBS 的下层内隔板的破坏情况，可见其东西侧均与相邻柱身完全脱开，同试件 SI-WB-2 的西侧破坏情况相同。正是由于柱身在此条件下发生严重的局部变形而成为试件的薄弱部位，被削弱的 RBS 截面反而不会发生破坏。由此可以推断，若内隔板与柱身焊接牢固，试件 SI-W-RBS 将发生梁 RBS 截面的断裂破坏，该推断将在 4.1.5 节对试件断裂部位预判的数值模拟中进行验证。

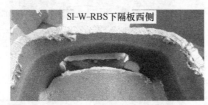 

(a) 西侧　　(b) 东侧

图 2.37　试件 SI-W-RBS 的下层内隔板东西侧与柱身均完全脱开

2.4.7　试件 SI-WB-R8

1. 试验概况

试件 SI-WB-R8 为方钢管内隔板栓焊混合连接节点，腹板螺栓采用单排分散集中布置形式，梁跨高比 $R=8$（即梁跨度 $l_0=2.4\text{m}$）。该试件是 SI-WB 的对比试件，为了考察梁跨高比对节点子结构受力性态的影响。

试验加载的最大位移为 $\Delta_{\max}=324\text{mm}$，对应于梁弦转角为 $\theta_{\max}=0.226\text{rad}$，试验结

束时节点已完全失效。试验后的节点部位破坏形态以及子结构整体变形如图 2.38 所示。该试件的破坏模式包括梁端截面断裂以及柱身开裂，其中梁端截面破坏是导致节点子结构最终完全丧失承载力的原因。

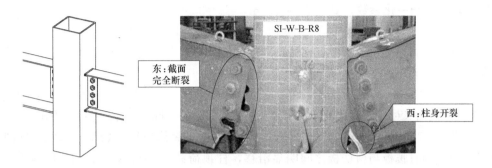

(a) 节点部位变形

(b) 子结构整体变形

图 2.38　试件 SI-WB-R8 的试验后状态

2. 试件竖向变形形态

图 2.39 为加载过程中试件的整体竖向变形图，位移值以向下为负。可以看出：在加载位移较小时（$\Delta \leqslant 75\text{mm}$，$\theta \leqslant 0.063\text{rad}$），试件 SI-WB-R8 外观呈现较明显的弯曲形态；随着加载位移增大逐渐呈现悬索形态，在加载结束时试件的两侧梁段已被拉直，与图 2.38（b）所示一致。

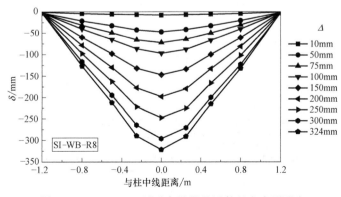

图 2.39　SI-WB-R8 试验各阶段的试件竖向变形形态

3. 荷载-位移曲线与关键试验现象

试件 SI-WB-R8 的柱顶荷载-柱顶位移关系曲线如图 2.40 所示，图中曲线标明了各关键试验现象，并分别对应表 2.15 中各图。在图 2.40 中，上部横坐标（θ）与右侧纵坐标（F/F_p）均采用归一化参数，其中 $L_b=1.2$m，$F_p=359$kN。

试件 SI-WB-R8 在柱顶竖向荷载作用下的受力特征与试验破坏现象：

（1）当 Δ 超过约 15mm（$\theta=0.013$rad），试件开始进入非线性受力阶段，荷载随着加载位移增大缓慢上升。

（2）当 $\Delta=33$mm（$\theta=0.027$rad）时，柱顶荷载达到 F_p 并稳定上升，此后观察到梁端上翼缘发生明显屈曲（对应图 2.40 中点 A 及表 2.15 相关图片），同时螺栓滑移持续发出声响。

（3）当 $\Delta=73$mm（$\theta=0.061$rad）时，梁 E3 截面下翼缘裂纹开始从中部腹板处向外侧开展（B），同时腹板与剪切板之间明显滑移，柱顶荷载从 419kN（$1.17F_p$）迅速下降至 281kN（$0.78F_p$）后再度回升。

（4）当 $\Delta=120$mm（$\theta=0.100$rad）时，西侧梁端下翼缘南端与柱身焊接处开裂（C），柱顶荷载从 355kN（$0.99F_p$）瞬时下降至 250kN（$0.70F_p$）。

（5）随后观察到梁腹板下部孔壁发生承压破坏及剪切破坏（D），导致荷载在 $\Delta=132$mm（$\theta=0.110$rad）和 $\Delta=144$mm（$\theta=0.120$rad）时两次出现荷载突降，突降前荷载分别为 287kN（$0.80F_p$）和 268kN（$0.75F_p$）。

（6）此后柱顶荷载基本维持在 250kN（$0.70F_p$）左右，当 $\Delta=180$mm（$\theta=0.150$rad）时，观察西侧梁端下翼缘北端与柱身焊接处开裂（E），随着两侧裂纹向中部腹板方向发展，荷载持续下降，直至 $\Delta=197$mm（$\theta=0.164$rad）时西侧梁下翼缘处柱身裂纹沿柱壁厚度方向贯通（F），荷载达到最低值 172kN（$0.48F_p$）随后柱身裂纹自梁下翼缘两端沿柱身向上开展。

（7）随着柱顶加载位移增大，荷载缓慢上升，期间东侧梁剪切板在螺孔截面发生破坏，首先在 $\Delta=257$mm（$\theta=0.214$rad）时在中部两螺孔间出现竖向裂纹导致荷载从 230kN（$0.64F_p$）小幅下降至 215kN（$0.64F_p$），而后在 $\Delta=298$mm（$\theta=0.248$rad）时观察到第三个螺栓处下边缘处剪切板发生横向剪切破坏，同时上部两螺栓间剪切板截面开裂（G），荷载从 330kN（$0.92F_p$）小幅下降至 317kN（$0.88F_p$）后再度回升。

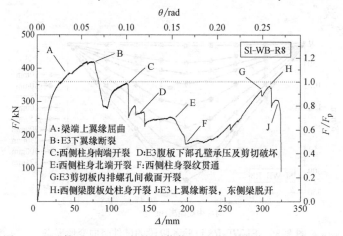

图 2.40　试件 SI-WB-R8 的柱顶荷载（F）-柱顶位移（Δ）关系曲线

试件 SI-WB-R8 关键试验现象　　　　　　　　　　表 2.15

西侧	东侧
 梁端上翼缘屈曲(A)	 梁端上翼缘屈曲(A)
 梁端下翼缘南端与柱身焊接处开裂 $(C,\theta=0.100\mathrm{rad},F=0.99F_\mathrm{p})$	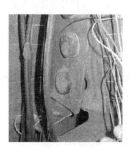 梁 E3 截面下翼缘断裂 $(B,\theta=0.061\mathrm{rad},F=1.17F_\mathrm{p})$
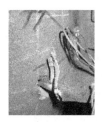 梁端下翼缘北端与柱身焊接处开裂 $(E,\theta=0.150\mathrm{rad},F=0.70F_\mathrm{p})$	 梁腹板下部孔壁承压破坏及剪切破坏 $(D,\theta=0.120\mathrm{rad},F=0.75F_\mathrm{p})$
 下翼缘处柱身裂纹贯通 $(F,\theta=0.164\mathrm{rad},F=0.48F_\mathrm{p})$	 梁剪切板螺孔间截面断裂 $(G,\theta=0.248\mathrm{rad},F=0.92F_\mathrm{p})$

西侧	东侧
 梁腹板与柱身焊接处开裂 （H，$\theta=0.260$rad，$F=0.96F_p$）	梁 E3 截面上翼缘断裂，东侧梁与中柱脱开 （J，$\theta=0.266$rad，$F=0.84F_p$）

（8）当 $\Delta=311$mm（$\theta=0.260$rad）时，西侧梁腹板与柱身焊接处出现竖向裂纹（H），柱顶荷载从 345kN（$0.96F_p$）迅速下降至 280kN（$0.78F_p$）。

（9）此后柱顶荷载小幅回升，但很快当 $\Delta=321$mm（$\theta=0.266$rad）时，梁 E3 截面上翼缘断裂（J），荷载从峰值点 303kN（$0.84F_p$）迅速下降，节点试件已基本丧失承载力，加载停止，试验结束。

4. 下层内隔板破坏情况

与试件 SI-WB-2 的破坏情况类似，本试件东西侧呈现出不同的破坏模式。将试件切割开后，观察到下层内隔板的破坏情况如图 2.41 所示，西侧与柱身完全脱开使柱身成为传递梁下翼缘拉力的唯一途径，导致发生柱身开裂破坏。

(a) 西侧与柱身完全脱开　　　　　　(b) 东侧与柱身连接完好

图 2.41　试件 SI-WB-R8 下层内隔板破坏情况

2.5　梁柱节点的典型破坏模式

以上 7 个节点子结构试件包含 6 种梁柱连接构造，其中腹板连接方式分为螺栓连接与焊接连接两种。本节对节点的典型破坏模式进行归纳，并说明连接构造对节点破坏模式的影响。

2.5.1　破坏模式分类

试验结果表明，在柱顶施加竖向位移的过程中，梁柱子结构的破坏均出现在梁柱节点区域，梁柱节点的破坏模式与连接构造密切相关。

根据第 2.4 节的试验结果，钢管柱-H 形梁节点的破坏模式可归纳为以下三种：柱身破坏模式、梁端间断性破坏模式和梁端连续性破坏模式。其中后两种破坏模式因均发生于梁端，可统称为梁端破坏。

三种破坏模式的发生条件及发展过程可由图2.42进行说明：

（1）柱身破坏模式仅出现在方管柱内隔板节点中，并且仅在下层内隔板与相邻柱身脱开的条件下才可发生；

（2）若上述条件不成立，节点的破坏将发生在梁端连接处。通常梁端破坏模式起源于下翼缘断裂，而后根据腹板连接方式而呈现不同的发展特征，分别发生间断性破坏或连续性破坏，两种破坏会导致截然不同的悬索机制发挥效果。

图2.42还将梁柱节点的破坏过程划分为两个阶段，分别为弯曲机制主导阶段以及悬索机制主导阶段。无论是柱身破坏模式还是梁端破坏模式，节点一旦在梁下翼缘附近区域发生断裂，便将严重削弱弯曲机制抗力，此后主要依靠悬索机制抵抗荷载。梁柱子结构在竖向大变形过程中的抗力机制的转换与发展，将在第2.8.2节中详细讨论。

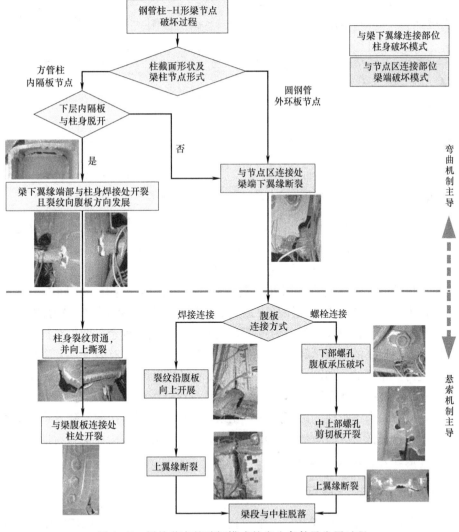

图 2.42　梁柱节点的破坏模式的发生条件及发展过程

2.5.2　梁端破坏模式的特点

梁腹板与柱身可通过螺栓连接或焊接连接，在梁端破坏模式的发展过程中，两种连接方式对节点在下翼缘断裂前的受力性能基本没有影响，但对此后的破坏过程以及抗力发展具有很重要影响。

图 2.43 对比了两组基准试件的荷载-位移关系发展曲线，分别为方管柱内隔板节点试件（SI 系列）以及圆管柱外环板节点试件（CO 系列），每组试件均包含一个栓焊混合连接节点（WB）和一个全焊连接节点（W），4 个试件均发生梁端破坏。对比结果显示，每组试件的荷载-位移关系曲线在下翼缘断裂之前基本一致，下翼缘断裂后却呈现截然不同的发展轨迹：栓焊混合连接节点（试件 SI-WB 和 CO-WB）的荷载可回升并最终超过受力前期达到的荷载峰值，而全焊连接节点（试件 SI-W 和 CO-W）的荷载随着加载位移增大而持续下降并最终完全丧失承载力。

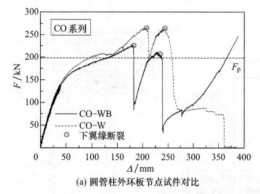
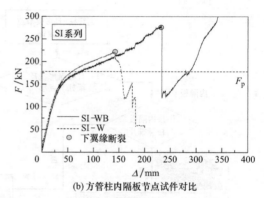

(a) 圆管柱外环板节点试件对比　　　　(b) 方管柱内隔板节点试件对比

图 2.43　不同梁腹板连接方式的节点子结构荷载-位移关系曲线对比

上述两种不同的节点荷载发展路径，是由节点下翼缘断裂后的破坏过程所决定的。下面以圆管柱外环板节点的破坏模式为例，说明不同的腹板连接方式对破坏过程的影响。如图 2.44 所示，腹板采用螺栓连接时，在下翼缘断裂之后，螺栓通过挤压周围板件仍可有效传递腹板承担的内力，从而有效阻断下翼缘破坏向上扩展，这是一个间断性的破坏过程。在该过程中，布置在下部的螺栓受力最大而使周围板件成为连接处最为薄弱的部位，但孔壁承压是一个延性相对较好的受力过程，因而梁柱连接的剩余截面可在提供较大的变形能力的同时提供较高的截面承载力，即表现为梁柱子结构通过有效发展悬索机制来获得可观的后期抗力。相反的，如图 2.45 所示，腹板采用焊接连接时，一旦下翼缘断裂，梁柱连接的腹板下部在拉力作用下也迅速开裂，并且裂纹持续向腹板上部扩展，直至上翼缘也发生断裂，这是一个连续性的破坏过程。在该过程中，全焊连接截面随着剩余面积逐渐减小，抗力也持续降低，无法有效发挥悬索机制，因此节点子结构在受力后期的柱顶荷载持续下降，并最终完全丧失承载力。

2.5.3　柱身破坏模式的特点

在本章进行的 7 个节点试验中，3 个对比试件（SI-WB-2、SI-W-RBS 和 SI-WB-R8）均出现了柱身破坏模式。从试验观察到的现象可以看出，柱身开裂的破坏模式与腹板连接

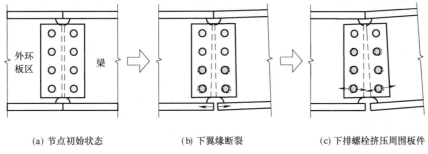

(a) 节点初始状态　　　　　(b) 下翼缘断裂　　　　(c) 下排螺栓挤压周围板件

图 2.44　腹板螺栓连接节点的间断性破坏过程

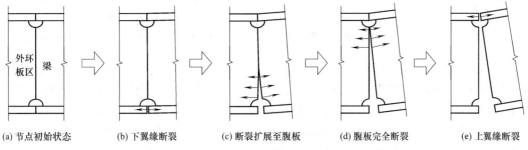

(a) 节点初始状态　　(b) 下翼缘断裂　　(c) 断裂扩展至腹板　　(d) 腹板完全断裂　　(e) 上翼缘断裂

图 2.45　腹板焊接连接节点的连续性破坏过程

构造并不相关，并且相对于梁端破坏模式而言，柱身破坏是一个较为平缓的过程。如图 2.46 所示，柱身破坏模式起源于方管柱内的下层内隔板的提前失效，而后在与下翼缘连接的柱身处开始断裂，且裂纹沿着柱身向上开展。裂纹的发展路径如图 2.47 所示，依次发生柱身启裂，裂纹向内扩展并最终贯通，裂纹沿柱身向上扩展。

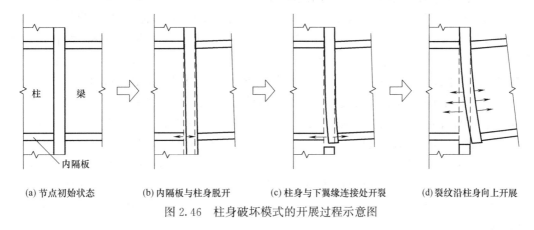

(a) 节点初始状态　　(b) 内隔板与柱身脱开　　(c) 柱身与下翼缘连接处开裂　　(d) 裂纹沿柱身向上开展

图 2.46　柱身破坏模式的开展过程示意图

　　虽然破坏过程均主要表现为裂纹扩展，柱身破坏模式与梁端连续性破坏模式具有截然不同的后期抗力。这是因为在梁端连续性破坏模式中，节点拉结作用的发挥依赖于发生断裂的梁端截面，随着下翼缘断裂和腹板裂纹扩展，有效拉结面积逐步减小，因此无法提供足够的拉结力，一旦梁截面完全断裂，节点将丧失全部承载力。然而，在柱身破坏模式中，节点拉结作用的控制部位在柱身，虽然裂纹沿柱身自下而上扩展，柱身仍能保有较大的柱梁拉结面积，一方面使节点得以维持可观的拉结力，另一方面可以实现更大的转动变形,故而为子结构提供较高的后期抗力。试件 SI-W 与试件 SI-W-RBS 的荷载-位移曲线 (图 2.48) 的对比可验证上述结论。

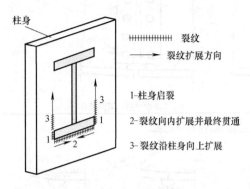

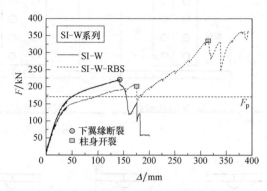

图 2.47 柱身破坏模式的裂纹扩展过程   图 2.48 柱身开裂的破坏模式可提供较稳定的抗力

在传统抗震设计中,框架结构通常设计为梁端形成塑性铰,因此梁柱节点子结构的破坏应发生在梁上而非发生在柱身节点域,换言之,柱身开裂的破坏模式是需要避免的。虽然本章研究试验结果表明,柱身开裂的破坏模式可为节点子结构在大变形后期提供更高且更为稳定的竖向抗力以及更大的变形能力,但由于该破坏模式的发生依赖于柱内隔板的连接失效,具有相当的随机性,难以控制及稳定利用,因此柱身破坏模式仍不宜成为梁柱节点设计的推荐破坏模式。

2.5.4 梁端间断性破坏过程及其与腹板螺栓布置的关系

梁端间断性破坏是一个较为复杂的受力过程,涵盖了众多类型的破坏现象,包括上下翼缘断裂、板件孔壁承压破坏、板件剪切破坏和螺孔截面开裂。在本章介绍的 7 个节点试件中,4 个试件采用了栓焊混合连接的节点,均发生了梁端间断性破坏,但根据腹板螺栓布置的差异呈现出不同的破坏过程。试件 CO-WB、SI-WB 和 SI-WB-2 的梁端破坏均终止在腹板或剪切板区域,子结构未达到其极限承载力。试件 SI-WB-R8 的梁端破坏则十分彻底,节点最终完全丧失承载力,完整展示了大变形条件下栓焊混合连接节点的破坏过程。

当螺栓采用分散(单排)布置形式(例如试件 CO-WB、SI-WB 和 SI-WB-R8),梁截面的破坏过程可由图 2.49 表示。梁端截面下翼缘发生断裂 [图 2.49 (b)] 后,下部螺栓孔壁挤压腹板和剪切板发生承压破坏 [图 2.49 (c)]。若下部螺栓孔与相邻腹板边缘的距离较小,则该位置处的腹板将发生剪切破坏 [图 2.49 (d)]。同样的,当剪切板中部的孔壁在螺栓挤压作用下发生承压破坏后,随后可能发生板件剪切破坏 [图 2.49 (e)],同时伴随着剪切板上部贯穿螺孔的截面开裂 [图 2.49 (f)]。最后,梁截面由于上翼缘的断裂而完全失效 [图 2.49 (g)]。

当螺栓采用集中(双排)布置形式(例如试件 SI-WB-2),梁截面的破坏过程可由图 2.50 表示。首先发生梁端截面下翼缘发生断裂 [图 2.50 (b)],随后腹板和剪切板的内排螺栓孔壁发生承压破坏 [图 2.50 (c)]。当剪切板截面高度不足,则剪切板会自下而上地发生贯穿内排螺孔的截面开裂 [图 2.50 (d)、(e)]。最后,截面破坏终止于上翼缘断裂 [图 2.50 (f)]。

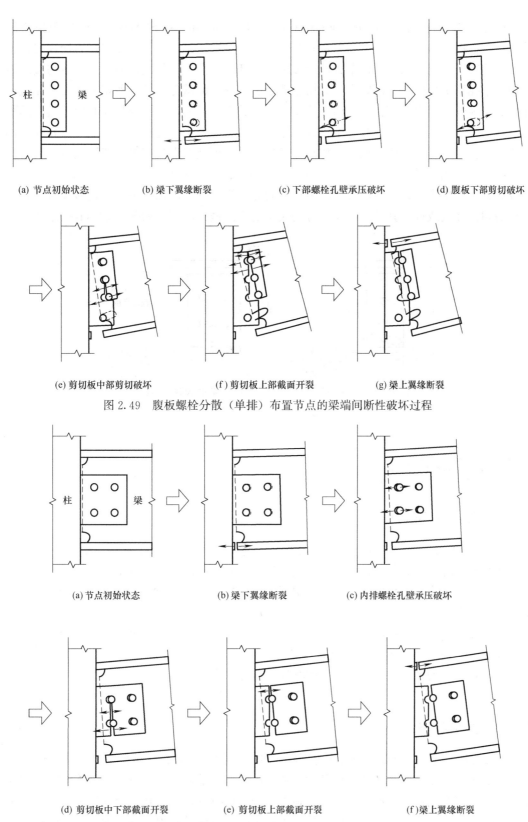

(a) 节点初始状态　　(b) 梁下翼缘断裂　　(c) 下部螺栓孔壁承压破坏　　(d) 腹板下部剪切破坏

(e) 剪切板中部剪切破坏　　(f) 剪切板上部截面开裂　　(g) 梁上翼缘断裂

图 2.49　腹板螺栓分散（单排）布置节点的梁端间断性破坏过程

(a) 节点初始状态　　(b) 梁下翼缘断裂　　(c) 内排螺栓孔壁承压破坏

(d) 剪切板中下部截面开裂　　(e) 剪切板上部截面开裂　　(f) 梁上翼缘断裂

图 2.50　腹板螺栓集中（双排）布置节点的梁端间断性破坏过程

虽然图 2.49 和图 2.50 是分别根据观察试件 SI-WB-R8 和 SI-WB-2 的破坏现象绘制的、与腹板螺栓布置的具体尺寸参数有关，但其展示的破坏过程仍可反映普通栓焊混合连接节点的特征。上述两种螺栓布置造成腹板的破坏过程虽不尽相同，但腹板与剪切板的破坏均始于孔壁承压破坏，而后发生剪切破坏或贯穿螺孔的截面开裂。剪切破坏发生在腹板还是剪切板处，取决于腹板和剪切板的相对强弱关系，尤其是螺孔与相邻的板件边缘的距离；剪切破坏发生的早晚则取决于该螺孔边缘距的大小。由于孔壁承压是延性较高的破坏模式，延长孔壁承压阶段并推迟剪切破坏发生时间，可使节点具有更大变形能力并维持较高承载力，有利于子结构发挥悬索机制。为达到该目的，可采用如图 2.51 所示的腹板螺栓改进方案，增大螺孔与板件边缘的距离。同时，当必须采用螺栓集中布置形式时，为了避免剪切板开裂或推迟其开裂时间，可增大剪切板的截面高度，如图 2.51（b）所示。

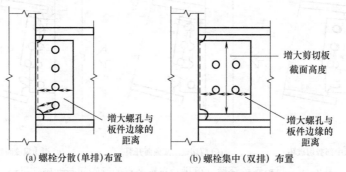

(a) 螺栓分散（单排）布置　　　　(b) 螺栓集中（双排）布置

图 2.51　节点的腹板螺栓布置改进方法

2.6　试验结果汇总

2.6.1　节点破坏现象

表 2.16 汇总了各个试件的节点破坏现象及相应的变形与荷载值，除试件 SI-W-RBS 仅发生柱身破坏外，其他试件的破坏模式中均包含梁端破坏。试验数据表明：

（1）试件首次破坏均发生在柱顶荷载达到 F_p 之后，对应梁弦转角超过 0.06rad。可见，梁柱节点在破坏发生前已充分开展塑性变形。

（2）R15 系列试件除了 SI-W 以外，发生梁下翼缘断裂时梁弦转角介于 0.08～0.11rad，普遍大于观察到柱身破坏时的梁弦转角（0.06～0.08rad）。

（3）柱身开裂模式的试件均未达到其完全破坏状态。

（4）试件 SI-WB-R8 的梁端破坏开始时刻早于其他试件。

2.6.2　界限状态

表 2.17 提取了 7 个试件的若干界限状态的变形值与承载力，试件的界限状态包括对试件承载力产生明显影响的状态以及试件的极限状态，前者通常为节点一侧首次发生破坏的时刻，后者分为两种情况。对于完全丧失承载力的试件，极限状态为丧失承载力前一刻的状态；对于未完全丧失承载力的试件，由于试验未达到其极限状态，则仅提供试验结束

试验破坏现象及对应参数

表 2.16

	试件	CO-WB	CO-W	SI-WB	SI-W	SI-WB-2	SI-W-RBS	SI-WB-R8
梁端破坏	梁下翼缘断裂	0.081rad, 222kN(E2) 0.102rad, 207kN(W2)	0.094rad, 262kN(E2) 0.108rad, 264kN(W2)	0.104rad, 275kN (E3)	0.063rad, 220kN (W3)	0.108rad, 226kN (E3)	×	0.061rad, 419kN (E3)
	梁腹板开裂	×	0.094~ 0.142rad(E2) 0.108~ 0.160rad(W2)	×	0.063~0.081rad (W3)	×	×	×
	螺栓孔壁承压	0.081~ 0.172rad(E2) 0.102~ 0.172rad(W2)	×	0.104~0.153rad (E3)	×	0.108~0.172rad (E3)	×	0.061~0.214rad (E3)
	腹板剪切破坏	×	×	0.153rad, 320kN (E3)	×	×	×	×
	剪切板 截面开裂	×	×	×	×	0.172rad, 232kN (E3)	×	0.214~0.248rad (E3)
	梁上翼缘断裂	×	0.160rad, 65kN (E2)	×	×	×	×	0.266rad, 303kN (E3)
柱身破坏	梁下翼缘处 柱身开裂	×	×	×	×	0.061rad, 207kN (西)	0.078rad, 207kN(西) 0.140rad, 333kN(东)	0.100rad, 355kN (西)
	梁下翼缘处 柱身裂缝贯通	×	×	×	×	0.140rad, 180kN (西)	0.150rad, 330kN (西)	0.164rad, 172kN (西)
	梁腹板处 柱身开裂	×	×	×	×	×	×	0.260rad, 345kN (西)

表 2.17

试件的界限状态及对应参数

试件编号	界限状态 1		界限状态 2		极限状态		塑性转角			节点模型参数（DOD 设计指南）	
	梁柱转角 θ_1/rad	荷载 F_1/kN	梁柱转角 θ_2/rad	荷载 F_1/kN	梁柱转角 θ_3/rad	荷载 F_3/kN	$\theta_1-\theta_y$ /rad	$\theta_2-\theta_y$ /rad	$\theta_3-\theta_y$ /rad	失效塑性转角 a/rad	极限塑性转角 b/rad
CO-WB	0.081	222 ($1.12F_p$)	0.106	207 ($1.05F_p$)	>0.172	>246 (>$1.24F_p$)	0.070	0.095	>0.161		
CO-W	0.094	262 ($1.32F_p$)	0.108	264 ($1.33F_p$)	0.160	65kN ($0.33F_p$)	0.083	0.097	0.149		
SI-WB	0.104	275 ($1.54F_p$)	—	—	>0.153	>306 ($1.70F_p$)	0.093	—	>0.142	0.024	0.036
SI-W	0.063	220 ($1.22F_p$)	—	—	—	—	0.052	—	—		
SI-WB-2	0.061	207 ($1.15F_p$)	0.108	226 ($1.26F_p$)	>0.172	>232 (>$1.29F_p$)	0.050	0.097	>0.161		
SI-W-RBS	0.078	207 ($1.15F_p$) ($1.68F_{p\text{-}RBS}$)	0.140	333 ($1.85F_p$) ($2.71F_{p\text{-}RBS}$)	>0.171	>366 (>$2.03F_p$) (>$2.93F_{p\text{-}RBS}$)	0.071	0.133	>0.164	0.046	0.066
SI-WB-R8	0.061	419 ($1.17F_p$)	0.100	355 ($0.99F_p$)	0.266	303 ($0.84F_p$)	0.055	0.094	0.206	0.024	0.036

时的数据。表 2.17 中将试件达到最大荷载时对应的状态用灰色底纹标出，对比可以发现：

（1）R15 系列试件，当采用栓焊混合连接节点（WB），试验结束时均未达到其最大荷载，即试件发生破坏后仍能提供较高的抗力，在结构抵抗连续倒塌中可加以利用。

（2）试件 CO-W 和 SI-W 采用全焊连接节点，其最大荷载出现在试件某侧首次发生破坏（即下翼缘断裂）的时刻，该状态即为连续倒塌设计中梁柱节点的极限状态。

（3）试件 SI-W-RBS 虽采用全焊连接节点，但由于破坏模式为柱身开裂，在试验过程中未完全破坏，试件的荷载在试验结束时仍未达到最大值，为 R15 系列中抗力最高的试件。

（4）试件 SI-WB-R8 承受的最大荷载出现在试件的首次破坏时刻（梁截面下翼缘断裂），其荷载比值 F/F_p 是所有试件中最低的。这是因为试件的首次破坏发生较早，导致节点还未能开展较为明显的悬索效应便遭到了削弱，破坏时基本由弯曲机制提供竖向抗力；而此后逐渐发展的悬索机制抗力未能弥补遭到削弱的弯曲机制抗力，因此后期的抗力仍难以超越前期峰值。该试件破坏时刻的提前及后期抗力发展的特点，均与其采用较小的梁跨高比有关。关于跨高比影响的详细分析将在第 2.8.3 节中进行。

2.6.3 节点转动能力

表 2.17 还列出了依据 DOD 设计指南[32] 计算的节点模型参数，以塑性转角为指标。将各试件界限状态的转角减去屈服转角 θ_y（参见表 2.5），可得到对应的塑性转角。对比试件的塑性转角值与 DOD 设计指南的节点模型参数可知：

（1）各试件的界限状态 1 所对应的塑性转角（$\theta_1-\theta_y$）范围为 0.05～0.95rad，均大于节点模型失效塑性转角 a，说明 DOD 设计指南所确定的节点失效转角明显偏小；

（2）各试件的极限状态所对应的塑性转角（$\theta_3-\theta_y$）范围为 0.14～0.20rad，远大于节点模型极限塑性转角 b，说明 DOD 设计指南远远低估了节点的极限转动能力。

由此可见，本试验所采用的梁柱节点均可发挥超过 DOD 设计指南限定失效条件下的转动能力，应充分利用其在变形后期提供的悬链线承载力。

2.7 考虑断裂的梁柱节点试验精细化数值模拟

本节将采用通用有限元软件 ABAQUS[158] 建立有限元精细化模型，对 7 个梁柱节点子结构在中柱失效条件下的试验进行数值模拟。探索包含材料断裂模拟的精细化有限元分析方法，通过与试验结果对比验证精细化模型的可靠性，为后文梁柱节点内力效应分析、子结构抗力分析和简化模型建立提供依据。

2.7.1 有限元模型及分析方法

2.7.1.1 非线性动力显式积分算法

梁柱节点子结构在连续倒塌工况下会发生明显的大变形、复杂接触以及材料不连续性（即断裂）现象。在模拟上述严重非线性性能时采用隐式积分算法，计算较为困难，一方面计算时间会很长，另一方面可能导致计算无法收敛。为解决非线性模拟的计算困难，众多研究者选择采用动力显式积分算法，并得到了较好的模拟效果[67,69,71,73,159,160]。本节将采用非线性动力显式积分算法，以慢速运动的 ABAQUS/Explicit 动态分析模拟准静态性能，通过设置合适的加载参数，使分析过程不产生明显动力效应。

2.7.1.2　材料弹塑性本构

分析模型的材料弹塑性本构采用材性试验结果，以多折线拟合材性试验测得的真实应力-真实应变曲线并包含材料断裂点数据，如图 2.52 所示。

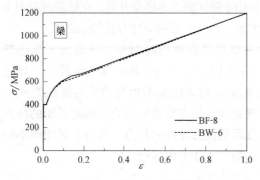
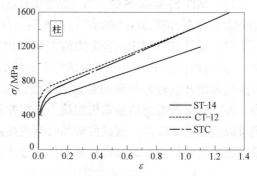

图 2.52　钢材真实应力-真实应变曲线的多折线拟合结果

材料均为 Q345B 钢材，在有限元模型中采用以下参数：

（1）材料密度 $\rho_s = 7.8 \times 10^{-9}\,\text{t/mm}^3$；

（2）弹性模量 $E = 2.06 \times 10^5\,\text{MPa}$；

（3）泊松比 $\mu = 0.3$。

2.7.1.3　部件接触关系设置

当试件的梁柱节点采用腹板螺栓连接构造，螺栓连接腹板与剪切板，需在三部件之间建立接触关系。以试件 SI-WB 为例，各部件之间的接触设置如图 2.53 所示。螺杆直径与螺栓孔径相同，可直接通过孔壁承压传递剪力，此时由螺栓预紧力产生的摩擦传力对节点受力过程影响较小，因而模型中螺栓不施加预紧力。

2.7.1.4　边界条件设置

在梁柱子结构受力的理论模型中，两侧梁端为固定铰支座，柱顶与柱底受到竖向滑动约束。然而，由于试验装置之间不可避免地存在微小间隙，同时反力装置无法提供完全刚性支承，因此试验过程中试件梁端支座可能发生一定量的水平位移，呈现弹性支座边界条件，支座的水平位移与其承受的水平力有关。

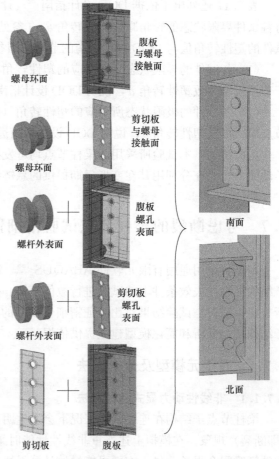

图 2.53　梁柱节点腹板螺栓连接处的部件接触关系
（以试件 SI-WB-R8 为例）

因此在对试件进行数值模拟时，应解除梁端的固定水平约束，通过在梁端处设置水平弹簧模拟弹性支座，粗略假定水平弹簧为线性弹簧，如图 2.54 所示。梁端水平弹簧刚度依据各试验测得的支座水平位移与水平力之间的关系确定，具体数值见表 2.18。试件整体的有限元模型及边界条件如图 2.55 所示，该图以试件 CO-WB 模型为例。

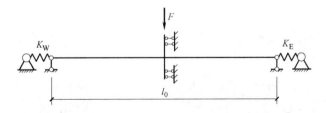

图 2.54　采用梁端弹性支座条件的梁柱子结构分析模型

图 2.55　试件整体的有限元模型边界条件（以试件 CO-WB 为例）

有限元模型梁端弹性支座的水平弹簧刚度/(kN/mm)　　　　表 2.18

试件编号	CO-WB	CO-W	SI-WB	SI-W
K_W	250	156.25	143	40
K_E	250	156.25	100	50

需要说明的是，对比试件（SI-WB-2、SI-W-RBS 和 SI-WB-R8）均为柱身破坏模式，在采用本节介绍的方法进行模拟时，若试件模型采用弹性支座边界条件，会在内隔板失效发生时刻引起有限元分析数值收敛问题。为了实现对试件破坏全过程的模拟，三个对比试件模型在梁端均采用固定铰支座。

2.7.1.5　断裂部位预判

在对试件整体模型进行断裂模拟之前，首先对不含材料断裂的半结构模型进行分析，并依据 El-Tawil[161] 提出的断裂指标（Rupture Index，RI）来初步判定结构可能发生断裂的部位。材料的断裂指标（RI）的表达式为式（2.16），式中 PEEQ 为材料的等效塑性应变，σ_m 和 $\bar{\sigma}$ 分别为静水压力以及 von Mises 应力，$\sigma_m/\bar{\sigma}$ 即为应力三轴度。断裂指标（RI）越大，表明材料发生断裂的可能性也越大。因此，绘制出模型的 RI 云图，便可判定发生断裂的起始部位。

$$RI = \frac{PEEQ}{\exp\left(-1.5\,\dfrac{\sigma_m}{\bar{\sigma}}\right)} \tag{2.16}$$

基准试件半结构模型的 RI 云图如图 2.56 所示，各图对应的加载位移均稍小于试验中观察到试件发生下翼缘断裂的位移，即云图状态为试件发生断裂之前。云图结果显示，CO 系列试件的 RI 较大值位于梁端与外环板相连截面（即 W2/E2 截面）下翼缘处，SI-WB 和 SI-W 试件的 RI 较大值位于梁端截面（靠近 W3/E3 截面）的下翼缘处，与试验观察到的结果一致。

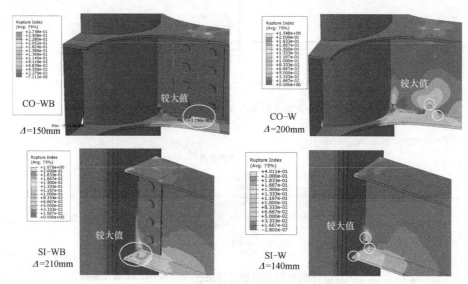

图 2.56　基准试件半结构模型的 RI 云图

对比试件均发生了柱身破坏现象，并可证明试验中下层内隔板与柱身发生了脱离。为了验证内隔板脱离是否为柱身破坏模式发生的前提条件，三个试件均进行了两个半结构模型的对比分析，一个模型的内隔板与柱身连接完好，另一个模型的下层内隔板与柱身不完全连接（两者之间存在间隙）。分析得到三个试件的 RI 云图分别如图 2.57、图 2.58 和图 2.59 所示。结果显示，当内隔板与柱身完好连接，RI 较大值均出现在梁截面处，其中试件 SI-W-RBS 的 RI 较大值在 RBS 截面处；当内隔板与柱身不完全连接，RI 较大值则出现在与梁下翼缘连接的柱身位置。由此便证明了，内隔板的失效是导致节点发生柱身破坏的前提条件，也解释了试件 SI-WB-2 和 SI-WB-R8 发生明显不对称破坏模式的原因。该分析也同样验证了，试件 SI-W RBS 在内隔板连接完好的情况下会出现梁端破坏模式，而非柱身破坏模式。

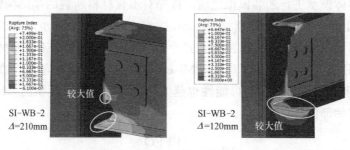

(a) 内隔板完好　　　　　　　　(b) 下层内隔板不完全连接

图 2.57　试件 SI-WB-2 半结构模型的 RI 云图

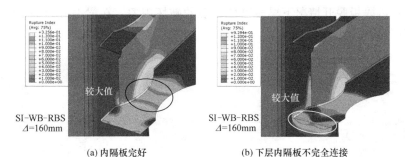

(a) 内隔板完好   (b) 下层内隔板不完全连接

图 2.58 试件 SI-W-RBS 半结构模型的 RI 云图

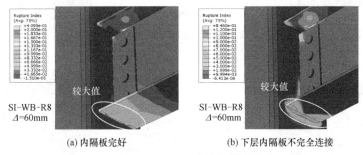

(a) 内隔板完好   (b) 下层内隔板不完全连接

图 2.59 试件 SI-WB-R8 半结构模型的 RI 云图

2.7.1.6 断裂区域网格划分

为了细致模拟材料断裂现象，应在发生断裂的部位采用较为细密的网格。根据以上对断裂部位的预判分析，建立试件的整体模型时，将预计发生断裂部位沿主拉应力方向的单元尺寸控制为 1~2mm。

如图 2.60 所示基准试件模型，CO 系列试件在梁端与外环板相连的 W2/E2 截面、试件 SI-WB 和 SI-W 在梁端截面 W3/E3 附近的网格划分较密，包括梁翼缘、腹板、剪切板及螺栓部位。

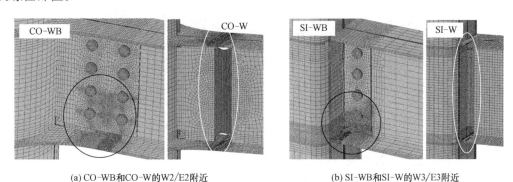

(a) CO-WB和CO-W的W2/E2附近   (b) SI-WB和SI-W的W3/E3附近

图 2.60 基准试件模型的网格划分细节

为了模拟内隔板失效及其导致的柱身破坏现象，对比试件模型的网格划分较为复杂。试件 SI-WB-2（图 2.61）以及 SI-WB-8（图 2.62）除了在东侧梁端截面 W3/E3 附近划分细密网格，在下层内隔板西侧与柱身连接处以及相邻的柱身部位也采用较小的单元尺寸。类似的，试件 SI-W-RBS（图 2.63）的东西侧柱身及内隔板也采用同样的网格设置，但同时为了考察在内隔板脱开情况下梁段可能出现的破坏现象，在梁端截面和 RBS 截面上也划分了细密网格。

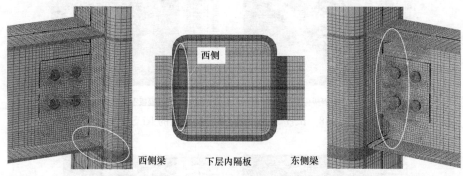

图 2.61　试件 SI-WB-2 模型的网格划分细节

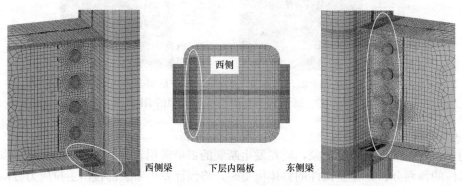

图 2.62　试件 SI-WB-R8 模型的网格划分细节

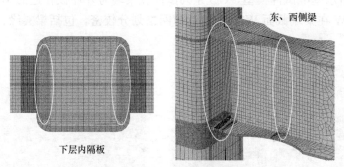

图 2.63　试件 SI-W-RBS 模型的网格划分细节

2.7.1.7　钢材断裂属性定义及断裂准则参数

在当前的有限元分析方法中，删除单元法是较为常用的模拟材料断裂的方法，但其精度依赖于有效合理的断裂准则。借助 ABAQUS 软件的延性金属失效（Damage for Ductile Metals）材料属性定义手段可实现删除单元的目的。该方法采用材料的等效塑性应变作为判定材料失效的指标，涉及的主要参数包括断裂应变、应力三轴度和应变率，以及损伤演化路径。

通过对材性试验进行参数分析得到以下结论：

（1）断裂部位的单元尺寸在 0.8～2mm 范围内变动对模拟结果的影响可忽略不计，因此本书对断裂部位的网格单元尺寸控制在 1～2mm。

（2）断裂准则参数建议：应力三轴度＝0.33，应变率＝0，断裂位移＝1×10^{-4}mm。

（3）各材性试件在轴拉状态下断裂应变参数建议：BF-8 取为 0.55，BW-6 取为 0.4，ST-14 取为 0.5，STC 取为 0.2。然而，梁端截面下翼缘、梁截面腹板、剪切板以及柱身的断裂并非在轴拉状态下发生，因此在梁柱子结构整体模型中不适宜直接采用上述建议值。

本章 7 个试件整体模型中各部位所采用的材料断裂应变参数汇总于表 2.19，表中一并提供了参数的推荐值。

试件整体模型各部位断裂应变参数汇总　　　　　　　　　　表 2.19

材料所属部位		CO-WB	CO-W	SI-WB	SI-W	SI-WB-2	SI-W-RBS	SI-WB-R8	推荐值
西侧	上翼缘	—	0.18	—	0.2	—	—	0.8	同东侧
	腹板	—	0.3	—	0.4	0.6	0.6	0.6	
	剪切板	—	—	—	—	0.8	—	0.6	
	下翼缘	0.35	0.23	—	0.2	0.55	—	0.8	
	柱身	—	—	—	—	0.2	0.2	0.2	
	内隔板	—	—	—	—	0.02	0.02	0.04	
东侧	上翼缘	—	0.18	—	0.3	—	—	0.3	同下翼缘
	腹板	—	0.4	0.6	0.4	0.6	0.6	0.6	0.6
	剪切板	—	—	0.8	—	0.8	—	0.6	0.6
	下翼缘	0.22	0.18	0.5	0.5	0.55	0.8	0.3(0.08)	0.5
	柱身	—	—	0.8	—	0.2	0.2	0.2	0.2
	内隔板	—	—	—	—	—	0.04	—	0.02～0.04

2.7.1.8　柱身破坏的模拟

1. 柱身材料断裂应变参数

柱身开裂属于钢材剪切失效，与板件材料受拉断裂或承压破坏存在较大差异，因此对柱身破坏现象进行模拟时应进行特殊处理。通过局部区域的参数分析，发现柱身钢材的断裂应变参数应采用较小值，才可得到与试验现象基本一致的模拟结果，该参数的推荐值为 0.1～0.2。

2. 包含内隔板失效的柱身开裂过程模拟

采用上述推荐的柱身材料断裂应变参数，建立柱身与梁下翼缘连接的局部区域模型，通过对比分析，提出一种可完整模拟内隔板失效以及柱身开裂全过程的有限元分析方法，模拟结果如图 2.64 所示。该方法对与柱身相连的内隔板局部区域的材料采用较小的断裂应变参数，使其达到一定的断裂条件时被删除 [图 2.64（b）]，便实现了试验观察到的内隔板与相邻柱身脱离现象。此后柱身板件发生严重局部变形而在与下翼缘连接处启裂 [图 2.64（c）]，并沿柱板件厚度方向贯通 [图 2.64（d）]，最终裂缝沿柱身向上开展，该过程与试验观察到的现象一致。

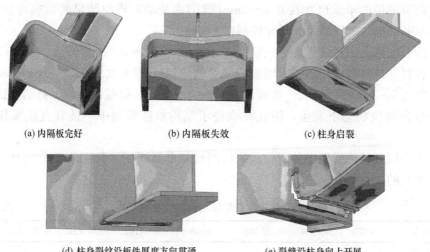

(a) 内隔板完好   (b) 内隔板失效   (c) 柱身启裂

(d) 柱身裂纹沿板件厚度方向贯通   (e) 裂缝沿柱身向上开展

图 2.64　包括内隔板失效的柱身破坏过程模拟

需要说明的是，由于下层内隔板受力较为均匀，与柱身相连的边缘材料几乎同时达到断裂条件而被删除，造成下翼缘传力路径的瞬时转换，很容易引起计算收敛困难。在对试件 SI-WB-2 和 SI-WB-R8 的整体模型进行计算时发现，当梁端采用水平弹性支座，在内隔板失效瞬间，弹性支座受到极大冲击引发数值振荡，进而诱发模型计算的非正常终止。因此，在对比试件的整体模拟中，梁端均采用固定铰支座的边界条件。

2.7.2　试件的模拟结果

本节将展示试件整体模型的模拟结果，并与试验结果进行对比，对比内容包括试件破坏现象、荷载和位移响应，以及截面应变发展。

2.7.2.1　试件 CO-WB

1. 变形形态与破坏过程

试件 CO-WB 整体模型的变形形态如图 2.65 所示。梁端与节点区环板外伸段的连接截面均发生下翼缘断裂，腹板下部螺孔受到螺栓挤压发生明显承压变形，但并未达到剪切破坏。表 2.20 对比了数值模拟与试验观察到的破坏现象，两者形态一致，证明有限元精细化模型可有效模拟试验出现的各种破坏现象。

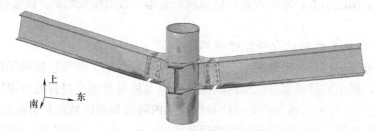

图 2.65　试件 CO-WB 整体模型的变形形态

2. 柱顶荷载-柱顶位移曲线对比

图 2.66 为试件 CO-WB 数值模拟的柱顶荷载（F）-柱顶位移（Δ）曲线结果，并与试

验曲线进行对比，图中标识的关键破坏现象与表2.20对应。可见，数值模拟曲线与试验结果曲线均具有相同特征，但数值模拟结果在子结构刚度与强度方面均高于试验。

试件 CO-WB 的模拟破坏现象与试验现象对比　　　　　　　　　表 2.20

西侧		东侧	
试验现象	数值模拟	试验现象	数值模拟
梁 W2 截面附近上翼缘屈曲（A）		梁 E2 截面附近上翼缘屈曲（A）	
梁 W2 截面下翼缘断裂（C）		梁 E2 截面下翼缘断裂（B）	
梁下排螺栓挤压腹板，螺孔变形（D）		梁下排螺栓挤压腹板，螺孔变形（D）	

3. 梁端水平弹性支座响应

图2.67为试件 CO-WB 数值模拟的东、西侧支座水平位移（δ_H）-柱顶位移（Δ）曲线结果，并与试验曲线进行对比。可见曲线的前半段与试验结果十分接近，且梁 E2 和 W2 截面下翼缘断裂引发梁端水平位移减小的现象也得到了模拟。由此证明，本模型采用梁端水平弹性支座及赋予的弹簧刚度，较好地反映了试件的真实边界条件。

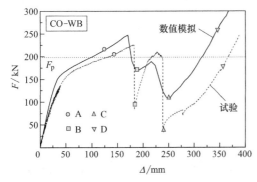

图 2.66　试件 CO-WB 柱顶荷载发展曲线

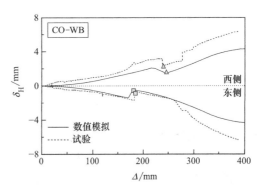

图 2.67　试件 CO-WB 支座水平位移发展曲线

4. 梁截面应变发展

图 2.68 为试件 CO-WB 数值模拟的弹性梁截面 W1/E1 轴向应变 (ε)-柱顶位移 (Δ) 曲线结果，并与试验实测结果进行对比，可见模拟结果与试验具有相同的发展特征相同。无论是 W1 还是 E1 截面，在较小的加载位移下均呈现上翼缘受压 [对应于 (S1+S3)/2 和 (S2+S4)/2]、下翼缘受拉 [对应于 (S5+S7)/2、(S6+S8)/2] 的弯曲受力状态。随着加载位移增大，截面的轴向应变均朝受拉向发展，意味着截面上出现较为明显的轴拉力，此时梁截面受到弯矩与轴力共同作用。当截面下翼缘断裂后，各应变均下降到基本相同的数值并共同朝受拉向发展，对应于截面弯矩明显减小而截面轴力持续增长的状态。

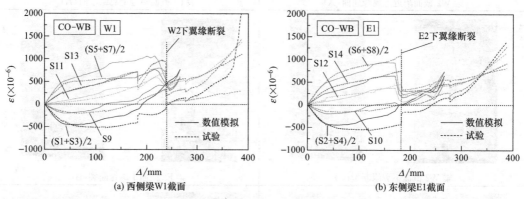

(a) 西侧梁W1截面 (b) 东侧梁E1截面

图 2.68　试件 CO-WB 的弹性梁截面 W1/E1 轴向应变发展曲线

图 2.69 为试件 CO-WB 数值模拟的控制梁截面 W2/E2 上下翼缘的轴向应变 (ε)-柱顶位移 (Δ) 曲线结果，并与试验实测结果进行对比，模拟结果与试验基本吻合。在数值模拟结果中，上翼缘应变 (S17 和 S18) 达到约 0.02 后便基本保持不变，而下翼缘应变 (S21 和 S22) 可持续增长直至发生断裂，裂后保持为残余塑性应变值。

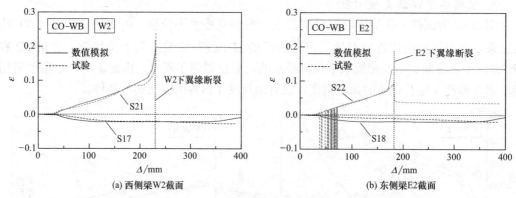

(a) 西侧梁W2截面 (b) 东侧梁E2截面

图 2.69　试件 CO-WB 的控制截面 W2/E2 轴向应变发展曲线

2.7.2.2　试件 CO-W

1. 破坏过程及荷载-位移曲线

试件 CO-W 整体模型的变形形态如图 2.70 所示。梁端与节点区环板外伸段的连接截面均发生下翼缘断裂，随后裂纹沿腹板向上发展，东侧梁最终发生上翼缘断裂并与节点区脱落。表 2.21 对比了数值模拟与试验观察到的破坏现象，两者形态一致。

图 2.70 试件 CO-W 整体模型的变形形态

2. 柱顶荷载-柱顶位移曲线对比

图 2.71 为试件 CO-W 数值模拟的柱顶荷载（F）-柱顶位移（Δ）曲线结果，并与试验曲线进行对比，图中标识的关键破坏现象与表 2.21 对应。可见，数值模拟曲线与试验结果曲线具有相同特征。

3. 梁端水平弹性支座响应

图 2.72 为试件 CO-W 数值模拟的东西侧支座水平位移（δ_H）-柱顶位移（Δ）曲线结果，并与试验曲线进行对比。可见曲线的前半段与试验结果十分接近，但西侧支座水平位移的试验值在后期持续偏高，推断是由于该位移测量在加载后期存在较大误差。

试件 CO-W 的模拟破坏现象与试验现象对比　　　表 2.21

西侧		东侧	
试验现象	数值模拟	试验现象	数值模拟

梁 W2 截面附近上翼缘屈曲（A）		梁 W2 截面附近上翼缘屈曲（A）	
		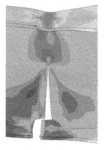	
梁 W2 截面下翼缘断裂,裂纹延至腹板（C）		梁 E2 截面下翼缘断裂,裂纹延至腹板（B）	
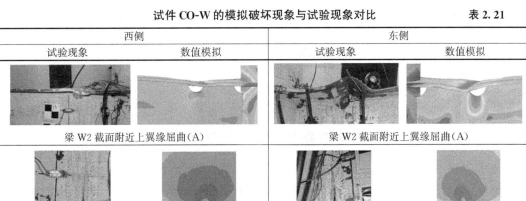			
梁 W2 截面裂纹发展至腹板上部（D）		梁 E2 截面上翼缘开裂,梁整体掉落（D）	

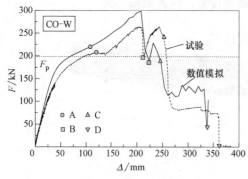
图 2.71　试件 CO-W 柱顶荷载发展曲线

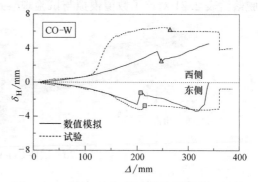
图 2.72　试件 CO-W 支座水平位移发展曲线

4. 梁截面应变发展

图 2.73 为试件 CO-W 数值模拟的弹性梁截面 W1/E1 轴向应变（ε）-柱顶位移（Δ）曲线结果，并与试验实测结果进行对比，可见模拟结果与试验结果十分吻合。

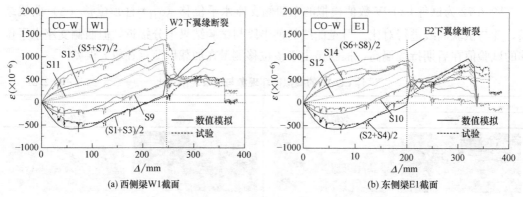
(a) 西侧梁 W1 截面　　　　　　　　　(b) 东侧梁 E1 截面
图 2.73　试件 CO-W 的弹性梁截面 W1/E1 轴向应变发展曲线

图 2.74 为试件 CO-W 数值模拟的控制梁截面 W2/E2 上下翼缘测点的轴向应变（ε）-柱顶位移（Δ）曲线结果，并与试验实测结果进行对比，除测点 S15 外，轴向应变的模拟结果与试验基本吻合。在试验中，柱底滑动约束在试验某加载阶段中未能有效约束柱底水平位移，导致试件变形不对称，因此东侧梁 E2 截面上翼缘附近发生明显屈曲而西侧梁 W2 截面仅发生轻微屈曲（参见表 2.21），造成西侧 W2 截面的上翼缘测点 S15 的压应变测值较低。在数值模拟时，试件的柱顶与柱底受到理想的竖向滑动约束，加载过程中东西侧梁上翼缘屈曲情况较为对称，观察到上翼缘应变（S15 和 S18）达到约 0.02 后便基本保持不变，而下翼缘应变（S21 和 S22）可持续增长直至发生断裂，裂后保持为残余塑性应变值。

2.7.2.3　试件 SI-WB

由于试件 SI-WB 西侧部分在试验中未发生断裂，因此数值模拟时不考虑西侧梁及相连柱身材料的断裂性能。

1. 变形形态与破坏过程

试件 SI-WB 整体模型的变形形态如图 2.75 所示。东侧梁端截面发生下翼缘断裂，此后腹板下部螺孔受到螺栓挤压发生明显承压变形并达到剪切破坏。表 2.22 对比了数值模

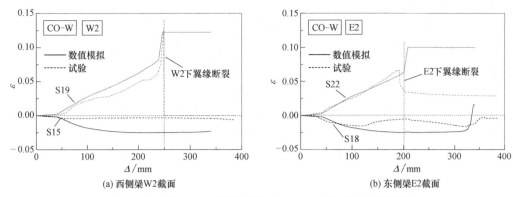

(a) 西侧梁W2截面　　　　　　　　　　(b) 东侧梁E2截面

图 2.74　试件 CO-W 的控制截面 W2/E2 轴向应变发展曲线

拟与试验观察到的破坏现象，两者形态一致。

图 2.75　试件 SI-WB 整体模型的变形形态

试件 SI-WB 的模拟破坏现象与试验现象对比			表 2.22
西侧		东侧	
试验现象	数值模拟	试验现象	数值模拟
梁端上翼缘屈曲（A）		梁端上翼缘屈曲（A）	
无	无	梁 E3 截面下翼缘断裂（B）	
无	无	梁腹板下部孔壁承压破坏及剪切破坏（C）	

2. 柱顶荷载-柱顶位移曲线对比

图 2.76 为试件 SI-WB 数值模拟的柱顶荷载（F）-柱顶位移（Δ）曲线结果，并与试验曲线进行对比，图中标识的关键破坏现象与表 2.22 对应。可见，数值模拟曲线与试验结果吻合较好。

3. 梁端水平弹性支座响应

图 2.77 为试件 SI-WB 数值模拟的东西侧支座水平位移（δ_H）-柱顶位移（Δ）曲线结果，并与试验曲线进行对比。可见曲线的整体走势（尤其是后期位移）与试验结果十分接近。由此证明，本模型采用梁端水平弹性支座及赋予的弹簧刚度，较好地反映了试件的真实边界条件。

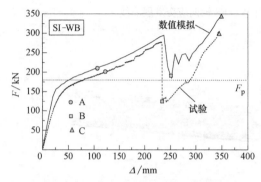

图 2.76　试件 SI-WB 柱顶荷载发展曲线

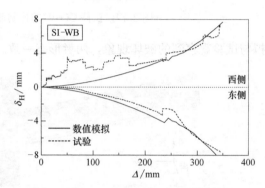

图 2.77　试件 SI-WB 支座水平位移发展曲线

4. 梁截面应变发展

图 2.78 为试件 SI-WB 数值模拟的梁弹性截面 W1/E1 轴向应变（ε）-柱顶位移（Δ）曲线，可见模拟结果与试验具有相同的发展特征。

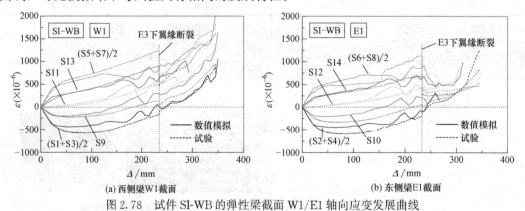

(a) 西侧梁 W1 截面　　　　　　　　　　(b) 东侧梁 E1 截面

图 2.78　试件 SI-WB 的弹性梁截面 W1/E1 轴向应变发展曲线

图 2.79 为试件 SI-WB 靠近节点区的梁截面 W2/E2 和 W3/E3 轴向应变（ε）-柱顶位移（Δ）曲线，可见模拟值整体大于试验值，但两者发展趋势一致。在数值模拟中，控制截面 W3/E3 上翼缘应变（T14 和 T19）值达到约 0.04 后便基本保持不变，相应的，截面 W2/E2 上翼缘应变（S15 和 S16）的稳定值约为 0.016。东侧梁截面 E3 和 E2 的下翼缘应变（T28 和 S28）持续增大至 E3 截面发生断裂，裂后保持为残余塑性应变值分别为约 0.1 和 0.04；由于西侧梁及相连柱身材料不考虑断裂性能，西侧截面 W3 和 W2 的下翼缘

应变（T27 和 S29）可持续增大。

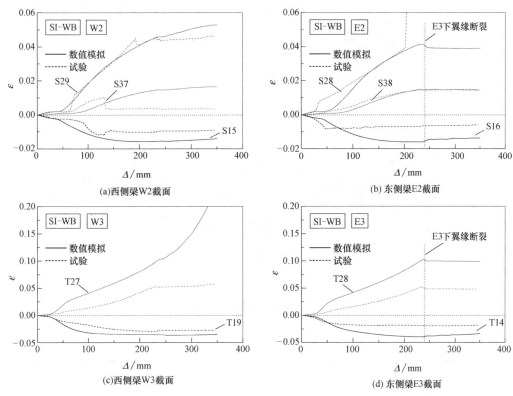

图 2.79　试件 SI-WB 靠近节点区的梁截面轴向应变发展曲线

2.7.2.4　试件 SI-W

试件 SI-W 在试验中仅加载至柱顶竖向位移 $\Delta=200$mm，为了考察试件的后期受力性能，数值模拟中对试件持续加载至 $\Delta=400$mm。

1. 破坏过程及荷载-位移曲线

试件 SI-W 整体模型的变形形态如图 2.80 所示。同试验结果一致，当 $\Delta=200$mm 时模型的西侧梁端截面 W3 已经发生下翼缘断裂 [图 2.80（a）]，同时裂纹已扩展至截面腹板下部。此后随着加载位移增大，东侧梁端截面 E3 发生下翼缘断裂及腹板开裂。当 $\Delta=400$mm 时，东西侧梁截面的裂纹均发展至腹板上部。表 2.23 对比了数值模拟与试验观察到的破坏现象，两者形态一致。

2. 柱顶荷载-柱顶位移曲线对比

图 2.81 为试件 SI-W 数值模拟的柱顶荷载（F）-柱顶位移（Δ）曲线结果，并与试验曲线进行对比，图中标识的关键破坏现象与表 2.23 对应。可见，数值模拟曲线与试验结果曲线具有相同特征，但数值模拟的子结构前期刚度大于试验值。

3. 梁端水平弹性支座响应

图 2.82 为试件 SI-W 数值模拟的东西侧支座水平位移（δ_{H}）-柱顶位移（Δ）曲线结果，并与试验曲线进行对比。可见曲线的前半段与试验结果十分接近，证明本模型采用梁端水平弹性支座及赋予的弹簧刚度，较好地反映了试件的真实边界条件。

(a) Δ=200mm

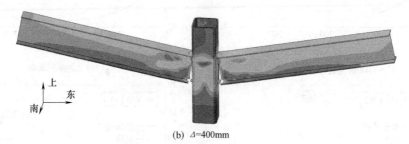

(b) Δ=400mm

图 2.80　试件 SI-W 整体模型的变形形态

试件 SI-W 的模拟破坏现象与试验现象对比　　　　　　　　　　　　表 2.23

西侧		东侧	
试验现象	数值模拟	试验现象	数值模拟
梁端上翼缘屈曲(A)		梁端上翼缘屈曲(A)	
梁 W3 截面下翼缘断裂,裂纹延至腹板(B)		无	梁 E3 截面下翼缘断裂,裂纹延至腹板(C)
无	梁 W3 截面裂纹发展至腹板上部(D)	无	梁 E3 截面裂纹发展至腹板上部(D)

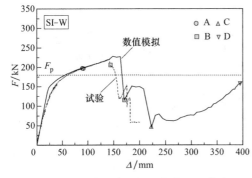

图 2.81 试件 SI-W 柱顶荷载发展曲线

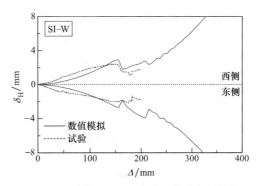

图 2.82 试件 SI-W 支座水平位移发展曲线

4. 梁截面应变发展

图 2.83 为试件 SI-W 数值模拟的梁弹性截面 W1/E1 轴向应变（ε）-柱顶位移（Δ）曲线，可见模拟结果与试验十分吻合。

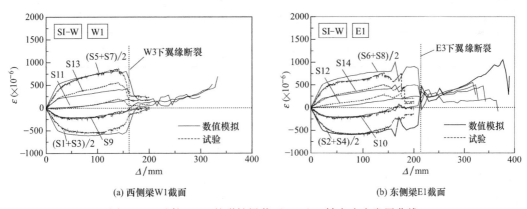

(a) 西侧梁W1截面   (b) 东侧梁E1截面

图 2.83 试件 SI-W 的弹性梁截面 W1/E1 轴向应变发展曲线

图 2.84 为试件 SI-W 靠近节点区的梁截面 W2/E2 和 W3/E3 轴向应变（ε）-柱顶位移（Δ）曲线。可见梁截面 W2/E2 轴向应变的数值模拟结果和试验结果较为接近，而控制截面 W3/E3 的模拟值整体大于试验值。数值模拟结果显示，控制截面 W3/E3 上翼缘轴向应变（T17 和 T18）值达到约 0.03 后便基本保持不变，相应的，截面 W2/E2 上翼缘轴向应变（S15 和 S19）的稳定值约为 0.02。另一方面，控制截面 W3/E3 下翼缘轴向应变（T25 和 T25）在下翼缘断裂前快速增长并在断裂前超过 1，此后截面 W2/E2 的下翼缘应变（S25 和 S26）分别稳定在约 0.25 和 0.35。

2.7.2.5 试件 SI-WB-2

在试件 SI-WB-2 的整体模型中，下层内隔板西侧考虑了断裂问题，以模拟西侧柱身破坏模式。

1. 变形形态与破坏过程

试件 SI-WB-2 整体模型的变形形态如图 2.85 所示。模型西侧呈现柱身破坏，下层内隔板西侧在 Δ＝127mm 时发生断裂，实现内隔板与柱身的脱离，使得后续柱身启裂、贯通以及裂纹向上扩展均得到模拟。模型东侧呈现梁端截面破坏，依次发生下翼缘断裂、剪

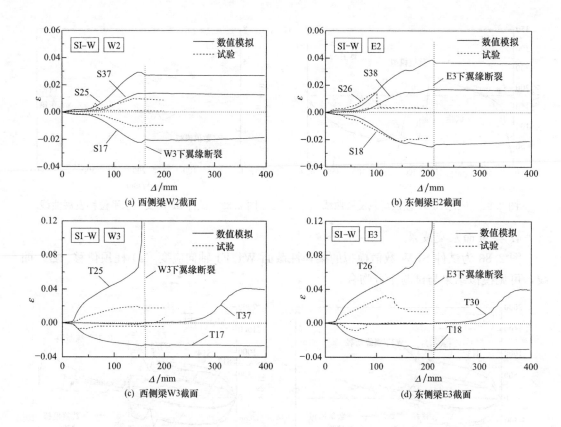

(a) 西侧梁W2截面 (b) 东侧梁E2截面

(c) 西侧梁W3截面 (d) 东侧梁E3截面

图 2.84 试件 SI-W 靠近节点区的梁截面轴向应变发展曲线

切板螺孔承压变形及内排螺孔截面断裂。表 2.24 对比了数值模拟与试验观察到的破坏现象，两者形态一致。

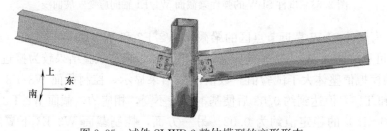

图 2.85 试件 SI-WB-2 整体模型的变形形态

试件 SI-WB-2 的模拟破坏现象与试验现象对比   表 2.24

西侧		东侧	
试验现象	数值模拟	试验现象	数值模拟
		无	
梁端上翼缘屈曲（A）		梁端上翼缘屈曲（A）	

续表

西侧		东侧	
试验现象	数值模拟	试验现象	数值模拟
下层内隔板西侧与柱身脱离失效(B1)		无	无
梁端下翼缘与柱身焊接处启裂(B2)		梁 E3 截面下翼缘断裂(C)	
梁端下翼缘处柱身裂纹贯通(D)		内排螺栓挤压剪切板	
柱身裂纹自梁下翼缘两端向上开展		剪切板内排螺孔截面断裂(E)	

2. 柱顶荷载-柱顶位移曲线对比

图 2.86 为试件 SI-WB-2 数值模拟的柱顶荷载（F）-柱顶位移（Δ）曲线结果，并与试验曲线进行对比，图中标识的关键破坏现象与表 2.24 对应。可见，数值模拟曲线与试验

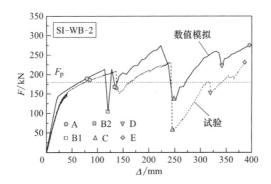

图 2.86　试件 SI-WB-2 柱顶荷载发展曲线

结果曲线具有相同特征，但数值模拟结果在子结构刚度与强度方面均高于试验。值得注意的是，下层内隔板西侧与柱身脱离瞬间（点 B1），模型荷载发生瞬时振荡，但其并不对模型后续发展造成明显影响。

3. 梁截面应变发展

图 2.87 为试件 SI-WB-2 数值模拟的梁弹性截面 W1/E1 轴向应变（ε）-柱顶位移（Δ）曲线。可见，模拟结果在前期与试验较为接近，但后期的模拟值偏大，推断与梁端支座条件提供的较强轴向约束有关。

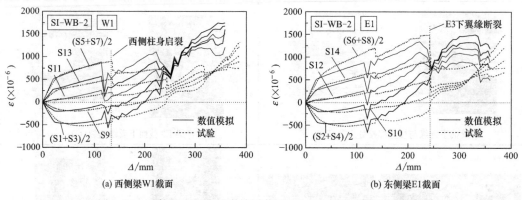

(a) 西侧梁W1截面　　　　　　　　　　(b) 东侧梁E1截面

图 2.87　试件 SI-WB-2 的弹性梁截面 W1/E1 轴向应变发展曲线

图 2.88 为试件 SI-WB-2 靠近节点区的梁截面 W2/E2 和 W3/E3 轴向应变（ε）-柱顶位

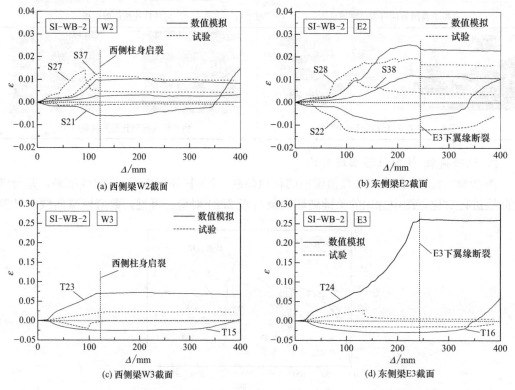

(a) 西侧梁W2截面　　　　　　　　　　(b) 东侧梁E2截面

(c) 西侧梁W3截面　　　　　　　　　　(d) 东侧梁E3截面

图 2.88　试件 SI-WB-2 靠近节点区的梁截面轴向应变发展曲线

移（Δ）曲线，结果显示模拟值整体小于试验值。其中，东侧梁截面 E3 和 E2 的下翼缘应变（T24 和 S28）持续增大至 E3 截面发生断裂，裂后残余塑性应变值分别为约 0.25 和 0.025。对比图 2.88（c）和（d）还可发现，W2 截面轴向应变整体小于 E2 截面，意味着西侧柱身破坏模式可缓解梁端截面的轴向应变需求。

2.7.2.6　试件 SI-W-RBS

在试件 SI-WB-RBS 的整体模型中，下层内隔板的东西两侧均考虑了断裂问题，以模拟柱身破坏模式。

1. 变形形态与破坏过程

试件 SI-WB-RBS 整体模型的变形形态如图 2.89 所示。模型东西侧均呈现柱身破坏，完整模拟了下层内隔板失效、柱身启裂、贯通以及裂纹向上扩展的破坏过程。表 2.25 对比了数值模拟与试验观察到的破坏现象，两者形态一致。

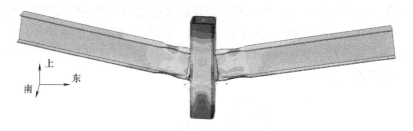

图 2.89　试件 SI-W-RBS 整体模型的变形形态

试件 **SI-W-RBS** 的模拟破坏现象与试验现象对比　　　　　　　　表 2.25

西侧		东侧	
试验现象	数值模拟	试验现象	数值模拟
梁 RBS 截面附近上翼缘屈曲（A）		梁 RBS 截面附近上翼缘屈曲（A）	
下层内隔板西侧与柱身脱离失效（B1）		下层内隔板东侧与柱身脱离失效（C1）	
梁端下翼缘与柱身焊接处启裂（B2）		梁端下翼缘与柱身焊接处启裂（C2）	

西侧		东侧	
试验现象	数值模拟	试验现象	数值模拟
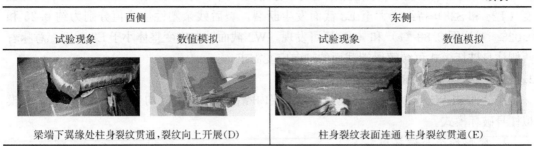			
梁端下翼缘处柱身裂纹贯通,裂纹向上开展(D)		柱身裂纹表面连通 柱身裂纹贯通(E)	

2. 柱顶荷载-柱顶位移曲线对比

图 2.90 为试件 SI-W-RBS 数值模拟的柱顶荷载（F）-柱顶位移（Δ）曲线结果,并与试验曲线进行对比,图中标识的关键破坏现象与表 2.25 对应。对比结果显示,模拟曲线与试验曲线在受力前期十分吻合,在后期虽然模拟破坏时刻点及子结构荷载与试验存在一定差别,但两者曲线的整体发展趋势仍保持一致。此外,内隔板失效（点 B1）后模拟曲线出现较明显的荷载振荡,这是柱身破坏模拟时无法避免的,因为破坏过程中不断有柱身单元被删除而造成荷载短时下降。

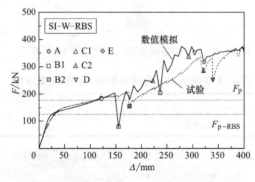

图 2.90 试件 SI-W-RBS 柱顶荷载发展曲线

3. 梁截面应变发展

图 2.91 为试件 SI-W-RBS 数值模拟的梁弹性截面 W1/E1 轴向应变（ε）-柱顶位移（Δ）曲线。可见,模拟结果在前期与试验较为接近,但后期的模拟值明显偏大,推断与

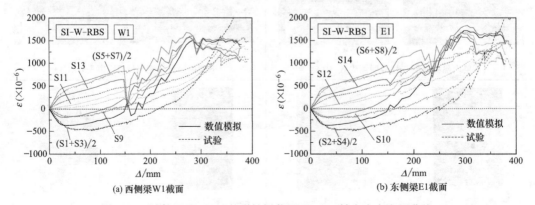

(a) 西侧梁W1截面　　　　　　　　(b) 东侧梁E1截面

图 2.91 试件 SI-W-RBS 的弹性梁截面 W1/E1 轴向应变发展曲线

梁端支座条件提供的较强轴向约束有关。

图 2.92 为试件 SI-W-RBS 靠近节点区的梁截面 W2/E2 和 W3/E3 轴向应变（ε）-柱顶位移（Δ）曲线，结果显示模拟值整体明显高于试验值。对比还可发现以下规律：

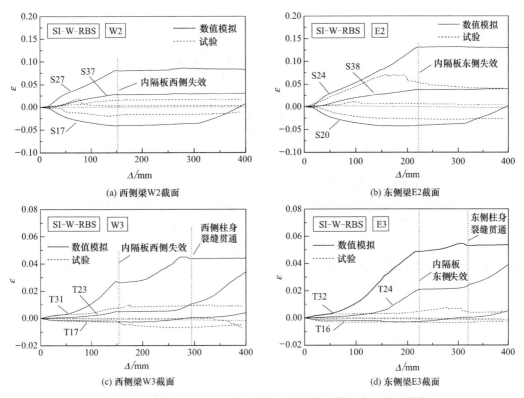

(a) 西侧梁W2截面 (b) 东侧梁E2截面

(c) 西侧梁W3截面 (d) 东侧梁E3截面

图 2.92 试件 SI-W-RBS 靠近节点区的梁截面轴向应变发展曲线

（1）W2/E2 截面轴向应变明显高于 W3/E3 截面轴向应变，可见梁构件的塑性应变主要集中在 RBS 截面而非梁端截面；

（2）在数值模拟中，下层内隔板失效后，W2/E2 截面下翼缘轴向应变（S27 和 S24）基本保持不变并分别维持在 0.08 和 0.13 左右，而 W3/E3 截面的下翼缘轴向应变（T31 和 T32）仍可继续增长，意味着集中塑性变形转移至梁端截面；

（3）在数值模拟中，柱身裂缝贯通后，W3/E3 截面下翼缘轴向应变（T31 和 T32）基本保持不变并维持在 0.05 左右，同时 W3/E3 截面腹板（T23 和 T24）以及 W2/E2 截面上翼缘（S37 和 S38）轴向应变持续增大，可见随着柱身裂纹向上开展，梁截面中上部逐渐开始承受拉力。

2.7.2.7 试件 SI-WB-R8

在试件 SI-WB-R8 的整体模型中，下层内隔板西侧考虑了断裂问题，以模拟西侧柱身破坏模式。

1. 变形形态与破坏过程

试件 SI-WB-R8 整体模型的变形形态如图 2.93 所示。模型西侧呈现柱身破坏，下层内隔板西侧在 $\Delta = 71$mm 时发生断裂，内隔板与柱身的脱离，使得后续柱身启裂、贯通以及裂纹向上扩展均得到模拟。模型东侧呈现梁端截面破坏，依次发生下翼缘断裂、腹板螺孔承压变形及剪切破坏、剪切板螺孔截面断裂及上翼缘断裂。表 2.26 对比了数值模拟与试验观察到的破坏现象，两者形态一致。

图 2.93　试件 SI-WB-R8 整体模型的变形形态

2. 柱顶荷载-柱顶位移曲线对比

图 2.94 为试件 SI-WB-R8 数值模拟的柱顶荷载（F)-柱顶位移（Δ）曲线结果，并与试验曲线进行对比，图中标识的关键破坏现象与表 2.26 对应，其编号与第 2.4.7 节的试验现象编号保持一致。对比结果显示，在受力前期，模拟结果线刚度明显大于试验结果，但强度较为吻合；在后期虽然模拟破坏时刻点及子结构荷载与试验存在一定差别，但两者曲线的整体发展趋势仍保持一致，呈现先降低后升高的特点。

试件 SI-WB-R8 的模拟破坏现象与试验现象对比　　　　　　表 2.26

西侧		东侧	
试验现象	数值模拟	试验现象	数值模拟
梁端上翼缘屈曲(A)		梁端上翼缘屈曲(A)	
下层内隔板西侧与柱身脱离失效(C1)		无	无
梁端下翼缘与柱身焊接处启裂(C2)		梁 E3 截面下翼缘断裂(B)	

西侧		东侧	
试验现象	数值模拟	试验现象	数值模拟
梁端下翼缘处柱身裂纹贯通(F)		梁腹板下部孔壁承压破坏及剪切破坏(C)	
柱身裂纹向上开展		剪切板螺孔间截面断裂(G)	
梁腹板与柱身焊接处开裂(H)	无	梁 E3 截面上翼缘断裂(J)	

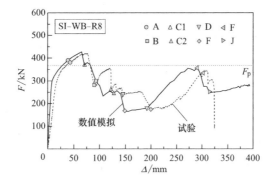

图 2.94　试件 SI-WB-R8 柱顶荷载发展曲线

3. 梁截面应变发展

图 2.95 为试件 SI-WB-R8 数值模拟的梁弹性截面 W1/E1 轴向应变（ε）-柱顶位移
（Δ）曲线。可见，在受力前期，模拟的轴向应变绝对值低于试验值，但在受力后期，模

拟值相对试验值来说整体明显偏向受拉侧，这与梁端支座条件提供的较强轴向约束有关。

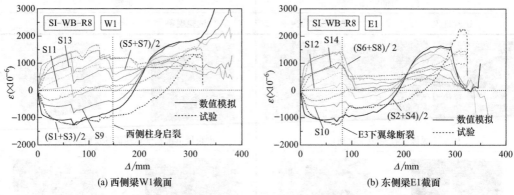

(a) 西侧梁W1截面　　　　　　　　(b) 东侧梁E1截面

图 2.95　试件 SI-WB-R8 的弹性梁截面 W1/E1 轴向应变发展曲线

图 2.96 为试件 SI-WB-R8 靠近节点区的梁截面 W2/E2 和 W3/E3 轴向应变（ε）-柱顶位移（Δ）曲线。可见在受力前期，截面 W2/E2 轴向应变模拟值与试验值较为接近，而截面 W3/E3 应变模拟值明显大于试验值。对比可发现以下规律：

（1）截面 W2/E2 的轴向应变值均小于截面 W3/E3，可见梁端的塑性变形主要集中在梁端截面处；

（2）梁 E3 截面下翼缘断裂后，东侧梁截面 E3 和 E2 应变便基本保持不变。而西侧柱身开裂后期，西侧梁截面 W3 和 W2 的上翼缘及腹板应变持续增大，意味着梁截面在柱身破坏模式中仍参与受力。

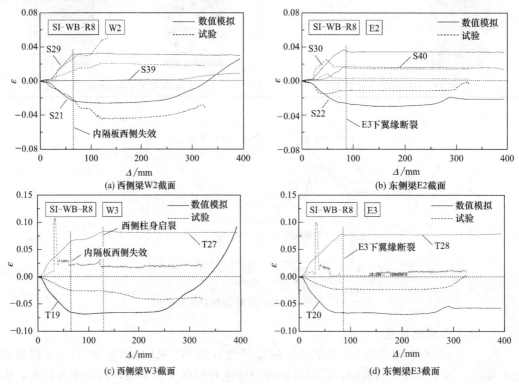

(a) 西侧梁W2截面　　　　　　　　(b) 东侧梁E2截面

(c) 西侧梁W3截面　　　　　　　　(d) 东侧梁E3截面

图 2.96　试件 SI-W-RBS 靠近节点区的梁截面轴向应变发展曲线

2.7.3　边界条件对梁柱子结构受力性能的影响

2.7.3.1　柱底约束条件

第2.1.2节曾讨论过，试验装置对梁柱节点子结构中柱柱底设置了竖向滑动约束，与真实结构中柱失效后柱底自由的边界条件有所区别。但由于实际结构的柱身通常具有较大的抗弯刚度，在柱顶转动约束条件下仍可基本保持竖直运动，故而认为与试验设想的变形情况相符。本小节将以试件 SI-WB-2 为例，通过数值模拟对比分析来进一步证明该设想的合理性。

在试件 SI-WB-2 整体模型的基础上，将中柱向上延伸至上层楼面处（$h_0 = 3m$），该扩展模型的构成及边界条件如图 2.97 左上图所示。模型的中柱柱顶水平位移及转动自由度受到限制，用以模拟上层楼面对柱顶的约束；同时释放柱底所有自由度约束，模拟底层中柱失效后柱底的自由边界条件。该扩展模型的材料属性设置及网格划分与第2.7.2节试件 SI-WB-2 模型保持一致，中柱柱顶施加竖向荷载。扩展模型的破坏形态和柱顶荷载（F）-柱顶位移（Δ）曲线分别见图 2.97 和图 2.98。计算结果显示，扩展模型东、西侧梁的破坏现象与原试件模型相同，两模型的荷载发展曲线也基本吻合。因此可以证明，在本节设计的梁柱子结构构造条件下（主要是中柱构造），采用第2.1.2节所设计的试验装置来考察梁柱节点在中柱失效后的受力性能，可以反映其在真实结构中的受力特征。

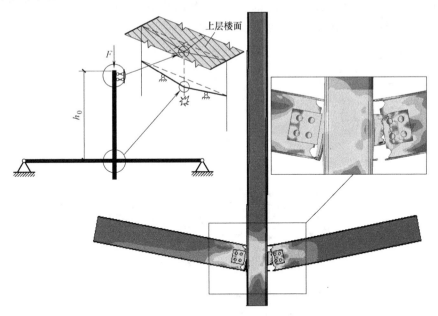

图 2.97　试件 SI-WB-2 的扩展模型变形形态及破坏模式（$\Delta = 400mm$）

2.7.3.2　柱顶约束条件

由上述对比分析可知，在上部竖向荷载作用下，底部自由的中柱仍可依靠自身刚度保持竖直变形。因此，对梁柱节点进行中柱失效条件下的试验研究时，应保证加载过程中柱身的竖直变形状态。进行试验装置设计时，若不能约束柱底水平位移，则应约束柱顶的水平位移以及转动自由度。当柱底为自由状态，而柱顶又未实现转动约束时，梁柱子结构在

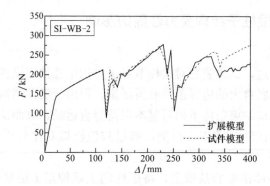

图 2.98　不同柱底约束条件的 SI-WB-2 模型柱顶荷载（F）-柱顶位移（Δ）曲线对比

后期破坏过程中节点受力性能将发生明显转变。本小节将以试件 SI-WB 为例，通过数值模拟对比分析，说明柱顶约束条件对竖向大变形下节点受力性能的影响。

在试件 SI-WB 的整体模型基础上，释放柱顶转动约束以及柱底所有自由度约束。该对比模型的加载条件、材料属性设置及网格划分与第 2.7.2 节试件 SI-WB 模型保持一致。对比模型的整体变形如图 2.99（a）所示，可见当东侧梁下翼缘发生断裂后，柱身受到东西侧梁不对称力作用而发生顺时针转动。由于柱身偏转，已发生破坏的东侧梁与柱之间拉伸变形进一步加大，导致梁柱连接部位的腹板螺栓孔壁承压破坏和剪切破坏提前[图 2.99（b）]，同时西侧梁柱连接的变形需求减小而使破坏推迟。

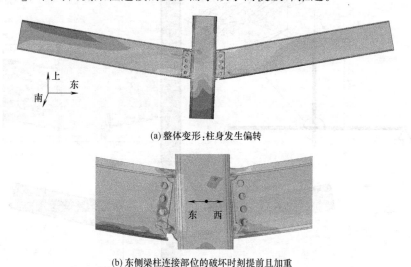

图 2.99　试件 SI-WB 的对比模型模拟结果（$\Delta=350$mm）

试件 SI-WB 对比模型的柱顶荷载（F）-柱顶位移（Δ）曲线见图 2.100，并将其与原模型模拟结果进行对比。对比模型的柱底水平位移发展曲线如图 2.101 所示。结合上述两图可知，在梁 E3 截面下翼缘断裂之前，柱底水平位移为零，即柱身保持竖直运动，因此两个模型的柱顶荷载发展曲线重合。下翼缘断裂时刻造成的荷载下降，在对比模型中更为急剧且幅度更大。下翼缘断裂之后，对比模型的柱底水平位移迅速增大，造成柱顶荷载在加载后期始终低于原试件模型荷载。

　　图 2.102 为对比模型的东、西侧支座的竖向反力与水平反力发展曲线,并与试件模型的结果曲线进行对比。梁端支座的竖向反力即为子结构由单侧梁传递的竖向荷载,可表征该侧梁柱连接部位的承载能力。图 2.102(a)、(b)显示,下翼缘断裂造成对比模型的东、西侧支座的抗力明显下降,并且东侧支座竖向反力始终低于西侧支座。与竖向反力相反,在下翼缘断裂后,西侧支座水平反力始终低于东侧支座[图 2.102(c)、(d)],后者不降反升。这是因为支座水平反力主要来源于梁段轴力,柱身倾斜造成东侧梁段拉伸程度高于西侧梁段,因此东侧支座水平反力大于西侧支座。相反的,在原试件模型的边界条件下,东侧下翼缘断裂仅削弱东侧梁段的竖向抗力,对东侧支座水平反力以及西侧梁段内力发展不造成明显影响。由此说明,节点单侧破坏后,不同柱顶约束条件会导致不同的柱身运动情况,因而梁柱节点受力性能也受到影响。

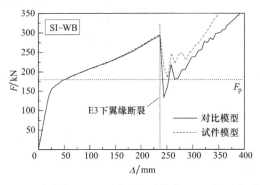

图 2.100　不同柱底约束条件 SI-WB 模型柱顶荷载(F)-柱顶位移(Δ)曲线对比

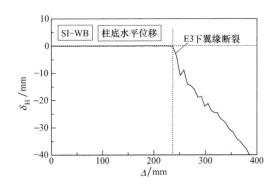

图 2.101　试件 SI-WB 对比模型的柱底水平位移(δ_H)-柱顶位移(Δ)曲线

　　实际上,在中柱失效后真实结构的梁柱节点在竖向大变形过程的受力性能,应介于柱顶不受转动约束和柱顶受到完全转动约束这两种边界条件下表现出来的性能之间。根据前述分析,真实节点性能更接近于后者边界条件下性能,而后者边界条件可采用柱身滑动约束条件来近似模拟。因此,为了研究梁柱节点性能,在中柱柱顶无足够转动约束能力时,在柱底设置滑动约束条件是合理且非常必要的。

2.7.3.3　梁端支座条件

　　第 2.7.2 节对 3 个对比试件进行模拟时,采用了梁端固定铰支座边界条件,结果显示梁柱子结构在加载后期的竖向抗力偏大。通过对梁截面轴向应变的对比也可以发现,轴向

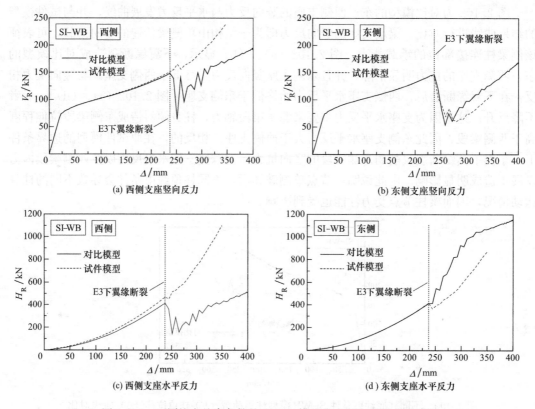

图 2.102　不同柱底约束条件的 SI-WB 模型支座反力发展曲线对比

应变的模拟值相对试验值总体偏往受拉方向，该差异越到加载后期越明显。本小节将以试件 SI-W-RBS 为例，通过数值模拟对比分析，说明梁端支座条件对梁柱子结构承载力的影响。

在试件 SI-WB-RBS 的整体模型基础上，将梁端支座更改为带水平弹簧的弹性支座，西、东侧支座水平弹簧刚度根据试验实测数据分别确定为 $K_W = 175 \text{kN/mm}$ 和 $K_E = 140 \text{kN/mm}$。该弹性支座模型的材料属性设置及网格划分与第 2.7.2 节的试件 SI-W-RBS 模型保持一致。弹性支座模型的支座水平位移发展曲线见图 2.103，模拟结果与试验结果较为一致，可见采用上述水平弹簧刚度是合适的。

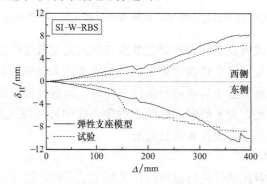

图 2.103　试件 SI-WB-RBS 弹性支座模型的支座水平位移发展曲线

试件 SI-W-RBS 弹性支座模型在 $\Delta=400\text{mm}$ 的破坏形态如图 2.104 所示，东、西侧均发生了柱身破坏，东侧柱身裂缝已贯通，西侧柱身裂缝并未贯通，破坏程度低于采用固定支座的模型（参见表 2.25）。

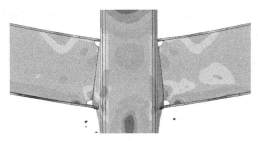

图 2.104　试件 SI-WB-RBS 的弹性支座模型破坏形态（$\Delta=400\text{mm}$）

将试件 SI-W-RBS 弹性支座模型的柱顶荷载（F）-柱顶位移（Δ）曲线与试验结果、固定支座模型模拟结果进行对比，如图 2.105 所示，发现弹性支座模型的模拟结果更接近试验结果。固定支座模型的柱顶荷载在加载中期偏高，但当东西侧柱身裂缝贯通（对应于图 2.105 左侧菱形标记点）后荷载值下降并低于弹性支座模拟结果；弹性支座模型虽然在加载中期的荷载值低于固定支座模型，但水平弹性支座缓解了梁柱节点的变形需求，使得柱身裂缝贯通破坏时刻（对应于图 2.105 右侧菱形标记点）推迟，因此可保持较高的后期抗力。

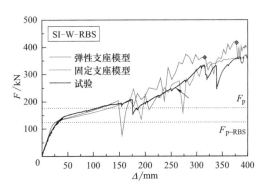

图 2.105　试件 SI-W-RBS 的柱顶荷载（F）-柱顶位移（Δ）曲线对比

图 2.106 对比了两种梁端支座条件下的 SI-W-RBS 模型的支座反力发展曲线，可见弹簧支座模型的支座反力整体低于固定支座模型，支座水平反力的差别尤其大。在较小的加载位移下，固定支座模型的水平力已经开始发展，可知梁内轴力也发展较早，导致节点破坏过程相对弹性支座模型均提前发生，同样包括柱身裂缝贯通破坏（图 2.106 中灰色菱形标记）。

总体而言，梁端固定铰支座条件对梁柱子结构的承载力有所提升，同时也导致节点破坏提前发生，但不会明显改变子结构及节点的破坏模式和抗力发展特征。在实际结构中，失效中柱相邻跨会受到周边框架较强的水平约束（主要来源于楼面结构），提取出的 B-J-B 型梁柱子结构在梁端的边界条件更接近于固定支座，因此在后续分析中均采用梁端固定支座边界条件。

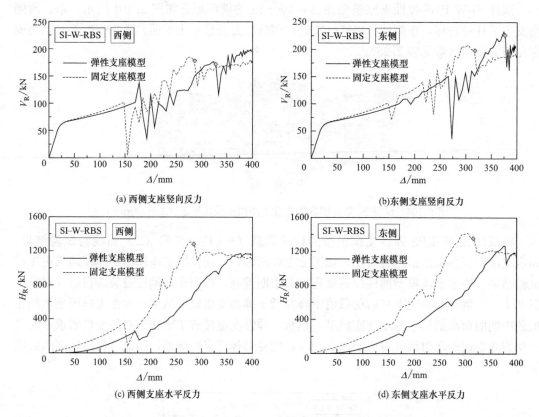

图 2.106　不同梁端支座条件的 SI-W-RBS 模型支座反力发展曲线对比

2.8　梁柱节点内力与抗力机制

对框架结构进行连续倒塌分析和评估时，应采用可准确反映梁柱节点受力特性的内力效应发展模型。在中柱失效条件下，需要同时考虑弯矩和轴力效应。梁柱节点的弯矩效应与轴力效应的发展特征，决定了梁柱子结构的弯曲机制抗力与悬索机制抗力的发展规律，并对子结构的竖向承载力发展路径产生影响。本节将以试验与精细化数值模拟结果为基础，分析梁柱节点的内力效应发展特征，提出弯矩和轴力效应的发展模型，并探讨梁柱连接失效判定的标准。通过分析梁柱子结构的弯曲机制抗力和悬索机制抗力，揭示不同破坏模式下子结构的竖向承载力的发展规律。借助数值模拟的参数分析，进一步分析梁跨高比对梁柱节点内力效应和子结构抗力的影响。基于功能平衡原理，借助结构的静力性能曲线计算结构的动力响应，并利用动力响应曲线进行结构的倒塌判定。

2.8.1　梁端内力效应与分析模型

根据第 2.4 节的梁柱节点试验结果与第 2.7 节试验数值模拟结果，在中柱失效条件下梁柱子结构的塑性变形与破坏均出现在中柱节点两侧的梁端部位（包括梁端破坏模式和柱身破坏模式）。这意味着，梁柱节点性能由梁端连接的性能决定，与梁端截面受力状态密切相关，与 DOD 设计指南对框架梁柱节点模型在梁端设置塑性铰的思想是一致的。DOD 设计指南对梁柱刚性连接采取塑性铰假定，并未考虑梁柱连接在悬链线阶段所承受的轴力，提供的性能参数及失效判定准则也过于保守。

本节将借助 7 个梁柱节点的试验和数值模拟结果，对梁端截面内力进行分析，揭示中柱失效条件下不同破坏模式的梁柱刚性连接的受力特征。对于圆管柱外环板节点，梁端截面对应于 W2/E2 截面；对于方管柱内隔板节点，梁端截面对应于 W3/E3 截面。截面内力的试验结果依据第 2.3.4 节所述方法进行计算，而相应的数值模拟结果可直接从有限元模型中提取。

2.8.1.1　弯矩效应

DOD 设计指南[32] 所提供的梁端效应发展曲线，主要反映的是弯剪条件下的弯矩效应，并在曲线退化段考虑了数值等于 0.2 倍塑性抗弯承载力的残余承载力。在中柱失效条件下，梁端弯矩效应的发展受到轴力的影响，因而呈现出与弯剪条件下不同的特征。

图 2.107、图 2.108 和图 2.109 分别汇总了三种破坏模式下的梁端弯矩发展曲线，并采用全截面塑性抗弯承载力 M_p（数值参见表 2.3）进行归一化。结果显示，梁端弯矩效应呈现出相似的发展特征，由弹性段、塑性段及退化段组成。在塑性段，梁端弯矩基本维持在 M_p 左右；其中试件 SI-W-RBS 的 E3 截面弯矩处于 M_p 和 $M_{p\text{-RBS}}$ 之间，因为梁端抗弯能力受限于 RBS 截面的抗弯能力。

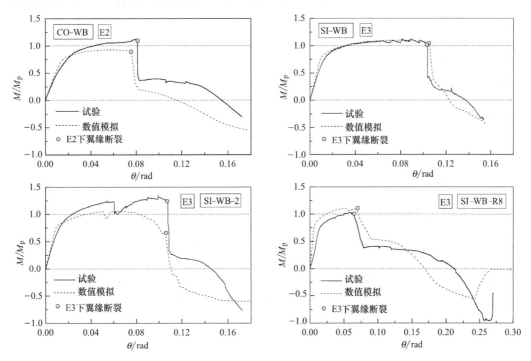

图 2.107　梁截面间断性破坏模式下梁端弯矩发展曲线

退化段起始于梁下翼缘断裂或柱身启裂，此时弯矩发生明显下降。此处所说的柱身启裂，是指试验或数值模拟中观察到柱身出现裂缝的时刻。在对柱身开裂的数值模拟时，内隔板失效瞬间引起内力波动甚至大于其后发生的柱身启裂，因此在数值模拟中退化段起始于内隔板失效。弯矩效应在瞬间削弱之后的发展规律，与破坏模式相关。

（1）梁端间断性破坏模式（图 2.107）：弯矩在一定变形范围内得以维持在 $0.2M_p \sim 0.4M_p$；依据试验结果，R15 系列试件在 $\theta = 0.12 \sim 0.14 \text{rad}$、R8 试件在 $\theta = 0.18 \text{rad}$ 时出现明显下降并逐渐转变为负值。

（2）梁端连续性破坏模式（图 2.108）：弯矩呈线性下降趋势并转变为负值。

（3）柱身破坏（图 2.109）：弯矩在柱身启裂瞬间的下降幅度小于梁端破坏，下降后的弯矩短时内得以维持在 $0.6M_p \sim 0.7M_p$，随后持续逐渐下降并转变为负值。

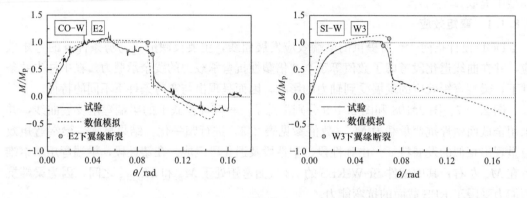

图 2.108　梁端连续性破坏模式下最不利截面的弯矩发展曲线

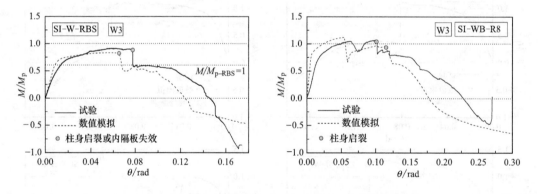

图 2.109　柱身破坏模式下最不利截面的弯矩发展曲线

梁端弯矩效应随着转角增大而下降并转变为负值，正是由于截面轴力的作用。梁截面轴力逐渐增大，相应的梁端水平反力增大，水平反力在梁端截面产生负弯矩增大，逐渐超过竖向反力产生的正弯矩，依据弯矩计算式（2.13），可知梁端弯矩效应减小甚至反向，但并不代表节点的抗弯能力随此下降。

根据试验和数值模拟提供的梁端弯矩发展曲线，可修正 DOD 设计指南对于刚性连接所设定的弯矩效应模型，如图 2.110 所示。相对图 2.17 所示模型，该模型塑性段不考虑强化，而在退化段根据破坏模式分别采用了"平台段+线性退化段"或"线性退化段"的形式。根据试验获得的结果（参见表 2.17），弯矩效应模型所采用的参数范围依据试验结果确定，列于表 2.27。

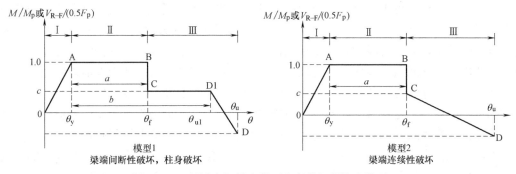

图 2.110　梁端弯矩效应模型和弯曲机制抗力模型

梁端弯矩效应模型和弯曲机制抗力模型的参数范围　　　　表 2.27

模型	破坏模式 (连接构造)	模型参数		
		塑性转角/rad		残余强度比值
		a	b	c
模型 1	梁端间断性破坏(WUF)	0.05~0.09	0.11~0.17	0.2~0.4
	柱身破坏	0.05~0.13	0.11~0.15	0.6~0.7
模型 2	梁端连续性破坏(WUF,RBS)	0.05~0.09	—	0.2~0.4

2.8.1.2　轴力发展

中柱失效条件下，随着梁柱子结构的竖向变形增大，梁内将产生轴拉力，因而发挥悬链线效应，获得更高的结构承载力。然而，DOD 设计指南在梁柱连接模型中并未反映轴力所产生的有利效应，使结构设计过于保守。

图 2.111、图 2.112 和图 2.113 分别汇总了三种破坏模式下的梁端轴力发展曲线，并采用全截面轴拉屈服承载力 N_p（数值参见表 2.3）进行归一化。曲线显示，梁端轴力随着转角增大而增大，并呈现出转角越大增长速度越快的趋势；在梁下翼缘断裂或柱身启裂（在数值模拟中通常为内隔板失效）时，轴力发生明显下降，但随后继续增长。以轴力下降时刻为界，将前一阶段称为裂前阶段，对应于弯矩效应的弹性段和塑性段；后一阶段称为裂后阶段，对应于弯矩效应的退化段。裂前段梁端所承受的最大轴力，取决于断裂发生的时刻，断裂发生得越晚，轴力可发展得越大；裂后段的轴力发展则与破坏模式相关。

（1）梁端间断性破坏模式（图 2.111）：轴力持续增大，试件 SI-WB-R8 的 E3 截面轴力发展曲线表明，梁轴力的发展是存在上限的。在试验与数值模拟的转角范围内，梁端最大轴力可达到 $0.6N_p$~$0.7N_p$。

（2）梁端连续性破坏模式（图 2.112）：轴力先增大后减小，直至截面完全断裂。试件 CO-W 的 W3 和 E3 轴力发展的试验曲线表明，下翼缘开裂的时刻的早晚并不影响裂后段截面轴力可达到的最大值，W3 和 E3 截面轴力达到 $0.3N_p$ 后便不再增大。

（3）柱身破坏模式（图 2.113）：截面轴力在柱身开裂的破坏过程中始终呈现较为稳定的增长趋势，受柱身启裂影响并不明显。从精细化模拟结果来看，截面轴力发展到一定程度后便趋于平稳，不再增长。试验和数值模拟结果均显示，轴力最大值可达到 $0.6N_p$~$0.8N_p$。

根据以上分析，可提出梁端轴力效应模型，如图 2.114 所示。轴力发展曲线的裂前阶段 O-B 和裂后阶段 C-D2 近似呈线性增长关系，裂后阶段轴力设定上限平台段 D2-D。结合本章试验结果，裂后阶段的轴力发展规律根据其所能达到的破坏模式可分为两个模型：模型 1 适用于梁端间断性破坏和柱身破坏模式，平台段轴力值 g_1 高于裂前段峰值 f；模型 2 适用于梁端连续性破坏模式，平台段轴力值 g_2 无法超过裂前段峰值 f。当然，两个模型的适用条件并不是绝对的，而是与断裂时刻点有关：当断裂发生较早，f 值较小，则梁端连续性破坏模式下的裂后轴力 g_2 也可能超越 f；当断裂发生得很晚，f 较大，梁端间断性破坏或柱身破坏模式下的裂后轴力 g_1 也可能低于 f。轴力效应模型所取用的塑性转角值与弯矩效应模型一致，参见图 2.110 及表 2.27，其他参数的取用范围依据试验结果确定，列于表 2.28。

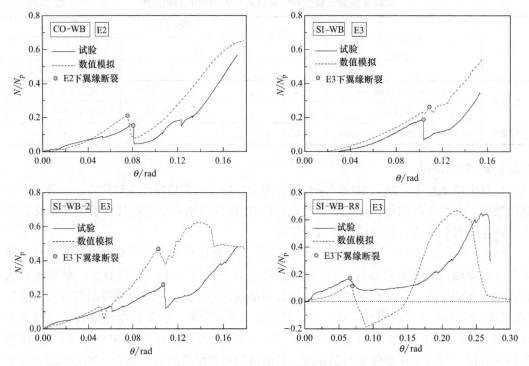

图 2.111　梁截面间断性破坏模式下梁端的轴力发展曲线

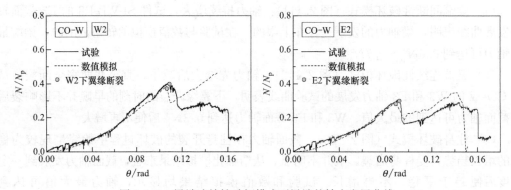

图 2.112　梁端连续性破坏模式下梁端的轴力发展曲线

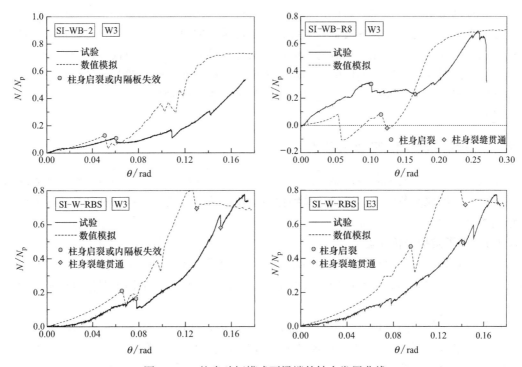

图 2.113　柱身破坏模式下梁端的轴力发展曲线

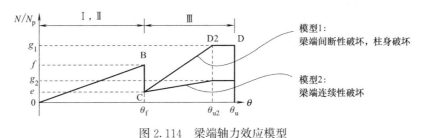

图 2.114　梁端轴力效应模型

梁端轴力效应模型和悬索机制抗力模型的参数范围　　表 2.28

模型	破坏模式 （连接构造）	模型参数				
		轴力比值			转角/rad	
		f	$f-e$	g_1 或 g_2	θ_{u2}	$\theta_{u3} > \theta_{u2}$
模型 1	梁端间断性破坏 （WUF）	0.1~0.3	0.10	0.5~0.6	0.16~0.26	0.16~0.26
	柱身破坏	0.1~0.3	0.05~0.10	0.6~0.8	0.16~0.26	0.16~0.26
模型 2	梁端连续性破坏 （WUF，RBS）	0.1~0.4	0.10~0.15	0.2~0.3	0.14~0.16	0.14~0.16

2.8.1.3　梁柱连接的失效判定

根据 DOD 设计指南[32] 规定（参见第 2.3.7 节），梁端刚性连接作为主要构件时，在转角达到强度退化点时视为失效；在作为次要构件时，在残余强度丧失时失效。对于仅考虑弯矩和剪力效应的梁柱连接，抗弯承载力的退化可表征结构承载力的退化，以该退化点作为失效判定依据是合理的。但依据前述分析可知，在中柱失效条件下，梁柱连接除了承受弯矩效应，还有不可忽视的轴力效应；在抗弯承载力退化之后，梁柱连接仍可通过发展悬链线效应为结构继续提供承载力。因此，梁柱连接失效判定不应仅以抗弯承载力作为标准，而应以反映结构整体响应的竖向承载力作为标准。本章的试验与精细化数值模拟结构均表明，梁柱子结构的竖向承载力发展曲线与梁柱连接的破坏模式相关，将在第 2.8.2 节中进行分析。

2.8.2 梁柱子结构的竖向承载力

梁柱子结构的竖向承载力由梁柱连接的性能决定，而后者在不同的破坏模式下表现出不同的特征。因此本节将依据试验与精细化数值模拟结果，逐一分析三种破坏模式下梁柱子结构的竖向承载力发展特征。

2.8.2.1 半子结构分析模型

试验观察到，同一个试件的节点两侧连接处可能发生不同的破坏模式。为便于分析，将梁柱子结构根据对称边界条件分解为两个半结构，以梁柱半子结构为对象进行竖向承载力分析。

已知梁柱子结构的柱顶与柱底受到竖向滑动约束，如图 2.115（a）所示，则中柱柱顶荷载 F 只能通过连接至柱身的两侧梁段传递至邻近支座，梁端铰支座的竖向反力即等于梁柱子结构通过该侧梁段分担的竖向荷载 F_1 和 F_2。根据试验及数值模拟结果，中柱在加载过程中始终保持竖直运动，节点一侧的破坏对另一侧的影响并不显著。因此，将梁柱子结构整体分解为如图 2.115（b）所示的两个半子结构，柱身轴线处为竖向滑动的对称边界，则半子结构的受力性能仅由本侧梁柱连接决定。表 2.29 汇总了本节试验中各破坏模式涉及的试件半子结构。

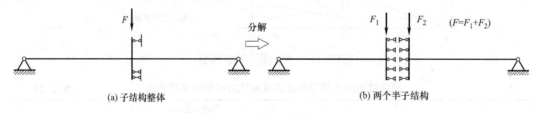

(a) 子结构整体 　　　　　　　　　　　　(b) 两个半子结构

图 2.115　梁柱子结构分解

破坏模式所涉及的试件半子结构　　　　　　　　　　　　表 2.29

破坏模式		试件半子结构
梁端破坏	间断性破坏	CO-WB 东/西侧，SI-WB 东侧，SI-WB-2 东侧，SI-WB-R8 东侧
	连续性破坏	CO-W 东/西侧，SI-W 东/西侧
柱身破坏		SI-WB-2 西侧，SI-W-RBS 东/西侧，SI-WB-R8 西侧

梁端铰支座的竖向反力根据式（2.9）计算，式中第一项为弯曲机制提供的抗力，第二项为悬索机制提供的抗力，分别表示为 V_{R-F} 和 V_{R-C}，计算方法见式（2.14）和式（2.15）。以下分别对梁柱子结构的弯曲机制抗力和悬索机制抗力进行分析，并最终获得半子结构的竖向承载力。

2.8.2.2　弯曲机制抗力

弯曲机制提供的竖向抗力，是结构凭借梁及梁柱节点的抗弯能力并以截面受剪的形式向周边支承构件传递的竖向荷载，近似可用梁截面剪力在竖直方向的分量表示，如式（2.14）所示。弯曲机制可提供的最大竖向抗力受限于梁柱子结构最薄弱部位的抗弯能力，且竖向抗力会随着最薄弱部位抗弯承载力退化而削弱。

图 2.116、图 2.117 和图 2.118 分别汇总了三种破坏模式下的梁柱半子结构的弯曲机制抗力（V_{R-F}）发展曲线，各曲线均采用灰色记号标出了重要断裂时刻点。图中标识出了纵坐标数值为 $0.5F_p$ 的虚线，为该半子结构预计的最不利梁截面的弯矩达到其全截面塑性抗弯承载力时的子结构竖向承载力指标，各试件参数 F_p 的数值参见表 2.4。对比图 2.116～图 2.118 与图 2.107～图 2.109 的相应曲线可以看出，弯曲机制抗力的发展特

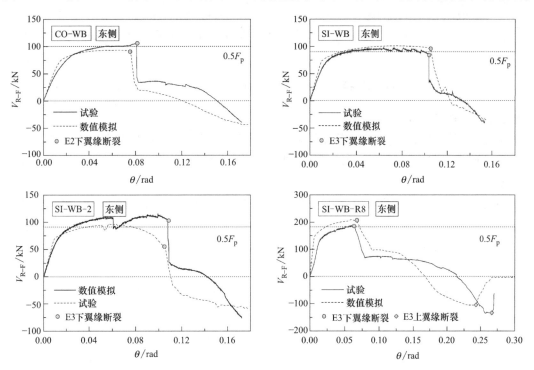

图 2.116　梁截面间断性破坏模式下的弯曲机制抗力（V_{R-F}）发展曲线

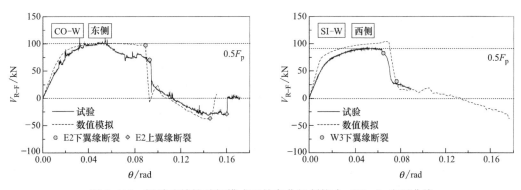

图 2.117　梁端连续性破坏模式下的弯曲机制抗力（V_{R-F}）发展曲线

征与梁端弯矩效应的发展一致，因此也可划分为弹性段、塑性段和退化段；塑性段的弯曲机制抗力维持在 $0.5F_p$ 左右（在 SI-W-RBS 试件为 $0.5F_{p\text{-}RBS} \sim 0.5F_p$），退化段的抗力发展规律与破坏模式相关。因此，同样可以采用图 2.110 所示模型及表 2.27 给出的模型参数，来构建弯曲机制抗力曲线。

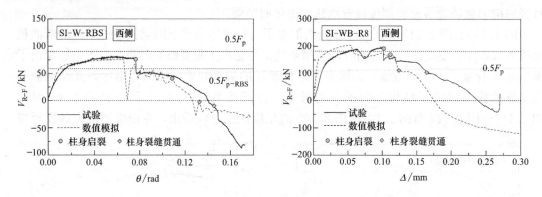

图 2.118   柱身破坏模式下的弯曲机制抗力（$V_{R\text{-}F}$）发展曲线

2.8.2.3   悬索机制抗力

悬索机制提供的竖向抗力，是由于周边框架对失效跨梁柱子结构存在水平约束，导致在子结构竖向大变形过程中梁段伸长而产生的，近似可用梁截面轴力在竖直方向的分量表示，如式（2.15）所示。

图 2.119、图 2.120 和图 2.121 分别汇总了三种破坏模式下的梁柱半子结构的悬索机制抗力（$V_{R\text{-}C}$）发展曲线，各曲线均采用灰色记号标出了重要断裂时刻点，同时画出了

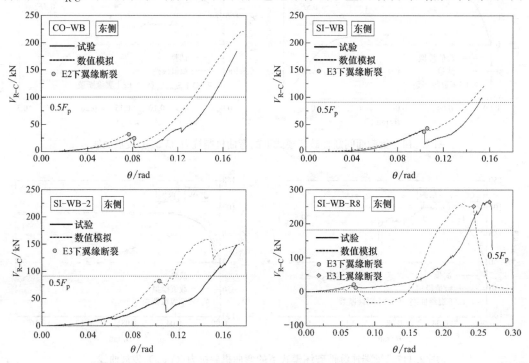

图 2.119   梁截面间断性破坏模式下的悬索机制抗力（$V_{R\text{-}C}$）发展曲线

$0.5F_p$ 虚线。对比图 2.119～图 2.121 与图 2.111～图 2.113 的相应曲线可以发现，悬索机制抗力的发展特征与梁端轴力效应的发展相似，但也存在一定差别。下面结合图 2.122 所示模型，说明悬索机制抗力的发展特征。

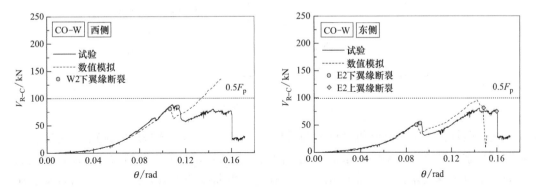

图 2.120 梁端连续性破坏模式下的悬索机制抗力（$V_{R\text{-}C}$）发展曲线

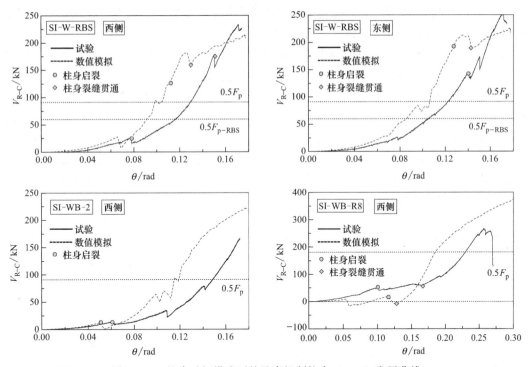

图 2.121 柱身破坏模式下的悬索机制抗力（$V_{R\text{-}C}$）发展曲线

（1）无作用段（Ⅰ）：在梁弦转角较小的时候，梁内轴力已经开始发展，但是悬索机制抗力仍较小。这是由于该阶段梁弦转角的正弦值很小，因而梁轴力在竖直方向的分量并不明显。

（2）裂前发展段（Ⅱ）：梁端形成塑性铰之后，悬索机制抗力才出现明显增长，随着梁弦转角增大而发展加快，直至梁下翼缘或柱身启裂时抗力下降。

（3）裂后发展段（Ⅲ）：悬索机制抗力在断裂造成的下降后仍继续增长，梁端间断性

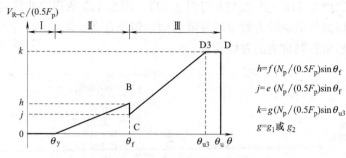

图 2.122　悬索机制抗力模型

破坏和柱身破坏模式下的悬索机制抗力均可超过 $0.5F_p$。当梁端轴力逐渐趋于稳定或缓慢下降时，悬索机制抗力并未停止增长，这是因为梁弦转角正弦值仍在增大，所以轴力提供的竖向分量也可继续增加。由此可见，悬索机制抗力曲线的上升段终点晚于轴力发展曲线，即 $\theta_{u3} > \theta_{u2}$。基于该原理，对比试件 CO-W 的 W3 轴力和西侧悬索机制抗力发展曲线（图 2.120 和图 2.112）可以发现，在梁端轴力的裂后发展值低于裂前最大值的情况下，悬索机制抗力的裂后发展值也可超过裂前最大值。但即便如此，仍然不能改变在梁端连续性破坏模式下结构难以充分发挥悬索机制的结果。

图 2.122 的悬索机制抗力模型还提供了抗力参数 h、j 和 k 的计算公式，所用的梁弦转角参数和轴力参数与图 2.114 一致，参数范围见表 2.28。

根据以上分析并结合悬索机制抗力表达式（2.15）可知，悬索机制竖向抗力的存在依赖于以下两个条件：（1）梁柱连接可维持足够的轴拉力 N，即满足一定强度要求；（2）梁柱连接可产生足够大的转动变形 θ。简言之，梁柱连接应保证在较大转动变形下仍具有足够的抗拉承载力。发生梁端连续性破坏的梁柱连接，正是因为梁端截面面积随着转动变形的增大而减小，难以维持足够的抗拉承载力，导致结构无法有效发挥悬索效应。

2.8.2.4　抗力发展阶段划分

根据上述对弯曲机制抗力及悬索机制抗力发展规律的分析，半子结构的抗力发展过程可划分为三个阶段，参见表 2.30，表中列出各阶段的变形区间、主导机制以及机制抗力发展特征，其中阶段Ⅰ和Ⅱ可合称为裂前阶段，阶段Ⅲ称为裂后阶段。图 2.123 给出了三种破坏模式下的子结构的弯曲机制抗力和悬索机制抗力的发展曲线对比，并标识出三个抗力发展阶段。

子结构抗力发展阶段划分　　　　　　　　　　　　　　　表 2.30

发展特征	阶段Ⅰ	阶段Ⅱ	阶段Ⅲ
变形区间	$0 \sim \theta_y$	$\theta_y \sim \theta_f$	$\theta_f \sim \theta_u$
抗力分配	弯曲机制主导	弯曲与悬索机制共同作用	悬索机制主导
弯曲机制抗力发展	线性段	塑性段	退化段
悬索机制抗力发展	无作用段	裂前发展段	裂后发展段

2.8.2.5　竖向承载力发展曲线

将结构的弯曲机制抗力（V_{R-F}）和悬索机制抗力（V_{R-C}）相加，便可得到结构的竖向承载力。图 2.124、图 2.125 和图 2.126 分别给出了三种破坏模式下梁柱半子结构的几组

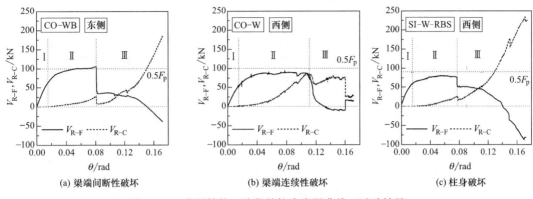

(a) 梁端间断性破坏　　　　　　　　(b) 梁端连续性破坏　　　　　　　　(c) 柱身破坏

图 2.123　半子结构三阶段的抗力发展曲线（试验结果）

典型竖向承载力发展曲线，可见竖向承载力在裂前（抗力阶段Ⅰ、Ⅱ）的发展趋势一致，但在裂后（阶段Ⅲ）呈现出不同的发展路径。根据各破坏模式下的竖向承载力发展曲线，总结出图 2.127 所示的承载力模型。下面结合图 2.124～图 2.127 说明裂后（阶段Ⅲ）承载力的发展特征。

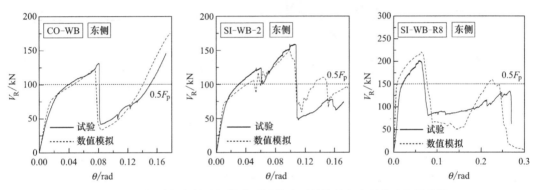

图 2.124　梁端间断性破坏模式下梁柱半子结构的竖向承载力发展曲线

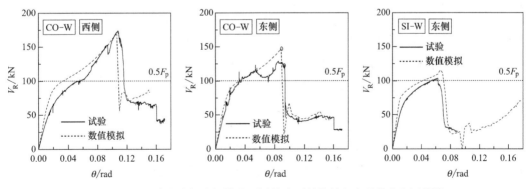

图 2.125　梁端连续性破坏模式下梁柱半子结构的竖向承载力发展曲线

（1）梁端间断性破坏模式：如图 2.124 所示，竖向承载力在裂后可继续增长，可用图 2.127 模型 1 来表示。根据裂后承载力峰值（m_1 或 m_2）与裂前峰值（$1+h$）的大小关系，将裂后路径分为两类：路径 1 的裂后承载力 $m_1 > (1+h)$，路径 2 的裂后承载力

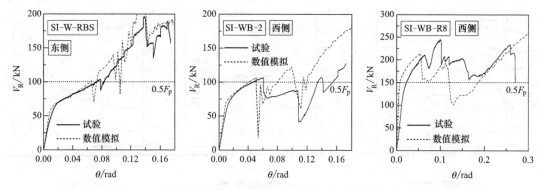

图 2.126　柱身破坏模式下梁柱半子结构的竖向承载力发展曲线

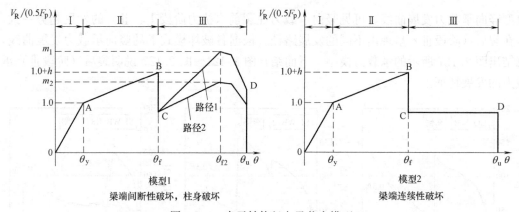

图 2.127　半子结构竖向承载力模型

$m_2 < (1+h)$。已有的试验结果表明，裂后竖向承载力的发展路径与开裂早晚、腹板拉结作用和梁跨高比有关：梁端下翼缘开裂越早，裂后路径越接近路径 1；腹板拉结作用越小，裂后路径更接近路径 2（例如螺栓集中布置的试件 SI-WB-2）；梁跨高比越小，裂后路径越接近路径 2，将在第 2.8.3 节中进行详细分析。

（2）梁端连续性破坏模式：如图 2.125 所示，竖向承载力在裂后基本无增长，可用图 2.127 模型 2 来表示。断裂发生后，弯曲机制抗力持续下降，悬索机制抗力在一定范围内持续上升，两者相加的结果表现为竖向承载力无明显变化。

（3）柱身破坏模式：如图 2.126 所示，竖向承载力在裂后仍呈现增长趋势，可用图 2.127 模型 1 来表示，通常依照路径 1 发展。

若以结构竖向承载力为标准进行梁柱连接的失效判定（参见第 2.8.1 节），竖向承载力符合图 2.127 所示模型 1 路径 2 或模型 2 时应以断裂对应的转角 θ_f 作为失效指标，符合模型 1 路径 1 时可以裂后承载力峰值对应的转角 θ_{f2} 作为失效指标。

2.8.3　梁跨高比的影响

试验结果表明，在梁跨高比不同子结构中，梁柱节点内力效应随着梁弦转角增大会呈现不同的演化特征。本节采用数值模拟方法对梁柱子结构进行参数分析，考察梁跨高比对梁柱节点内力效应以及子结构抗力演化特征的影响。为了提高计算效率，采用壳单元模型进行分析，且不考虑钢材的断裂性能。因此，模拟结果将主要反映梁柱子结构在裂前阶段的受力性能，与梁柱连接构造关系不大，故而参数分析时将采用建模最为方便的方管柱内隔板节点全焊连接构造。

2.8.3.1　建模概况

建立梁柱子结构模型如图 2.128（a）所示，模型选用 S4R 单元，材料模型采用三折线模型［图 2.128（b）］，采用 Mises 屈服准则，随动强化模型，不考虑材料断裂。为了与试验结果及实体单元模型进行对比，钢材材料性能参数采用实测值，屈服强度 $f_y =$ 400MPa，极限强度 $f_u = 600$MPa，弹性模量 $E = 2.06 \times 10^5$MPa，强化段切线模量取 $E_h = E/100 = 2.06 \times 10^3$MPa，泊松比 $\mu = 0.3$。梁柱节点采用全焊连接构造，不考虑螺栓以及连接焊缝性能。

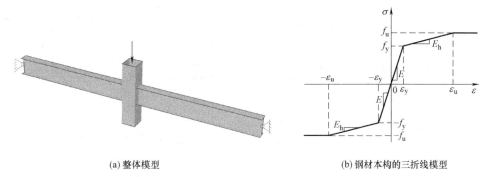

(a) 整体模型　　　　　　　　　　　　(b) 钢材本构的三折线模型

图 2.128　梁柱子结构的壳单元模型

2.8.3.2　模型校验及参数分析

为验证壳单元模型的有效性，对 7 个试验进行模拟，并与第 4 章的实体模型结果进行对比，其中 3 个试件的柱顶荷载-位移曲线如图 2.129 所示。可见壳模型与实体单元模型的数值模拟结果吻合较好，稍高于试验结果。由此证明壳单元模型可有效反映梁柱节点在裂前阶段的弹塑性受力性能，可用于参数分析。

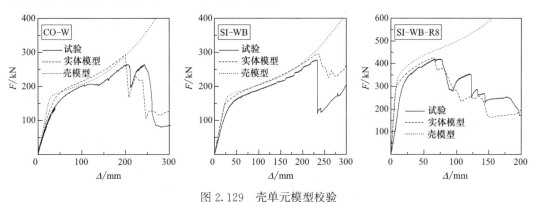

图 2.129　壳单元模型校验

2.8.3.3　不同梁跨高比下的梁端内力效应与子结构抗力

以方管柱内隔板节点为对象建立梁柱子结构进行参数分析，柱截面为□250×14，梁截面为 H300×150×6×8，柱内对应于梁上下翼缘位置设置内隔板，分别取参数梁跨高

比 R＝5、8、10、12、15、18。各模型的模拟结果对比于图 2.130 中，其中 F_p、M_p 和 N_p 的计算方法见第 2.3.2 节。

1. 裂前阶段

图 2.130（a）、（b）显示，梁跨高比 R 越小，梁端轴力 N 发展越缓慢，相应的悬索机制抗力 V_{R-C} 发展也越缓慢。而在图 2.130（c）、（d）中，梁端弯矩 M 和弯曲机制抗力 V_{R-F} 在 θ＝0.01～0.02rad 时进入塑性段，在历经塑性发展的平台段后会出现下降，且平台段随 R 增大而变短。壳单元模型并未考虑材料断裂，因此 M 的下降是悬索机制发展引起的负弯矩增大导致的。由此可见，梁跨高比越大，弯曲机制的控制阶段越短，悬链线效应发展越快，结构可在较小的变形下就获得较高的竖向承载力，如图 2.130（e）各曲线所示。

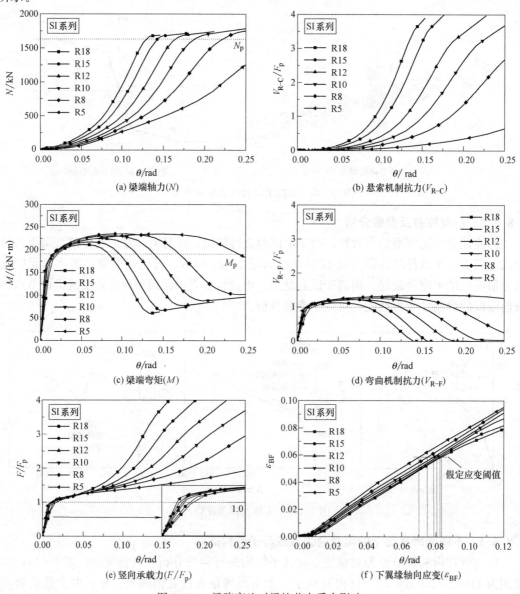

图 2.130　梁跨高比对梁柱节点受力影响

2. 裂后阶段

图 2.130 中曲线未考虑材料断裂造成的影响，以下通过概念分析来说明裂后阶段的子结构竖向承载力的发展路径（参见图 2.127）与梁跨高比的关系。本节仅讨论子结构在裂后阶段仍能有效开展悬索机制的情况，即梁柱连接发生梁端间断性破坏和柱身破坏。不考虑梁端连续性破坏模式的裂后承载力，因为这种破坏模式的后期承载力很低，并没有利用价值。

由试验结果可知，梁柱子结构首次发生材料断裂时 $\theta > 0.06$rad，因此认为断裂时子结构的 V_{R-F} 均已进入至塑性平台段，且 V_{R-C} 已经有一定程度的发展。图 2.131 为两个梁跨高比下的子结构抗力发展曲线示意图，其中 a 为 V_{R-F} 曲线，b 和 c 均为 V_{R-C} 曲线，d 和 e 分别为对应于 b、c 的 V_R 曲线。参考图 2.130（b）可知，R 较大的结构 V_{R-C} 发展较快，因而图 2.131 中曲线 b 和 d 对应的 R_1 较大。在断裂发生后（在不同梁跨高比下，断裂时刻的梁弦转角 θ_f 也有所相同），V_{R-F} 逐渐降低而 V_{R-C} 继续增大。由于 R 较大的子结构的 V_{R-C} 发展较快，随着变形增大可逐渐弥补 V_{R-F} 降低造成的损失，使得子结构的竖向承载力 V_R 超越裂前所达到的峰值，V_R 的发展曲线可用图 2.127 模型 1 中路径 1 表示。相反的，R 较小时，V_{R-C} 发展较慢，同时伴随 V_{R-F} 的降低，V_R 发展水平始终无法超越裂前峰值，可用图 2.127 模型 1 中路径 1 表示。简言之，梁跨高比越大，子结构越有可能在裂后阶段利用悬索机制获得更高的竖向承载力，相应的梁柱连接失效转角也可增大。

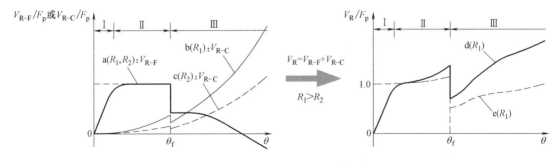

图 2.131　不同梁跨高比下子结构抗力的发展曲线示意图

3. 梁跨高比对梁柱连接断裂时刻的影响

图 2.130（f）给出了不同梁跨高比 R 下梁端下翼缘轴向应变 ε_{BF} 的发展曲线。可见，R 越小，θ 越小。若暂且简单假定材料断裂仅由其轴拉应变决定，即 ε_{BF} 达到某指定应变阈值时材料发生断裂，那么梁跨高比越小，子结构的下翼缘断裂时对应的梁弦转角越小。以上结论与试验观察到的现象是吻合的，试件 SI-WB-R8（$R=8$）发生首次材料断裂时 $\theta = 0.061$rad，明显小于其他试件（$R=15$）断裂转角的平均水平。

2.8.4　剩余结构的动力响应曲线

根据 Izzuddin[134] 提出的适用于框架结构连续倒塌的简化评估方法，本章的试验与数值模拟已获得了框架最低层次子结构（即梁柱子结构）的静力性能，依据功能平衡原理可转换为子结构的动力响应。

2.8.4.1 静力性能向动力响应的转化

实际结构在中柱失效后，失效跨上方竖向荷载瞬间作用在框架梁上，是一个动力加载的过程。然而，本章试验中的荷载是缓慢施加到梁柱子结构上的，是一个静力加载的过程，如图 2.132（a）所示。试验结果反映的是结构的静力性能，例如图 2.124～图 2.126 所示的子结构竖向承载力曲线。依据功能平衡原理，剩余结构在突加的恒定竖向荷载下的动力响应，可由静力性能曲线计算得到。

当不考虑阻尼的有利作用时，剩余结构在突加的恒定荷载 F_d 作用 [图 2.132（b）] 下达到的最大位移为 Δ_d。在最大位移状态下，动力荷载 F_{di} 产生的外力功完全转化为结构的应变能。因此，依据图 2.132（c）所示方法，根据静力性能曲线可计算结构在任一 F_{di} 作用下的动力响应 Δ_{di}，计算原理为矩形左斜线阴影面积与曲线下的右斜线阴影面积相等（如图中公式所示）；而 F_{di} 在静力性能曲线对应的位移 Δ_{si}，是结构在 F_{di} 作用下达到平衡状态时的位移，显然满足关系 $\Delta_{di} > \Delta_{si}$。将众多（$F_{di}$，$\Delta_{di}$）点绘制成 F_d-Δ_d 曲线 [图 2.132（d）]，即为剩余结构的动力响应曲线。

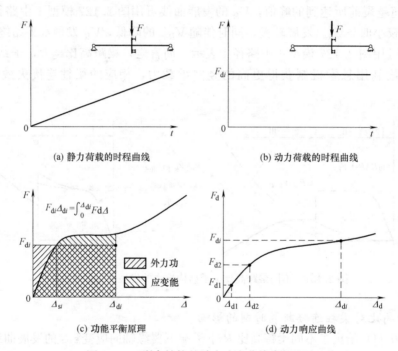

图 2.132　剩余结构的动力响应曲线求解方法

2.8.4.2 半子结构的动力响应曲线

图 2.133、图 2.134 和图 2.135 分别给出了梁端间断性破坏、梁端连续性破坏和柱身破坏模式下半子结构的静力性能曲线和动力响应曲线。可以看出，在静力性能曲线单调上升区间内（即裂前阶段），动力响应曲线低于静力性能曲线。在裂后阶段，由于静力性能曲线发生突降，动力响应曲线也出现下降。

在梁端间断性破坏的裂后阶段（图 2.133），伴随子结构静力性能曲线的回升，动力响应曲线下降趋势变缓并有所回升，从试验获得的结果来看，动力响应曲线在裂后阶段还并出现超越裂前峰值点的情况；但预计随着加载位移增大，动力响应曲线可继续增长。在梁端连续性破坏模式的裂后阶段（图 2.134），静力性能曲线与动力响应曲线均呈现单调下降的趋势。柱身破坏模式下静力性能曲线整体呈现上升趋势，因而动力响应曲线也近似保持增长趋势，最大荷载值位于曲线终点（图 2.135）。

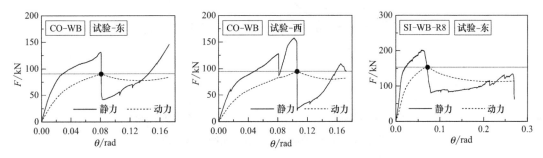

图 2.133　梁端间断性破坏模式下子结构的静力性能曲线和动力响应曲线

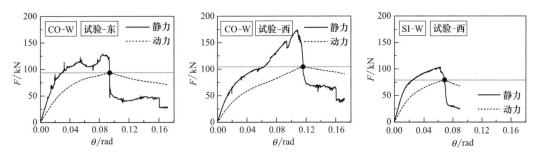

图 2.134　梁端连续性破坏模式下子结构的静力性能曲线和动力响应曲线

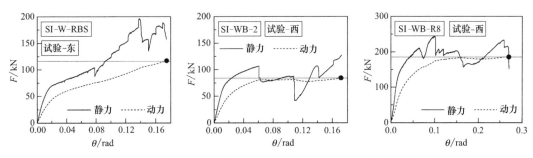

图 2.135　柱身破坏模式下子结构的静力性能曲线和动力响应曲线

综合上述曲线，可归纳出动力响应曲线的两种发展特征，如图 2.136 所示，相应的，可确定剩余结构所能承受的最大荷载。

（1）如图 2.136（a）所示，动力响应曲线增长至峰值点 F_{d1} 后有所下降，随后逐渐回升并超过 F_{d1}。当荷载低于 F_{d1}，结构的动位移可由 OA 段曲线确定；当荷载 F_{d2} 大于 F_{d1}，结构的动位移由 BC 段曲线确定（Δ_{d2}），静位移为自点 C 作水平线与静力性能曲线的第一个交点对应的位移值（Δ_{s2}）。柱身破坏和梁端间断性破坏模式下的动力响应曲线表现出该发展特征。

（2）如图 2.136（b）所示，动力响应曲线增长至峰值点 F_{d1} 后持续下降，因此结构所能承受的最大荷载即为 F_{d1}。

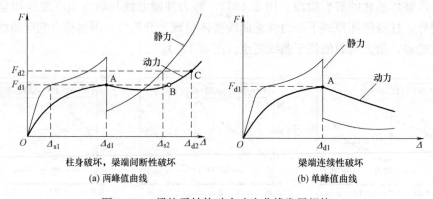

(a) 两峰值曲线   (b) 单峰值曲线

柱身破坏，梁端间断性破坏   梁端连续性破坏

图 2.136　梁柱子结构动力响应曲线发展规律

第**3**章

隔板贯通式钢管柱-H形梁节点连续倒塌机理研究

本章以国内外多高层钢框架结构中广泛采用的方钢管柱隔板贯通式节点为研究对象，并在其常用连接构造的基础上提出两种有利于后期竖向承载力提升的构造改进方案，通过有限元模拟分析及试验，考察普通连接构造和改进型连接构造的节点在中柱失效工况下的力学性态与抗力机理，对比节点承载力储备、拉结能力、失效模式以及抗力机制发展特征等性能，验证基于提升抗连续倒塌性能的设计方法的可行性，为结构抗倒塌设计提供参考。

3.1 试验概述

本章采用第 2.1 节所述的"节点双半跨"子结构为试验对象，利用图 2.8 所示的试验装置开展试验。试验的加载制度与第 2.1 节一致。本试验主要目的为，获得不同连接构造的节点子结构在大变形下的承载力与极限变形量、破坏模式、梁截面内力效应和抗力机制，即弯曲机制与悬索机制的演化过程。

3.1.1 试件设计

本试验共设计了五个节点试件，设计参数见表 3.1，节点的具体构造见图 3.1。试件编号含义如下：

SI /ST/SST	-	WB/ B/WBR

方钢管柱内隔板/贯通式隔板/贯通式短隔板 - 栓焊/全螺栓/加固型栓焊连接

SI—— Square Tubular Column with inner-diaphragms（方钢管柱内隔板）

ST——Square Tubular Column with through-diaphragms（方钢管柱贯通式隔板）

SST——Square Tubular Column with short through-diaphragms（方钢管柱贯通式短隔板）

WB——Welded flange-bolted web（栓焊连接）

B——Bolted flange-bolted web（全螺栓连接）

WBR——Reinforced welded flange-bolted web（加固型栓焊连接）

节点试件设计参数 表 3.1

试件编号	节点构造	连接方式	说明
SI-WB	内隔板	栓焊	方钢管内隔板节点
SST-WB	贯通式短隔板	栓焊	方钢管贯通式短隔板节点
ST-WB	贯通式隔板	栓焊	方钢管隔板贯通式节点
ST-B	贯通式隔板	改进型全螺栓	方钢管隔板贯通式节点
ST-WBR	贯通式隔板	加固型栓焊	方钢管隔板贯通式节点

(a) 试件SI-WB   (b) 试件SST-WB   (c) 试件ST-WB

(d) 试件ST-B   (e) 试件ST-WBR

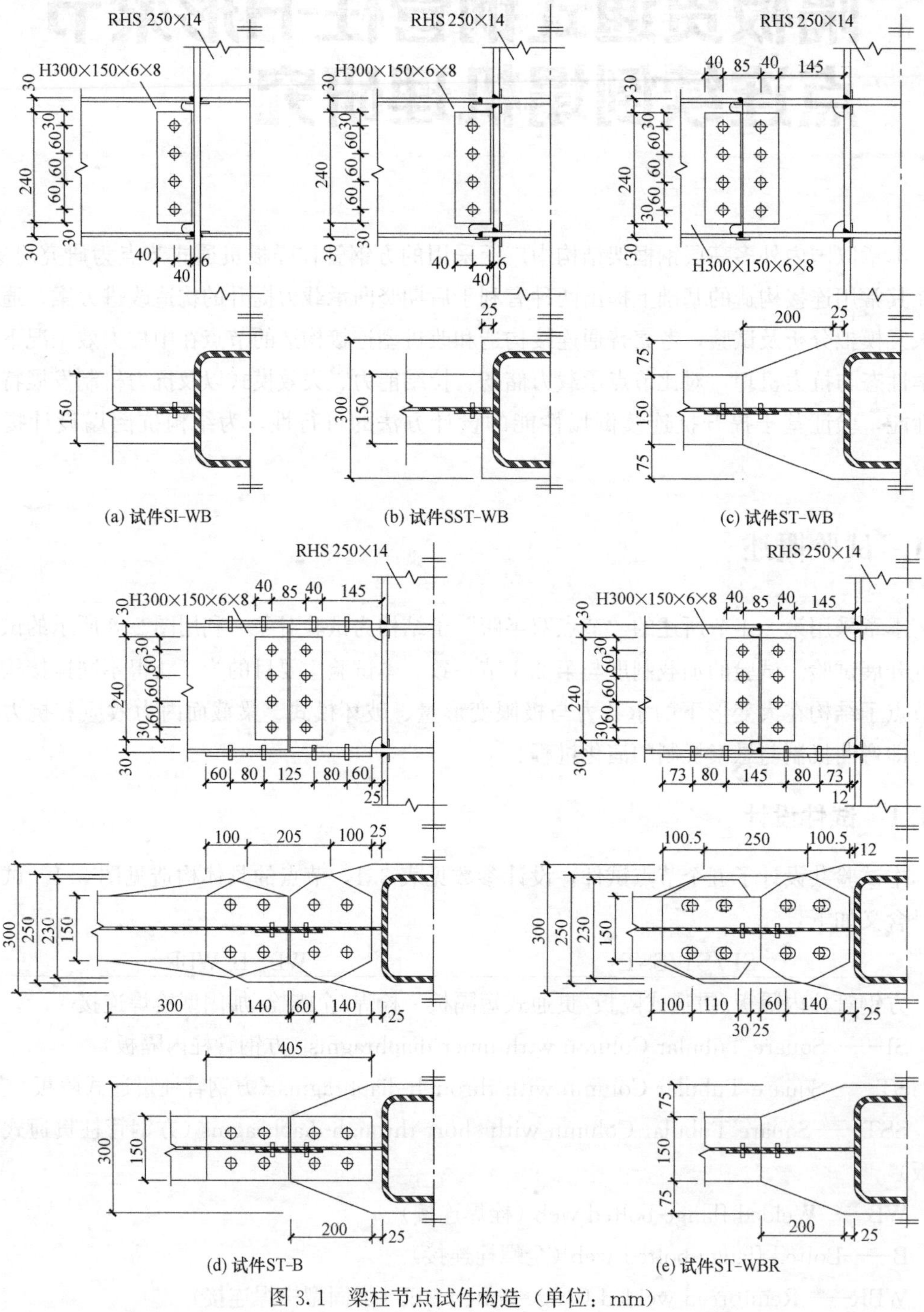

图 3.1 梁柱节点试件构造（单位：mm）

五个节点子结构试件分别为 SI-WB、SST-WB、ST-WB、ST-B、ST-WBR，其中 SI-WB、SST-WB、ST-WB 为基本试件，ST-B、ST-WBR 为根据第 2 章设计方法设计的改进型试件，试件之间的对比关系见图 3.2。五个试件的基本特征如下。

（1）柱：采用冷成型闭合截面方管柱，截面尺寸为 250×14，柱身长 900mm，自梁上下表面各外伸 300mm，保证梁柱节点性能不受柱身长度影响。

（2）梁：采用焊接 H 形截面，截面尺寸为 H300×150×6×8。

（3）梁柱节点构造：方钢管内隔板节点（SI）的内隔板与梁翼缘厚度一致，为 8mm；方钢管贯通式短隔板节点（SST）（隔板外伸宽度为 25mm）、方钢管贯通式隔板节点（ST）（隔板外伸宽度为 225mm）的隔板厚度比梁翼缘大 4mm（贯通式隔板厚度应比梁翼缘厚度大 3～5mm[162]），为 12mm。

（4）梁与柱的连接方式：包括栓焊连接（WB）、全螺栓连接（B）、加固型栓焊连接（WBR）；腹板螺栓采用 10.9 级 M20 摩擦型高强度螺栓（预紧力 $P=155$kN[155]）连接，单侧均采用 4 个螺栓单排布置的形式；全螺栓连接上、下翼缘采用 10.9 级 M24 摩擦型高强度螺栓（预紧力 $P=225$kN[155]）连接，单侧上、下均采用 4 个螺栓双排布置的形式将盖板分别与梁翼缘、贯通式隔板相连；加固型栓焊连接下翼缘采用 10.9 级 M24 摩擦型高强度螺栓（不施加预紧力）连接，单侧均采用 4 个螺栓双排布置的形式将下盖板分别与梁下翼缘、贯通式隔板相连。

（5）梁跨高比：梁跨度与梁高度比值为 15，即跨长 $l_0=4500$mm。

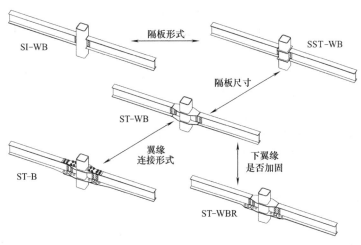

图 3.2　试件对比关系示意图

3.1.2　改进型与加固型节点设计方法

3.1.2.1　设计理念

由 Lee 等的栓焊节点拟静力加载试验[70] 结果可知，如果材料具有理想的塑性发展能力，在结构变形过程中始终保持梁截面与梁柱节点完整，则可以通过充分发挥节点子结构的抗弯作用及悬索作用，使得荷载-位移曲线将保持增长趋势。

而实际结构中，大部分梁柱节点无法保持理想的材料塑性发展，当发生断裂后，节点的内力状态将发生改变[41-43,50,51,66-69,163-165]，断裂一般发生在梁柱节点连接位置。以第 2

章的试件 CO-W 与 CO-WB 为例，二者的破坏均位于外环板外伸段与梁的连接截面，下翼缘断裂导致梁端弯矩迅速下降并逐渐转为负值，弯曲机制不再提供竖向抗力，梁端发展的轴力也因此遭受一定的损失，虽然轴力在下翼缘断裂后可恢复并有所增长，但由于关键截面传力面积减小，梁端轴力无法达到全截面轴拉屈服承载力，悬索机制的发展受到限制。如果通过改进节点连接位置构造，避免或推迟下翼缘断裂，则弯曲机制可在更大的变形状态下发挥作用，悬索机制也能够得到更充分的发展，节点子结构竖向承载能力可得到提升。

避免或推迟下翼缘断裂的关键是使下翼缘连接位置各板件的塑性变形能力增强。以试件 CO-W 和 CO-WB 的腹板破坏过程为例（图 2.44 和图 2.45），试件 CO-W 在下翼缘断裂后，截面裂缝迅速扩展至腹板，剩余面积逐渐减小，梁端轴力无法有效增长；而试件 CO-WB 在下翼缘断裂后，腹板与剪切板部位螺栓受剪，挤压螺栓孔壁，造成螺栓孔椭圆化变形明显，有效阻断下翼缘破坏向上扩展，截面内力可通过腹板螺栓传递，梁端轴力可增长并超过断裂前峰值。可见，相对于板件受拉变形，螺栓孔壁承压塑性变形是延性较好的变形模式，使梁柱连接剩余截面提供较大的变形能力的同时提供较高的截面承载力，即表现为梁柱节点子结构通过有效发挥悬索机制获取更高的竖向抗力。由此可以推想，若梁柱采用全螺栓连接，并保证梁下翼缘、下盖板及下隔板螺栓孔壁局部承压塑性变形的发生先于板件的受拉屈曲，则可达到避免或推迟下翼缘断裂的目标。

考虑到某些已建重要建筑对提升抗连续倒塌能力的需求，本章在传统栓焊连接构造的基础上再提出一种改进方案——加固型栓焊连接构造，即梁上、下翼缘与贯通式隔板仍采用焊接连接，并在梁下翼缘与下隔板之间补充螺栓连接作为加固构造。加固的螺栓连接采用的螺栓不施加预紧力，下盖板螺栓孔为长圆形，梁下翼缘与下隔板焊接连接失效前，下盖板基本不参与受力，而梁下翼缘与下隔板焊接连接开裂后，下盖板将两者拉结，使下翼缘能够继续有效传力。同样保证梁下翼缘、下盖板及下隔板螺栓孔壁局部承压塑性变形的发生先于板件的受拉屈曲。虽然加固型栓焊连接构造无法推迟下翼缘断裂，但可使下翼缘在焊接连接失效后继续有效传力，使传力截面保持完整。另外，下翼缘连接区域可发展的变形为焊接连接可发展的受拉变形与螺栓连接可发展的孔壁承压变形之和，使下翼缘的变形能力进一步增强。

3.1.2.2　改进型全螺栓连接的设计方法

1. 设计方法

改进型全螺栓连接能够提高梁柱节点子结构竖向承载力的关键是使下翼缘连接位置螺栓孔壁局部承压塑性变形的发生先于板件的受拉屈曲，破坏模式取决于梁下翼缘、下盖板、下隔板以及高强度螺栓之间的强度关系（若按常规设计选用摩擦型高强度螺栓连接，在中柱失效工况下，不认为摩擦型螺栓发生滑移为连接失效，因而根据同型号承压型高强度螺栓的参数进行计算）。

如图 3.3 所示，改进型全螺栓连接梁柱节点各板件尺寸、上下翼缘及腹板连接均可依照《钢结构设计标准》GB 50017—2017[155] 及《建筑抗震设计规范》GB 50011—2010[166] 进行设计，得到如下尺寸：

(1) 梁下翼缘最小截面尺寸 $b_b \times t_b$；

(2) 下盖板最小截面尺寸 $b_c \times t_c$（根据等强设计原则，$b_c = b_b$，$t_c = t_b$）；

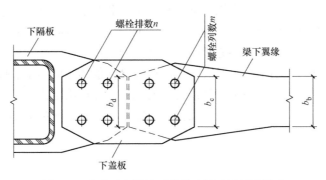

图 3.3　改进型全螺栓下翼缘连接区域板件尺寸

（3）与梁下翼缘对应的下隔板最小截面尺寸 $b_d \times t_d$（根据等强设计原则，$b_d = b_b$，$t_d = t_b + x$，$x = 3 \sim 5 \text{mm}^{[167]}$）；

（4）高强度螺栓型号（即已知螺栓直径 d，螺栓孔直径 $d_0 = d + (1.5 \sim 2)\text{mm}$，单个高强度螺栓抗剪承载力 F_v）、梁下翼缘或下隔板连接的螺栓排数 n、梁下翼缘或下隔板连接的螺栓列数 m，F_v 按摩擦型高强度螺栓抗剪承载力公式（3.1）计算，其中 n_f 为传力摩擦面数目，μ 为摩擦面的抗滑移系数，P 为每个高强度螺栓的预拉力，螺栓布置应满足式（3.2），其中 f 为钢材强度设计值。

$$F_v = 0.9 \cdot n_f \cdot \mu \cdot P \tag{3.1}$$

$$F_v \cdot n \cdot m \geqslant b_b \cdot t_b \cdot f \tag{3.2}$$

对于采用改进型全螺栓连接构造的节点，在前期以受弯矩为主的阶段和后期以受轴向拉力为主的阶段，连接区域下均受到拉力作用，拉力通过高强度螺栓在板件之间传递，板件在螺栓孔位置受到螺栓螺杆的挤压作用。若忽略高强度螺栓的孔前传力效应，如图 3.3 所示，假设下隔板在最靠近柱的一排螺栓孔所在截面传递的拉力值为 F，F 将分 n 次通过高强度螺栓传递到下盖板，并由下盖板分 n 次传递到梁下翼缘。下隔板各排螺栓孔由左至右依次编号为第 1，2，……，n 排，梁下翼缘各排螺栓孔由右至左依次编号为第 1，2，……，n 排，下盖板各排螺栓孔由左至右依次编号为第 n，……，2，1，1，2，……，n 排。

板件在螺栓孔位置的受力状态如图 3.4 所示，各板件在各排螺栓孔位置所受拉力不同，而各排螺栓孔壁局部承受的压力相同。各板件在第 i 排螺栓孔位置所受拉力 F_{ti} 可根据式（3.3）计算，各排螺栓孔壁局部承受的压力 F_c 可根据式（3.4）计算。各板件在第 i 排螺栓孔位置的受拉承载力设计值 N_{ti} 可根据式（3.5）计算，式中 b_i 为第 i 排螺栓孔位置最小截面宽度（即取图 3.5 所示截面 Ⅰ-Ⅰ 与 Ⅱ-Ⅱ 长度的较小值），t_0 为板件厚度。各排螺栓孔壁局部承压承载力设计值 N_c^b 可根据式（3.6）计算，式中 f_c^b 为螺栓承压强度设计值，t 为不同受力方向中一个受力方向承压构件厚度的较小值。

$$F_{ti} = F \cdot \frac{n - i + 1}{n} \tag{3.3}$$

$$F_c = F \cdot \frac{1}{n} \tag{3.4}$$

$$N_{ti} = (b_i - d_0 \cdot m) \cdot t_0 \cdot f \tag{3.5}$$

$$N_c^b = d \cdot t \cdot f_c^b \cdot m \tag{3.6}$$

对靠近柱的连接位置的梁下翼缘、下盖板、下隔板进行加宽处理，并在式（3.2）的范围内选择合适的高强度螺栓配置，使之满足以下两个条件，则梁下翼缘、下盖板及下隔板孔壁局部承压塑性破坏的发生将先于板件的受拉开裂。

（1）各排螺栓孔位置所受拉力与其受拉承载力设计值的比值小于各排螺栓孔壁所受压力与各个螺栓孔壁局部承压承载力设计值之和的比值，即应满足式（3.7），将式（3.3）～式（3.6）代入式（3.7）可得，第 i 排螺栓孔位置最小截面宽度 b_i 应满足式（3.8）。

$$\frac{F_{ti}}{N_{ti}} < \frac{F_c}{N_c^b} \tag{3.7}$$

$$b_i > \frac{f_c^b}{f} \cdot \frac{t}{t_0} \cdot d \cdot m \cdot (n-i+1) + d_0 \cdot m \tag{3.8}$$

（2）螺杆受剪承载力设计值大于螺栓孔壁局部承压承载力设计值，即满足式（3.9），式中 f_v^b 为同型号承压型高强度螺栓抗剪强度，t 为不同受力方向中一个受力方向承压构件厚度的较小值。

$$f_v^b \cdot \frac{\pi \cdot d^2}{4} > f_c^b \cdot d \cdot t \tag{3.9}$$

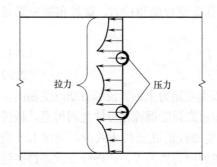

图 3.4　螺栓孔位置受力状态示意图

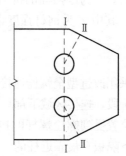

图 3.5　螺栓孔位置最小净截面宽度示意图

另外，加宽截面与未加宽截面之间需平滑过渡。

2. 设计实例

根据上述设计方法，以第 3.1.1 节中试件 ST-B 梁柱节点为对象进行计算（具体参数详见第 3.1.1 节，本节仅对下翼缘连接进行设计）。已知量为：

（1）梁下翼缘最小截面尺寸 150mm×8mm；

（2）下盖板最小截面尺寸 150mm×8mm；

（3）与梁下翼缘对应的下隔板最小截面尺寸 150mm×12mm；

（4）选取 10.9 级 M24 摩擦型高强度螺栓进行 2 排 2 列布置，$d=24$mm，$d_0=26$mm，$n=2$，$m=2$，F_v 依据式（3.1）计算：

$$F_v = 0.9 \times 0.45 \times 225 = 91.125\text{kN}$$

满足式（3.2）：

$$91.125 \times 2 \times 2 = 364.5\text{kN} \geqslant 150 \times 8 \times 300 = 360\text{kN}$$

试件 ST-B 下翼缘各板件受力状态如图 3.6 所示，由式（3.8）可知，下隔板第 1 排螺栓孔位置最小截面宽度需满足：

$$b_i > \frac{510}{300} \times \frac{8}{12} \times 24 \times 2 \times (2-1+1) + 26 \times 2 = 160.8 \text{mm}$$

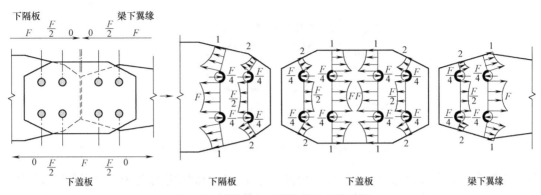

图 3.6　试件 ST-B 下翼缘受力示意图

梁下翼缘、下盖板第 1 排螺栓孔位置最小截面宽度需满足：

$$b_i > \frac{510}{300} \times \frac{8}{8} \times 24 \times 2 \times (2-1+1) + 26 \times 2 = 215.2 \text{mm}$$

下隔板第 2 排螺栓孔位置最小截面宽度需满足：

$$b_i > \frac{510}{300} \times \frac{8}{12} \times 24 \times 2 \times (2-2+1) + 26 \times 2 = 106.4 \text{mm}$$

梁下翼缘、下盖板第 2 排螺栓孔位置最小截面宽度需满足：

$$b_i > \frac{510}{300} \times \frac{8}{8} \times 24 \times 2 \times (2-1+1) + 26 \times 2 = 133.6 \text{mm}$$

验证高强度螺栓满足式（3.9）：

$$310 \times \frac{\pi \times 24^2}{4} = 140 \text{kN} > 510 \times 24 \times 8 = 98 \text{kN}$$

根据以上计算，可得到第 3.1.1 节图 3.1（d）所示板件尺寸。

3.1.2.3　加固型栓焊连接的设计方法

1. 设计方法

加固型栓焊连接能够提高梁柱节点子结构竖向承载力的关键是首先使梁下翼缘与下隔板在焊接连接位置断裂，然后使下翼缘连接位置螺栓孔壁局部承压塑性变形的发生先于板件的受拉屈曲，这两点均取决于梁下翼缘、下盖板、下隔板以及螺栓（宜采用普通螺栓或不施加预紧力的高强度螺栓）之间的强度关系。

如图 3.7 所示，加固型栓焊连接梁柱节点梁柱各板件尺寸、腹板连接、上下翼缘焊接连接均可依照《钢结构设计标准》GB 50017—2017[155] 及《建筑抗震设计规范》GB 50011—2010[166] 进行设计，得到如下尺寸：

（1）梁下翼缘最小截面尺寸 $b_b \times t_b$；

（2）与梁下翼缘对应的下隔板最小截面尺寸 $b_d \times t_d$（根据等强设计原则，$b_d = b_b$，$t_d = t_b + x$，$x = 3 \sim 5 \text{mm}$[162]）。

对于加固型栓焊连接构造节点，在前期以受弯矩为主的阶段和后期以受轴向拉力为主的阶段，连接区域下部均受到拉力作用，拉力在焊接连接失效前主要由焊接连接传递，在

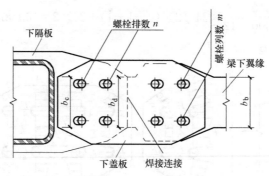

图 3.7　加固型栓焊下翼缘连接区域板件尺寸

焊接连接失效后全部由螺栓连接传递，为保证螺栓连接与焊接连接等强，梁下翼缘或下隔板连接的螺栓群受剪承载力设计值不应小于梁下翼缘受拉承载力设计值，由此可得到：

（1）螺栓型号（即已知螺栓直径 d，螺栓孔直径 $d_0 = d + (1.5\sim2)\text{mm}$，单个螺栓受剪承载力 F_v）、梁下翼缘或下隔板连接的螺栓排数 n、梁下翼缘或下隔板连接的螺栓列数 m，F_v 按式（3.10）计算，式中 f_v^b 为螺栓抗剪强度，螺栓布置应满足式（3.11），其中 f 为钢材强度设计值。

$$F_v = \frac{\pi d^2}{4} f_v^b \tag{3.10}$$

$$F_v \cdot n \cdot m \geqslant b_b \cdot t_b \cdot f \tag{3.11}$$

（2）下盖板最小截面尺寸 $b_c \times t_c$（根据等强设计原则，$b_c = b_b$，$t_c = t_b$）。

下隔板各排螺栓孔由左至右依次编号为第 1，2，……，n 排，梁下翼缘各排螺栓孔由右至左依次编号为第 1，2，……，n 排，下盖板各排螺栓孔由左至右依次编号为第 n，……，2，1，1，2，……，n 排。对靠近柱的连接位置的梁下翼缘、下盖板、下隔板进行加宽处理，使第 i 排螺栓孔位置最小截面宽度 b_i（即取图 3.5 所示截面Ⅰ-Ⅰ与Ⅱ-Ⅱ长度的较小值）满足式（3.12），保证螺栓孔位置各截面宽度不小于其他未受螺栓孔削弱的截面宽度，则下翼缘断裂可发生在焊缝附近：

$$b_i > b_b + d_0 \cdot m \tag{3.12}$$

为保证下翼缘焊接连接失效前，下翼缘连接螺栓在螺栓孔内滑移且基本不传力，下盖板螺栓孔为如图 3.7 所示的长圆孔。

在焊接连接失效后，拉力通过连接螺栓在板件之间传递，板件螺栓孔位置受到螺栓螺杆的挤压作用。如图 3.7 所示，假设下隔板在最靠近柱的一排螺栓孔所在截面传递的拉力值为 F，F 将分 n 次通过螺栓传递到下盖板，并由盖板分 n 次传递到梁下翼缘。螺栓孔所在位置的受力状态如图 3.4 所示，各板件在各排螺栓孔位置所受拉力不同，而各排螺栓孔壁局部承受的压力相同。各板件在第 i 排螺栓孔位置所受拉力 F_{ti} 可根据式（3.13）计算，各排螺栓孔壁局部承受的压力 F_c 可根据式（3.14）计算。各板件在第 i 排螺栓孔位置的受拉承载力设计值 N_{ti} 可根据式（3.15）计算，t_0 为板件厚度。各排螺栓孔壁局部承压承载力设计值 N_c^b 可根据式（3.16）计算，式中 f_c^b 为螺栓承压强度设计值，t 为不同受力方向中一个受力方向承压构件厚度的较小值。

$$F_{ti} = F \cdot \frac{n-i+1}{n} \tag{3.13}$$

$$F_c = F \cdot \frac{1}{n} \tag{3.14}$$

$$N_{ti} = (b_i - d_0 \cdot m) \cdot t_0 \cdot f \tag{3.15}$$

$$N_c^b = d \cdot t \cdot f_c^b \cdot m \tag{3.16}$$

对靠近柱的连接位置的梁下翼缘、下盖板、下隔板进行加宽处理，并在式（3.11）的范围内选择合适的螺栓配置，使之满足以下两个条件，则在焊接连接失效后，梁下翼缘、下盖板及下隔板孔壁局部承压塑性破坏将先于板件的受拉开裂。

（1）各排螺栓孔位置所受拉力与其受拉承载力设计值的比值小于各排螺栓孔壁所受压力与各个螺栓孔壁局部承压承载力设计值之和的比值，即应满足式（3.17），将式（3.13）～式（3.16）代入式（3.17）可得，第 i 排螺栓孔位置最小截面宽度 b_i 应满足式（3.18）。

$$\frac{F_{ti}}{N_{ti}} < \frac{F_c}{N_c^b} \tag{3.17}$$

$$b_i > \frac{f_c^b}{f} \cdot \frac{t}{t_0} \cdot d \cdot m \cdot (n-i+1) + d_0 \cdot m \tag{3.18}$$

（2）螺杆受剪承载力设计值大于螺栓孔壁局部承压承载力设计值，即满足式（3.19），t 为不同受力方向中一个受力方向承压构件厚度的较小值。

$$F_v = f_v^b \cdot \frac{\pi \cdot d^2}{4} > f_c^b \cdot d \cdot t \tag{3.19}$$

第 i 截面宽度 b_i 取式（3.12）与式（3.18）中最大值，即 b_i 需满足式（3.20）。

$$b_i > \max \left\{ \frac{f_c^b}{f} \cdot \frac{t}{t_0} \cdot d \cdot m \cdot (n-i+1) + d_0 \cdot m, b_b + d_0 \cdot m \right\} \tag{3.20}$$

2. 设计实例

根据上述设计方法，以第 3.1.1 节中试件 ST-WBR 梁柱节点为对象进行计算（具体参数详见第 3.1.1 节，本节仅对下翼缘连接进行设计）。已知量为：

（1）梁下翼缘最小截面尺寸 150mm×8mm；

（2）与梁下翼缘对应的下隔板最小截面尺寸 150mm×12mm。

根据等强设计原则，选取下盖板最小截面尺寸为 150mm×8mm。

根据式（3.11）与式（3.19），选取 10.9 级 M24 高强度螺栓进行 2 排 2 列布置，由于不施加预紧力，抗剪承载力与普通螺栓计算方法相同，$d=24$mm，$d_0=26$mm，$n=2$，$m=2$，F_v 按式（3.10）计算：

$$F_v = 310 \times \frac{\pi \times 24^2}{4} = 140.2 \text{kN}$$

满足式（3.11）：

$$140.2 \times 2 \times 2 = 560.8 \text{kN} > 150 \times 8 \times 300 = 360 \text{kN}$$

试件 ST-WBR 下翼缘各板件受力状态如图 3.8 所示，由式（3.20）可知，下隔板第 1 排螺栓孔位置最小截面宽度需满足：

$$b_i > \max \left\{ \frac{510}{300} \times \frac{8}{12} \times 24 \times 2 \times (2-1+1) + 26 \times 2, 150 + 26 \times 2 \right\} = 202 \text{mm}$$

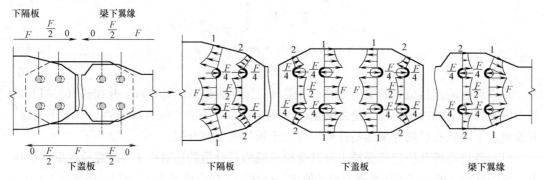

图 3.8 试件 ST-WBR 下翼缘受力示意图

梁下翼缘、下盖板第 1 排螺栓孔位置最小截面宽度需满足：

$$b_i > \max\left\{\frac{510}{300} \times \frac{8}{8} \times 24 \times 2 \times (2-1+1) + 26 \times 2, 150 + 26 \times 2\right\} = 215.2\text{mm}$$

下隔板第 2 排螺栓孔位置最小截面宽度需满足：

$$b_i > \max\left\{\frac{510}{300} \times \frac{8}{12} \times 24 \times 2 \times (2-2+1) + 26 \times 2, 150 + 26 \times 2\right\} = 202\text{mm}$$

梁下翼缘、下盖板第 2 排螺栓孔位置最小截面宽度需满足：

$$b_i > \max\left\{\frac{510}{300} \times \frac{8}{8} \times 24 \times 2 \times (2-1+1) + 26 \times 2, 150 + 26 \times 2\right\} = 202\text{mm}$$

验证连接螺栓满足式（3.19）：

$$140.2\text{kN} > 510 \times 24 \times 8 = 98\text{kN}$$

根据以上计算，可得到第 3.1.1 节图 3.1（e）所示板件尺寸。

3.1.3 钢材材性

试验中节点试件均采用 Q345B 钢材，对其梁柱钢材取样制作材性试件，材性试件与试验构件为同批钢材。板材及方管平直段均设计为平板型试件，方管弯角部位设计为圆棒形试件，每种厚度的钢材各取三个试样，分为六组，分别为：（1）BF-8 及 BF-8-B，为平板材性试件，其中 BF-8 取自试件 SI-WB 及 SST-WB 梁翼缘、盖板、内隔板，BF-8-B 取自试件 ST-WB、ST-B 及 ST-WBR 梁翼缘、盖板，名义厚度均为 8mm；（2）BW-6，为平板材性试件，取自梁腹板，名义厚度为 6mm；（3）W-6，为平板材性试件，取自剪切板，名义厚度为 6mm；（4）D-12，为平板材性试件，取自隔板，名义厚度为 12mm；（5）ST-14，为平板材性试件，取自方管柱平直段，名义厚度为 14mm；（6）STC，为圆棒材性试件，取自方管柱弯角段。材性试件试验结果平均值列于表 3.2。

钢材材性试验结果　　　　　　　　　　　　　　　　　　　　　表 3.2

试件编号	屈服强度 f_y/MPa	抗拉强度 f_u/MPa	强屈比 f_u/f_y	断面收缩率	断后伸长率
BF-8	430	577	1.34	0.46	0.24
BF-8-B	387	441	1.14	0.49	0.31
BW-6	417	514	1.23	0.48	0.27

续表

试件编号	屈服强度 f_y/MPa	抗拉强度 f_u/MPa	强屈比 f_u/f_y	断面收缩率	断后伸长率
W-6	409	505	1.24	0.61	0.29
D-12	450	574	1.28	0.48	0.18
ST-14	482	545	1.13	0.68	0.24
STC	619	682	1.10	0.80	0.21

3.1.4 测量方案

1. 测量目标

本试验主要获取以下试验数据：

（1）柱顶荷载与位移：可由作动器系统直接获得；

（2）节点试件构形：主要指梁段和柱身在加载过程中产生的竖向位移，由此可得到梁段和柱身的整体构形，并可换算出梁截面转角；

（3）截面应变分布及内力状态：梁柱部分截面布置应变片，包括节点区和远离节点区部位，可由此了解应变分布及发展状况，并可换算各截面内力及支座反力；

（4）支座位移：对支座位移进行监测，保证试验的安全顺利进行，并可作为后续分析的依据。

2. 位移计测点布置

每个试件通过 18 个位移计来实现对竖向变形的测量以及对梁端铰支座平面内位移的监控，位移计测点的布置详见图 3.9。

（1）梁柱轴线交点位移通过柱前后两个位移计测量（分别记为 D1 和 D2），分析时取两者平均值。梁段上翼缘中线处位移通过沿梁轴线方向对称布置的位移计测量（记为 D11～D18）；

（2）梁端铰支座水平位移和竖向位移分别由前后位移计测量（记为 D3～D10），分析时取前后位移平均值。

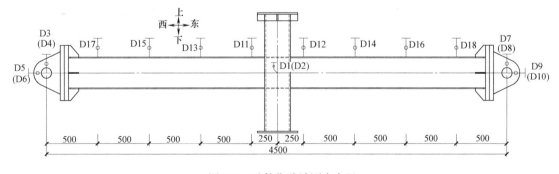

图 3.9 试件位移计测点布置

3. 应变测点布置

梁测点截面沿柱轴线左右对称 [左侧为西（W），右侧为东（E）]，柱测点截面沿梁轴线上下对称。节点试件的梁端应变测点布置见图 3.10，具体的节点域应变片测点布置见图 3.11。应变片布置的目的为：

（1）远离节点区域的梁端附近截面应变：距梁端铰支座一定距离的梁截面（W1/E1 截面，见图 3.10）设置单向应变片，测量梁截面应变分布及发展情况。该截面在试验过程中一般不会进入塑性，因此可用于进行截面的内力分析，进而可反算得到试件两端铰支座反力。

（2）节点区域梁截面应变（见图 3.11）：在梁柱节点区域距焊缝 25mm 处截面（W3/E3）布置单向片，稍远离截面（W3/E3）一定距离的截面（W2/E2）也布置单向片，测量节点区域附近截面的应变分布及发展情况，ST-B 试件和 ST-WBR 试件在梁下翼缘螺栓孔附近截面（W4/E4）布置单向片，用于了解板件的传力。

（3）节点区域柱截面应变：SI-WB 试件在梁柱节点区域梁上下翼缘附近柱截面（C1~C2）布置三向片，测量节点区附近柱壁的应变分布及发展情况。

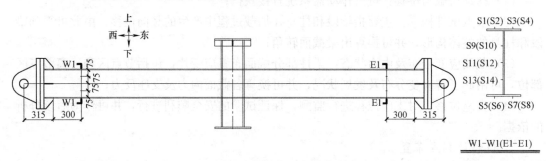

图 3.10　试件梁端截面应变测点布置

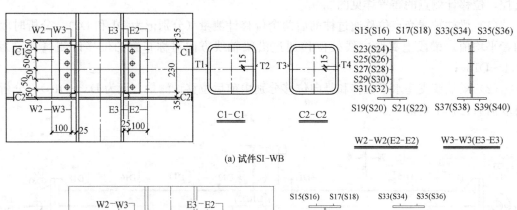

(a) 试件SI-WB

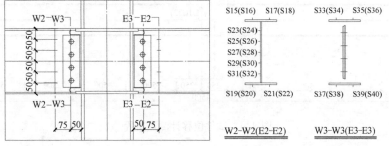

(b) 试件SST-WB

图 3.11　试件梁柱节点域应变片测点布置详图（单位：mm）

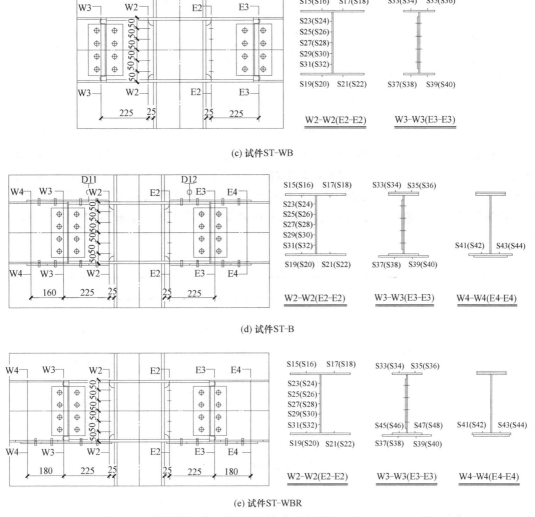

(c) 试件ST-WB

(d) 试件ST-B

(e) 试件ST-WBR

图 3.11　试件梁柱节点域应变片测点布置详图（单位：mm）（续）

3.1.5　试件分析参数及指标计算

本章用到的表征试件关键截面塑性承载力及梁柱子结构竖向承载力等参数，以及指定截面的内力效应以及支座反力等参数的计算方法均与第2.3节相同。

在中柱发生竖向位移时，梁截面弯矩分布同简支梁，如图2.15所示，越接近试件节点区梁截面弯矩越大，因此试件的最不利截面为梁与柱或贯通式隔板连接截面。由于栓焊连接节点梁与柱、梁与贯通式隔板连接截面处翼缘焊缝引弧板的加劲作用，可认为从连接截面向铰支座方向偏离 25mm 的梁截面为真实的最不利截面，对应于应变测点布置图（图 3.11）中截面 W3/E3。对于全螺栓连接节点，盖板两内排螺栓之间盖板所受拉力最大，为与其他栓焊节点一致，同样取截面 W3/E3 进行计算。当梁截面所承受的弯矩达到其全截面塑性抗弯承载力时，则认为该截面形成塑性铰。根据表 3.2 中的材性数据，计算各试件最不利梁截面 W3/E3 的塑性承载力的计算结果见表 3.3。

截面承载力　　　　　　　　　　　表 3.3

计算截面	承载力性质	理论值
SI-WB、SST-WB 截面 W3/E3	全截面轴拉屈服承载力 全截面塑性抗弯承载力 腹板抗剪屈服承载力	$N_P=1632$kN $M_P=186$kN·m $V_P=347$kN
ST-WB、ST-B、ST-WBR 截面 W3/E3	全截面轴拉屈服承载力 全截面塑性抗弯承载力 腹板抗剪屈服承载力	$N_P=1529$kN $M_P=171$kN·m $V_P=347$kN

　　根据表 3.3 结果，可计算得到各试件的最不利截面形成塑性铰时，结构的柱顶竖向荷载值，见表 3.4。由于在弯曲机制主导的受力阶段，节点子结构梁内轴力未明显发展，且支座水平反力较小，试件竖向变形较小，相对竖向反力对最不利截面产生的正弯矩，水平反力产生的负弯矩可忽略不计。因此，对最不利梁截面弯矩计算仅考虑竖向反力产生的正弯矩作用。

试件竖向承载力指标　　　　　　　表 3.4

适用试件	控制截面状态	柱顶荷载理论值
SI-WB	W3/E3 截面形成塑性铰*	$F_p=177$kN
SST-WB	W3/E3 截面形成塑性铰*	$F_p=179$kN
ST-WB、ST-B、ST-WBR	W3/E3 截面形成塑性铰*	$F_p=182$kN

注：* 截面塑性弯矩仅包含由支座竖向反力产生的正弯矩。

　　根据图 2.15 所示的简支梁模型，可计算得到试件的初始刚度 K_Δ，同时利用表 3.3 中所示的全截面塑性抗弯承载力 M_p，可计算得到各试件的理论初始刚度与屈服转角，见表 3.5。

试件的理论初始刚度与屈服转角　　　　表 3.5

适用试件	K_Δ /(kN/mm)	K_θ /(MN·m/rad)	θ_y /rad
SI-WB、SST-WB	6.3	16.0	0.012
ST-WB、ST-B、ST-WBR	6.3	16.0	0.011

　　最后，各试件的设计参数汇总于表 3.6。

试件设计参数汇总　　　　　　　　表 3.6

项目	SI-WB	SST-WB	ST-WB	ST-B	ST-WBR
节点连接构造	内隔板栓焊连接	贯通式短隔板栓焊连接	贯通式隔板栓焊连接	改进型贯通式隔板全螺栓连接	加固型贯通式隔板栓焊连接
控制截面边缘屈服时竖向承载力理论预测值	$F_y=158$kN (W3/E3)	$F_y=160$kN (W3/E3)	$F_y=160$kN (W3/E3)	$F_y=160$kN (W3/E3)	$F_y=160$kN (W3/E3)
边缘屈服抗弯承载力	$M_y=166$kN·m (W3/E3)	$M_y=166$kN·m (W3/E3)	$M_y=150$kN·m (W3/E3)	$M_y=150$kN·m (W3/E3)	$M_y=150$kN·m (W3/E3)

续表

项目	SI-WB	SST-WB	ST-WB	ST-B	ST-WBR
控制截面形成塑性铰时竖向承载力理论预测值	$F_p=177\text{kN}$ (W3/E3)	$F_p=179\text{kN}$ (W3/E3)	$F_p=182\text{kN}$ (W3/E3)	$F_p=182\text{kN}$ (W3/E3)	$F_p=182\text{kN}$ (W3/E3)
全截面塑性抗弯承载力	$M_p=186\text{kN·m}$ (W3/E3)	$M_p=186\text{kN·m}$ (W3/E3)	$M_p=171\text{kN·m}$ (W3/E3)	$M_p=171\text{kN·m}$ (W3/E3)	$M_p=171\text{kN·m}$ (W3/E3)
全截面轴拉屈服承载力	$N_p=1632\text{kN}$ (W3/E3)	$N_p=1632\text{kN}$ (W3/E3)	$N_p=1529\text{kN}$ (W3/E3)	$N_p=1529\text{kN}$ (W3/E3)	$N_p=1529\text{kN}$ (W3/E3)

注：括号内为对应表格数据计算时所采用的最不利截面编号。

3.2　试验结果

3.2.1　试件 SI-WB

1. 试验概况

试件 SI-WB 为方钢管柱内隔板栓焊连接节点。试验最大加载位移为 $\Delta_{max}=400\text{mm}$，对应梁弦转角为 $\theta_{max}=0.178\text{rad}$。试验后节点区域变形以及子结构整体变形形态如图 3.12 所示。

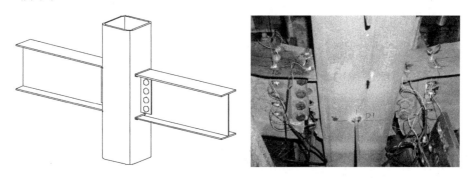

(a) 节点区域变形

(b) 子结构整体变形

图 3.12　试件 SI-WB 的试验后状态

2. 试件竖向变形形态

加载过程中，试件的整体竖向变形如图 3.13 所示，位移值以向下为负。可以看出：试件构形在加载位移较小时（$\Delta \leqslant 100\text{mm}$）呈现明显的弯曲形态，随着柱顶竖向位移增大逐渐转变为悬索形态，节点区域刚度较大，呈现刚体特征。

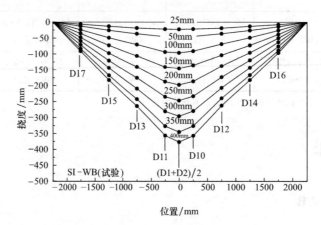

图 3.13　试件 SI-WB 的竖向变形形态发展

3. 荷载-位移曲线与关键试验现象

图 3.14 曲线为试件 SI-WB 的柱顶荷载-柱顶位移关系曲线，并标明了各阶段的破坏现象（表 3.7），其中 F_p 为梁截面 W3/E3 形成塑性铰时对应的节点子结构竖向承载力理论预测值，数值为 177kN（参见表 3.4）。

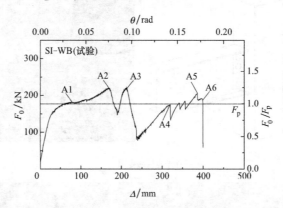

图 3.14　试件 SI-WB 的柱顶荷载（F_0）-柱顶位移（Δ）关系曲线

（1）当 $\Delta = 20\text{mm}$（$\theta = 0.009\text{rad}$）时，明显进入非线性阶段。

（2）当 $\Delta = 75\text{mm}$（A1，$\theta = 0.033\text{rad}$）时，可明显观察到西侧梁上翼缘发生屈曲，上翼缘与腹板交界处出现裂缝，东侧梁屈曲不明显，同时螺栓滑移持续发出声响。

（3）当 $\Delta = 166\text{mm}$（A2，$\theta = 0.075\text{rad}$）时，西侧梁截面 W3 下翼缘开裂，荷载从 219kN（$1.24F_p$）下跌至 146kN（$0.93F_p$）。

（4）当 $\Delta = 212\text{mm}$（A3，$\theta = 0.094\text{rad}$）时，东侧梁截面 E3 下翼缘断裂，荷载从 219kN（$1.24F_p$）下跌至 77kN（$0.44F_p$）。

（5）当 $\Delta=320$mm（A4，$\theta=0.142$rad）时，西侧剪切板由下至上开裂，荷载上下波动。

（6）当 $\Delta=387$mm（A5，$\theta=0.172$rad）时，东侧剪切板由下至上开裂，荷载下降，开裂前荷载达到 202kN（$1.14F_\mathrm{p}$）。

（7）当 $\Delta=400$mm（A6，$\theta=0.178$rad）时，西侧梁截面 W3 全截面断裂，荷载迅速下跌，试验加载结束。

试件 SI-WB 的关键试验现象　　　　　　　　表 3.7

A1:上翼缘屈曲

A2:截面 W3 梁下翼缘断裂
（$1.24F_\mathrm{p}$,0.075rad）

A3:截面 E3 梁下翼缘断裂
（$1.24F_\mathrm{p}$,0.094rad）

A4:西侧剪切板螺栓孔截面断裂
（0.142rad～0.178rad）

A5:东侧剪切板螺栓孔截面断裂
（$1.14F_\mathrm{p}$,0.172～0.178rad）

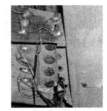

A6:截面 W3 梁上翼缘断裂
（0.178rad）

3.2.2　试件 SST-WB

1. 试验概况

试件 SST-WB 为方钢管柱短贯通式隔板栓焊连接节点。试验最大加载位移为 $\Delta_\mathrm{max}=$ 383mm，对应梁弦转角为 $\theta_\mathrm{max}=0.17$rad。试验后节点区域变形以及子结构整体变形形态如图 3.15 所示。

2. 试件竖向变形形态

加载过程中，试件的整体竖向变形如图 3.16 所示，位移值以向下为负。可以看出：试件构形在加载位移较小时（$\Delta\leqslant50$mm）呈现明显的弯曲形态，随着柱顶竖向位移增大

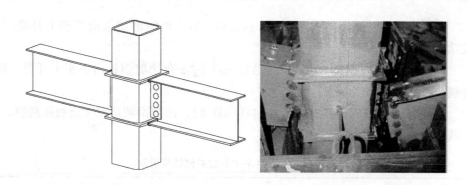

(a) 节点区域变形

(b) 子结构整体变形

图 3.15　试件 SST-WB 的试验后状态

逐渐转变为悬索形态，节点区域刚度较大，呈现刚体特征。

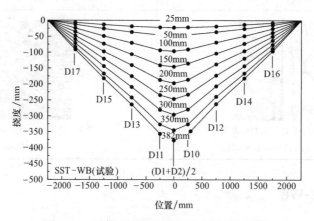

图 3.16　试件 SST-WB 的竖向变形形态发展

3. 荷载-位移曲线与关键试验现象

图 3.17 曲线为试件 SST-WB 的柱顶荷载-柱顶位移关系曲线，并标明了各阶段的破坏现象（表 3.8），其中 F_p 为梁截面 W3/E3 形成塑性铰对应的节点子结构竖向承载力理论预测值，数值为 179kN（参见表 3.4）。

（1）当 $\Delta=20\text{mm}$（$\theta=0.009\text{rad}$）时，明显进入非线性。

（2）当 $\Delta=71\text{mm}$（B1，$\theta=0.032\text{rad}$）时，西侧梁下翼缘栓孔起弧处产生裂纹，荷

载有微小下降。

（3）此后荷载略微回升至 184kN（$\theta=0.037$rad，$1.03F_p$）后缓慢下降，并观察到西侧梁下翼缘裂纹扩张，当 $\Delta=98$mm（B2，$\theta=0.044$rad）时，梁下翼缘裂缝贯通，荷载由 154kN（$0.86F_p$）迅速下降至 100kN（$0.56F_p$）。

（4）之后荷载回升，并观察到西侧梁下部螺栓挤压腹板、剪切板，螺孔因局部挤压产生的椭圆化变形明显，直至当 $\Delta=141$mm（B3，$\theta=0.063$rad）时，东侧梁下翼缘开裂，荷载从 186kN（$1.03F_p$）逐渐下降至 48kN（$0.27F_p$）。

（5）荷载再次上升，并观察到西侧剪切板沿螺栓孔由下至上开裂（B4），东侧螺栓挤压腹板、剪切板，东侧梁腹板沿螺栓孔由下至上开裂（B5）。

（6）当 $\Delta=382$mm（B6，$\theta=0.170$rad）时，西侧梁全截面断裂，加载结束，此时荷载达到加载过程中的最大值 218kN（$1.22F_p$）。

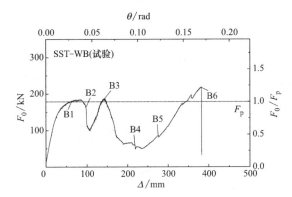

图 3.17　试件 SST-WB 的柱顶荷载（F_0）-柱顶位移（Δ）关系曲线

试件 SST-WB 的关键试验现象　　　　　　　　　　　　　　　　　表 3.8

B1：上翼缘屈曲

B2：截面 W3 梁下翼缘断裂
（$1.03F_p$，$0.032\sim0.044$rad）

B3：截面 E3 梁下翼缘断裂
（$1.03F_p$，0.063rad）

B4：西侧剪切板螺栓孔截面断裂
（$0.097\sim0.170$rad）

B5:东侧梁腹板螺栓孔截面断裂
(0.123~0.170rad)

B6:截面 W3 梁上翼缘断裂
$(1.22F_p, 0.170\text{rad})$

3.2.3 试件 ST-WB

1. 试验概况

试件 ST-WB 为方钢管柱贯通式隔板栓焊连接节点。试验最大加载位移为 $\Delta_{\max}=$ 444mm，对应梁弦转角为 $\theta_{\max}=0.197\text{rad}$。试验后节点区域变形以及子结构整体变形形态如图 3.18 所示。

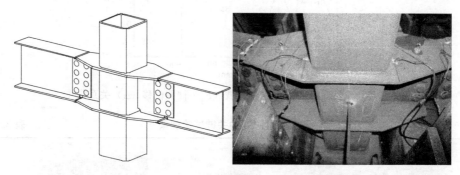

(a) 节点区域变形

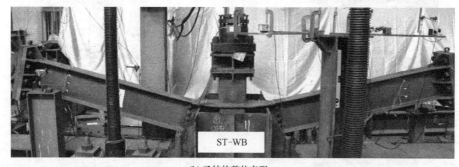

(b) 子结构整体变形

图 3.18 试件 ST-WB 的试验后状态

2. 试件竖向变形形态

加载过程中，试件的整体竖向变形如图 3.19 所示，位移值以向下为负。可以看出：试件构形在加载位移较小时（$\Delta \leqslant 100\text{mm}$）呈现明显的弯曲形态，随着柱顶竖向位移增大逐渐转变为悬索形态,节点区域刚度较大,呈现刚体特征。

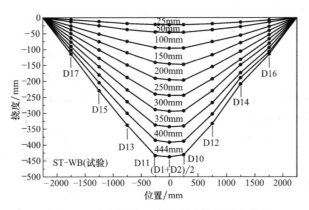

图 3.19 试件 ST-WB 的竖向变形形态发展

3. 荷载-位移曲线与关键试验现象

图 3.20 曲线为试件 ST-WB 的柱顶荷载-柱顶位移关系曲线,并标明了各阶段的破坏现象(表 3.9),其中 F_p 为梁 W3/E3 截面形成塑性铰对应的节点子结构竖向承载力理论预测值,数值为 182kN(参见表 3.4)。

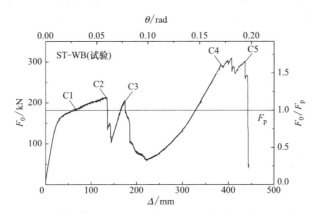

图 3.20 试件 ST-WB 的柱顶荷载(F_0)-柱顶位移(Δ)关系曲线

(1)当 $\Delta = 20$mm($\theta = 0.009$rad)时,明显进入非线性。

(2)当 $\Delta = 80$mm(C1,$\theta = 0.036$rad)时,可明显观察到东、西侧梁上翼缘发生屈曲,同时螺栓滑移持续发出声响。

(3)当 $\Delta = 136$mm(C2,$\theta = 0.060$rad)时,东侧梁截面 E3 下翼缘开裂,荷载从 213kN(1.17F_p)下跌至 101kN(0.55F_p)。

(4)此后荷载继续上升,同时东侧梁下排螺栓挤压腹板、剪切板,螺孔因局部挤压产生的椭圆化变形明显。

(5)当 $\Delta = 175$mm(C3,$\theta = 0.078$rad)时,西侧梁截面 W3 下翼缘断裂,荷载从 204kN(1.12F_p)下跌至 59kN(0.32F_p)。

(6)当 $\Delta = 381$mm(C4,$\theta = 0.169$rad)时,东、西侧剪切板由下至上开裂,荷载上下波动,在此过程中荷载达到最大值 309kN(1.70F_p)。

（7）当 $\Delta=444$mm（C5，$\theta=0.197$rad）时，东侧梁截面 E3 全截面断裂，荷载迅速下跌，试验加载结束。

表 3.9

试件 ST-WB 的关键试验现象

C1：上翼缘屈曲

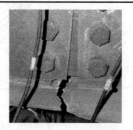

C2：截面 E3 梁下翼缘断裂
（1.17F_p，0.060rad）

C3：截面 W3 梁下翼缘断裂
（1.12F_p，0.078rad）

C4：两侧剪切板螺栓孔截面断裂
（1.70F_p，0.169~0.197rad）

C5：截面 E3 梁上翼缘断裂
（0.197rad）

3.2.4　试件 ST-B

1. 试验概况

试件 ST-B 为方钢管柱贯通式隔板全螺栓连接节点。试验最大加载位移为 $\Delta_{\max}=423$mm，对应梁弦转角为 $\theta_{\max}=0.188$rad。试验后节点区域变形以及子结构整体变形形态如图 3.21 所示。

2. 试件竖向变形形态

加载过程中，试件的整体竖向变形如图 3.22 所示，位移值以向下为负。可以看出：试件构形在加载位移较小时（$\Delta\leqslant100$mm）呈现明显的弯曲形态，随着柱顶竖向位移增大逐渐转变为悬索形态，节点区域刚度较大，呈现刚体特征。

3. 荷载-位移曲线与关键试验现象

图 3.23 曲线为试件 ST-B 的柱顶荷载-柱顶位移关系曲线，并标明了各阶段的破坏现

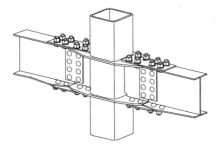

(a) 节点区域变形

(b) 子结构整体变形

图 3.21　试件 ST-B 的试验后状态

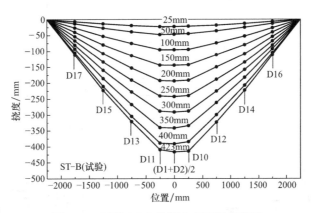

图 3.22　试件 ST-B 的竖向变形形态发展

象（表 3.10），其中 F_p 为梁截面 W3/E3 形成塑性铰对应的节点子结构竖向承载力理论预测值，数值为 182kN（参见表 3.4）。

（1）当 $\Delta = 17$mm（D1，$\theta = 0.008$rad）时，螺栓滑移，并发出声响，荷载从 131kN（$0.72F_p$）下跌至 94kN（$0.52F_p$）；之后，荷载继续上升，螺栓滑移不断发生，螺栓滑移发生时，荷载有轻微波动。

（2）当 $\Delta = 70$mm（D2，$\theta = 0.031$rad）时，可明显观察到东、西侧上盖板发生屈曲，梁上翼缘与上隔板产生错动。

（3）随着位移不断增大，连接腹板与梁腹板之间张角增大，东、西侧上盖板屈曲现象消失，盖板被拉平。

（4）当 $\Delta=198\text{mm}$（D3，$\theta=0.088\text{rad}$）时，西侧梁剪切板在最下排螺栓处开裂。

（5）当 $\Delta=320\text{mm}$（D4，$\theta=0.142\text{rad}$）时，西侧梁截面 W3 下盖板从内排螺栓孔处开裂，可观察到断裂截面处螺栓孔有明显的椭圆化变形，荷载从 504kN（$2.77F_\text{p}$）下跌至 300kN（$1.65F_\text{p}$）。

（6）当 $\Delta=363\text{mm}$（D5，$\theta=0.165\text{rad}$）时，东侧截面 E3 下盖板从内排螺栓孔处断裂，可观察到断裂截面处螺栓孔有明显的椭圆化变形，荷载从 494kN（$2.71F_\text{p}$）直线下跌至 336kN（$1.85F_\text{p}$）。

（7）此后荷载持续下降，同时西侧剪切板由下至上开裂。

（8）当 $\Delta=423\text{mm}$（D6，$\theta=0.188\text{rad}$）时，西侧梁截面 W3 上盖板断裂，西侧梁与柱脱离，荷载由 233kN（$1.28F_\text{p}$）迅速下跌，试验加载结束。

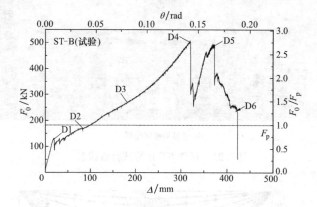

图 3.23　试件 ST-B 的柱顶荷载（F_0）-柱顶位移（Δ）关系曲线

试件 ST-B 的关键试验现象　　　　表 3.10

D1:螺栓开始滑移

D2:上盖板屈曲

D3:西侧剪切板螺栓孔截面断裂
（0.088rad）

D4:截面 W3 下盖板断裂
（$2.77F_\text{p}$，0.142rad）

D5:截面 E3 下盖板断裂
($2.71F_\mathrm{p}$,0.165rad)

D6:截面 W3 上盖板断裂
($1.28F_\mathrm{p}$,0.188rad)

3.2.5 试件 ST-WBR

1. 试验概况

试件 ST-WBR 为方钢管柱贯通式隔板加固型栓焊连接节点。试验最大加载位移为 $\Delta_\mathrm{max}=459\mathrm{mm}$，对应梁弦转角为 $\theta_\mathrm{max}=0.204\mathrm{rad}$。试验后节点区域变形以及子结构整体变形形态如图 3.24 所示。

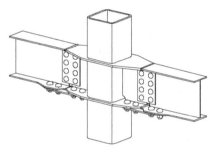

(a)节点区域变形

(b) 子结构整体变形

图 3.24 试件 ST-WBR 的试验后状态

2. 试件竖向变形形态

加载过程中，试件的整体竖向变形如图 3.25 所示，位移值以向下为负。可以看出：试件构形在加载位移较小时（$\Delta\leqslant100\mathrm{mm}$）呈现明显的弯曲形态，随着加载位移增大，呈现弯曲形态与悬索形态相叠加的状态，加载位移较大时（$\Delta\geqslant300\mathrm{mm}$）呈现悬索形态，节点区域刚度较大，呈现刚体特征。

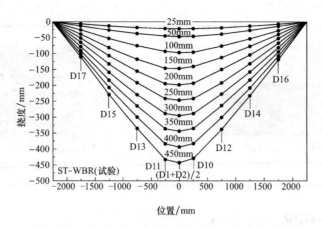

图 3.25 试件 ST-WBR 的竖向变形形态发展

3. 荷载-位移曲线与关键试验现象

图 3.26 曲线为试件 ST-WBR 的柱顶荷载-柱顶位移关系曲线，并标明了各阶段的破坏现象（表 3.11），其中 F_p 为梁 W3/E3 截面形成塑性铰对应的节点子结构竖向承载力理论预测值，数值为 182kN（参见表 3.4）。

（1）当 $\Delta=20$mm（$\theta=0.0089$rad）时，明显进入非线性。

（2）当 $\Delta=80$mm（E1，$\theta=0.036$rad）时，可明显观察到东、西侧梁上翼缘发生屈曲，同时螺栓滑移持续发出声响。

（3）当 $\Delta=134$mm（E2，$\theta=0.059$rad）时，由于西侧梁的南侧加劲板与梁下翼缘未达到全熔透焊，西侧梁截面 W3 下翼缘北面一半开裂，西侧梁的南侧加劲板焊缝纵向开裂，荷载从 205kN（$1.13F_p$）下跌至 112kN（$0.61F_p$），之后荷载回升。

（4）当 $\Delta=185$mm（E3，$\theta=0.082$rad）时，东侧梁截面 E3 下翼缘开裂，西侧梁下翼缘靠近焊缝的南面螺栓孔开裂，荷载从 204kN（$1.17F_p$）下跌至 36kN（$0.20F_p$），之后荷载回升。

（5）当 $\Delta=233$mm（E4，$\theta=0.104$rad）时，西侧梁截面 W3 梁下翼缘裂缝从开裂的螺栓孔处贯通，荷载从 126kN（$0.69F_p$）下跌至 59kN（$0.32F_p$）。

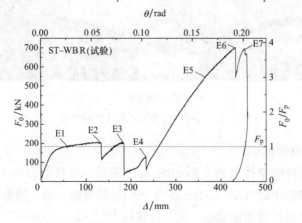

图 3.26 试件 ST-WBR 的柱顶荷载（F_0)-柱顶位移（Δ）关系曲线

（6）随着柱顶位移增大，荷载持续上升，且西侧剪切板从螺栓孔处由下至上依次开裂（E5）。

（7）当 $\Delta = 433\text{mm}$（E6，$\theta = 0.193\text{rad}$）时，下部西北角螺栓螺杆剪断，荷载由 702kN（$3.86F_\text{p}$）下降至 544kN（$2.99F_\text{p}$）。

（8）当 $\Delta = 459\text{mm}$（E7，$\theta = 0.204\text{rad}$）时，西侧梁 W3 截面上翼缘断裂，荷载由 695kN（$3.82F_\text{p}$）迅速下跌，试验加载结束。

试件 ST-WBR 的关键试验现象   表 3.11

E1:上翼缘屈曲

E2:截面 W3 梁下翼缘北侧断裂
（$1.13F_\text{p}$，0.059rad）

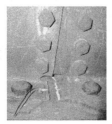

E3:截面 E3 梁下翼缘断裂
（$1.17F_\text{p}$，0.082rad）

E4:截面 W3 裂缝贯通
（$0.69F_\text{p}$，0.104rad）

E5:西侧剪切板螺栓孔截面断裂

E6:西北角螺栓杆断裂
（$3.86F_\text{p}$，0.193rad）

E7:截面 W3 梁上翼缘断裂
（$3.82F_\text{p}$，0.204rad）

3.3 试验结果汇总

3.3.1 节点破坏现象

表 3.12 汇总了各个试件的破坏现象、对应的变形和荷载值，由表中数据可知：

（1）所有试件首次破坏均发生在荷载达到 F_p 之后，破坏前均发生上翼缘屈曲，首次破坏对应的梁弦转角为 $0.044 \sim 0.142$ rad，超过梁屈服转角（表 3.5）。

（2）栓焊连接构造节点（WB 系列）破坏过程为先发生梁截面下翼缘的断裂，后通过腹板螺栓连接传力，伴随剪切板、腹板螺栓孔壁承压，进一步造成剪切板或腹板开裂，最后发展至上翼缘断裂。

（3）改进型全螺栓连接构造节点（B 系列）下盖板断裂前，螺栓滑移，剪切板、腹板、下盖板螺栓孔壁承压，进一步造成剪切板截面开裂，下盖板断裂后，破坏迅速发展至上盖板。试件 ST-B 下盖板断裂前螺栓孔的椭圆化变形是缓慢发展的破坏过程，因此，试件 ST-B 下盖板断裂对应的梁弦转角大于 WB 系列试件。

（4）加固型栓焊连接构造节点（WBR 系列）首先发生梁截面下翼缘的断裂，后通过腹板螺栓连接传力，伴随剪切板、腹板、下盖板螺栓孔壁承压，进一步造成剪切板开裂，最后发展至上翼缘断裂、下盖板螺栓剪断。试件 ST-WBR 下盖板螺栓孔同样会发展椭圆化变形，因此，试件 ST-WBR 下盖板传力阶段对应的变形大于 WB 系列试件梁下翼缘传力阶段对应的变形。

试验破坏现象及对应参数　　　　　　　　　　　　　　　　表 3.12

试件	SI-WB	SST-WB	ST-WB	ST-B	ST-WBR
进入非线性	0.009rad	0.009rad	0.009rad	0.008rad	0.009rad
梁上翼缘（上盖板）屈曲	0.033rad(W3/E3)	0.032rad(W3/E3)	0.036rad(W3/E3)	0.031rad(W3/E3)	0.036rad(W3/E3)
梁下翼缘断裂	0.075rad，$1.24F_p$(W3) 0.094rad，$1.24F_p$(E3)	0.044rad，$0.86F_p$(W3) 0.063rad，$1.03F_p$(E3)	0.078rad，$1.12F_p$(W3) 0.060rad，$1.17F_p$(E3)	×	0.059rad，$1.13F_p$(W3) 0.082rad，$1.17F_p$(E3)
梁腹板开裂	×	0.123rad(E)	×	×	×
剪切板螺孔之间截面开裂	0.142rad(W/E)	0.097rad(W)	0.169rad(W/E)	0.088rad(W)	0.170rad(W)
下盖板断裂	×	×	×	0.142rad，$2.77F_p$(W3) 0.165rad，$2.71F_p$(E3)	×
梁上翼缘断裂	0.178rad(W)	0.170rad(W)	0.197rad(E)	×	0.204rad(W)
上盖板断裂	×	×	×	0.188rad(W)	×
盖板螺栓剪断	×	×	×	×	0.199rad，$3.86F_p$(W)

3.3.2 试件承载力及变形极限值

表 3.13 为 5 个试件的极限变形量与极限承载力，对比可以发现：

（1）试件极限变形状态对应的梁弦转角为 0.170～0.204rad。

（2）试件 SI-WB 与 SST-WB 极限变形量相近，极限承载力也相近；

（3）试件 ST-WB 极限变形量大于试件 SST-WB，悬索机制提供的竖向抗力可更充分发挥，极限承载力相对于 SST-WB 提高了 42%；

（4）试件 ST-B 下盖板螺栓孔的椭圆化变形不会削弱梁有效传力截面面积，因此试件 ST-B 后期通过弯曲机制和悬索机制提供较高的抗力，相对于试件 ST-WB，试件 ST-B 的极限承载力可提高 60%；

（5）试件 ST-WBR 梁下翼缘断裂后，下盖板替代梁下翼缘传递拉力，下盖板螺栓孔椭圆化变形不会削弱梁有效传力截面面积，因此试件 ST-WBR 后期通过悬索机制提供较高的抗力，相对于试件 ST-WB，试件 ST-WBR 的极限承载力可提高 127%。

试件极限值   表 3.13

试件	SI-WB	SST-WB	ST-WB	ST-B	ST-WBR
最大承载力	219kN=1.24F_p	218kN=1.22F_p	309kN=1.70F_p	504kN=2.77F_p	702kN=3.86F_p
最大梁弦转角	0.178rad	0.170rad	0.197rad	0.188rad	0.204rad

3.4 梁柱节点内力与抗力机制分析

梁柱节点的内力发展特征决定了子结构弯曲机制和悬索机制的发展，进而对子结构的竖向承载力产生影响。如图 3.27 所示，采用第 2.7 节给出的建模方法建立了有限元精细化模型，各试件试验与有限元模拟得到的柱顶荷载（F_0）-柱顶位移（Δ）曲线对比如图 3.28 所示。

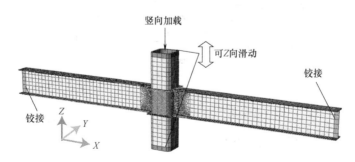

图 3.27 试件有限元模型网格划分及边界条件（以试件 SST-WB 为例）

本节根据试验和有限元模拟结果，分析关键板件传力及破坏模式，计算、提取梁柱节点的内力，得出子结构的抗力机制发展路径，最后基于功能平衡原理，计算结构在中柱失效条件下的动力响应，进而分析连接构造对梁柱节点子结构竖向承载力的影响。

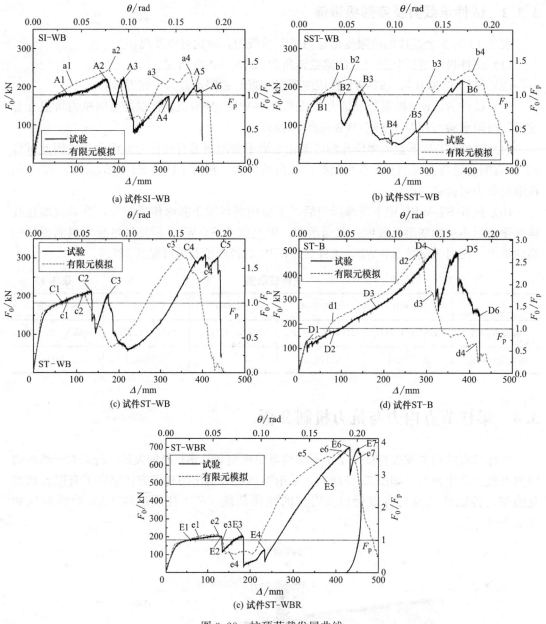

图 3.28　柱顶荷载发展曲线

3.4.1　关键板件传力及破坏模式

试件 ST-B 与试件 ST-WBR 均是在基本试件 ST-WB 的基础上改造得到的改进型试件。根据试验和有限元分析结果可知，在中柱失效条件下，上述 3 个试件柱顶荷载发展曲线、破坏模式、应变发展曲线均表现出不同的特征：

（1）相比于试件 ST-WB，试件 ST-B 下翼缘开裂所对应柱顶位移（Δ）较大，下翼缘应变可增长至更大的值，柱顶荷载（F_0）最大值得到提升。

（2）相比于试件 ST-WB，试件 ST-WBR 下翼缘开裂所对应柱顶位移（Δ）基本不变，下翼缘开裂后，盖板将梁下翼缘与下盖板拉结，使之继续传力，下翼缘拉应变可持续增长，柱顶荷载（F_0）最大值得到大幅度提升。

可见，梁柱节点下翼缘连接区域对子结构的受力特征产生关键的影响。在柱顶竖向荷载作用下，下翼缘连接区域主要承受拉力作用，下翼缘连接区域各板件的变形由两种成分合成：（1）板件加载过程中传递拉力，在拉力作用下，板件整体被拉长，若拉力持续增长，薄弱截面将产生截面收缩现象并发生断裂，即发生受拉破坏；（2）板件与螺栓之间通过螺栓孔承压来传力，螺杆挤压螺栓孔会使螺栓孔伸长，螺栓孔壁达到局部承压承载力后，发生螺栓孔壁局部承压塑性破坏，若变形较大，螺栓孔壁将产生开裂。

本节借助精细化有限元模型，通过对下隔板、梁下翼缘以及下盖板的传力与变形分析来探究梁柱节点下翼缘连接区域构造对节点子结构受力特征的影响。图 3.29 为 3 个试件的梁下翼缘或下盖板在截面 E1 传递的拉力随柱顶位移（Δ）的发展曲线，其中 F 下标 BF、CP 分别代表梁下翼缘和下盖板。图 3.30 为 3 个试件下翼缘连接区域板件的变形发展过程。

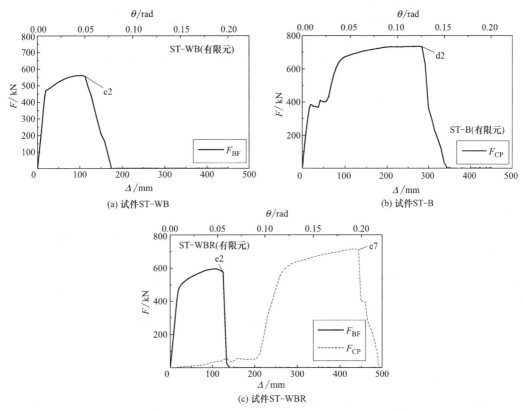

图 3.29　下翼缘连接区域板件内力发展曲线

试件 ST-WB 下翼缘断裂前出现明显的颈缩现象，梁下翼缘断裂主要由板件受拉变形引起，当梁下翼缘断裂后（c2，0.050rad），下翼缘传力失效；试件 ST-B 下盖板断裂前，螺栓孔壁承压塑性变形，螺栓孔明显伸长，下盖板断裂（d2，0.126rad）对应的梁弦转角 θ 远大于试件 ST-WB；试件 ST-WBR 在梁下翼缘断裂前，连接区域下部的拉力主要通过梁下翼缘与下隔板之间的焊接连接传递，梁下翼缘断裂（e2，0.056rad）对应的梁弦转角

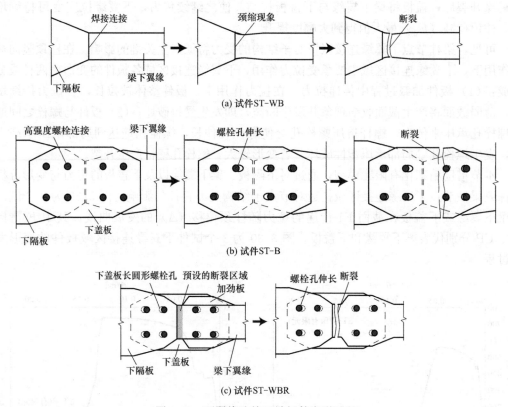

图 3.30 下翼缘连接区域板件变形过程

θ 与试件 ST-WB 相差不大，梁下翼缘断裂后，拉力主要通过螺栓连接传递，螺栓孔壁承压塑性变形，螺栓孔明显伸长，下盖板断裂（e7，0.182rad）对应的梁弦转角 θ 远大于试件 ST-WB。

可见，试件 ST-B 梁柱节点下翼缘连接构造使板件优先发生螺栓孔壁局部承压塑性破坏，能够显著提高下翼缘连接失效时对应的节点子结构的竖向变形，使节点子结构在更大的变形下保持传力截面的完整性；试件 ST-WBR 梁柱节点下翼缘连接构造对梁下翼缘的受拉变形能力基本没有影响，但可使下翼缘连接板件在焊接连接失效后继续有效传力，且使螺栓孔壁局部承压塑性破坏优先发生，也能使节点子结构在更大的变形下保持传力截面的完整性。

3.4.2 梁端内力

由梁柱节点试验与有限元模拟结果可知，在中柱失效条件下，梁柱节点子结构的破坏均集中在与柱相连的梁端部位。因此，梁柱节点的性能主要由梁柱连接区域的性能决定，与梁端内力密切相关。

本节将根据试验和有限元模拟结果，分析 5 个梁柱节点子结构试件梁端截面 W3/E3 内力，揭示不同连接构造的梁柱节点的受力特征。试验过程中，试件东、西侧梁断裂不同时发生，为便于分析，本节仅计算、提取首先发生断裂的一侧梁截面内力。对于试件 ST-WBR，由于西侧梁下翼缘与加劲板存在焊接质量问题，且用于计算内力的截面 W1/E1 已发生塑性变形，因此，仅提取其有限元模型东侧内力。

3.4.2.1 弯矩发展

在中柱失效条件下，梁柱节点子结构受力特征与简支梁类似，与柱相连的梁端部位弯矩最大，了解梁端弯矩特征可为分析弯曲机制的发展提供基础。图 3.31 为 5 个试件梁端弯矩发展曲线，采用截面 W3/E3 的塑性抗弯承载力 M_p（参见表 3.3）进行归一化处理，各试件下翼缘断裂点以其在试验及有限元模拟结果中所对应的编号标出。

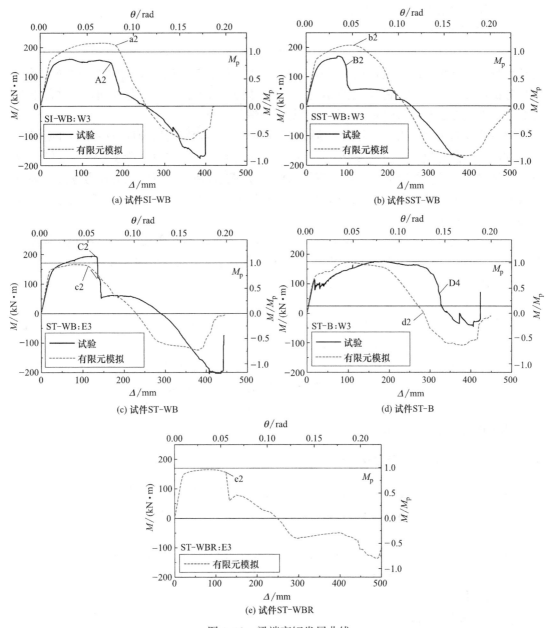

图 3.31 梁端弯矩发展曲线

结果表明，5 个试件梁端弯矩均由弹性阶段、塑性阶段以及退化阶段组成，退化阶段弯矩为"虚拟弯矩"（参见第 2.3.4 节）。退化阶段起始于下翼缘连接失效（试件 ST-

WBR 退化阶段起始于下翼缘焊接连接失效）。弯矩发展特征与梁柱节点的连接构造相关。

（1）栓焊连接构造节点（WB 系列）与加固型栓焊连接构造节点（WBR 系列）：两者梁端弯矩呈现出相似的发展特征，在塑性阶段，梁端弯矩基本维持在 M_p 左右，进入退化阶段后梁端弯矩迅速下降并转为负值。

（2）改进型全螺栓连接构造节点（B 系列）：相对于 WB 系列试件，其塑性阶段更长，在塑性阶段初期，梁端弯矩维持在 M_p 左右，随着梁弦转角增大，由于梁端内力中轴力成分不断增加，梁端弯矩开始下降[70]。

3.4.2.2 轴力发展

在中柱失效条件下，随着竖向变形不断增大，梁内产生轴力作用，了解梁内轴力发展特征为分析悬索机制的发展提供了基础。图 3.32 汇总了 5 个试件梁端轴力的发展曲线，采用各试件截面 W3/E3 轴拉屈服承载力 N_p（参见表 3.3）进行归一化处理，各试件下翼缘断裂点以其在试验及有限元模拟结果中所对应编号标出。

以下翼缘断裂时刻为界，称前一阶段为裂前阶段，与弯矩发展弹性阶段和塑性阶段对应；称后一阶段为裂后阶段，与弯矩发展的退化阶段对应。裂前阶段所承受的最大轴力取决于断裂时刻子结构的竖向变形，对应子结构的竖向变形越大，可发展的轴力越大，裂后阶段所承受的最大轴力取决于子结构的变形以及传力截面的大小。轴力发展特征与梁柱节点的连接构造相关。

（1）栓焊连接构造节点（WB 系列）：轴力在裂前阶段不断增长，下翼缘焊接连接失效导致轴力下降，在裂后阶段轴力可恢复并随着梁弦转角增大而呈现出加速增长的趋势，试验与有限元模拟结果显示，梁端最大轴力可达到 $0.5N_p \sim 0.82N_p$。

（2）改进型全螺栓连接构造节点（B 系列）：相对于 WB 系列试件，裂前阶段更长，轴力在裂前阶段随着梁弦转角增大而呈现出加速增长的趋势，裂后阶段轴力不可恢复，试验与有限元模拟结果显示，梁端最大轴力可达到 $0.98N_p$。

（3）加固型栓焊连接构造节点（WBR 系列）：发展趋势与 WB 系列试件相似，轴力在裂前阶段不断增长，下翼缘焊接连接失效导致轴力下降，在裂后阶段轴力可恢复并随着梁弦转角增大而呈现出加速增长的趋势，当达到 N_p 左右时趋于稳定，有限元模拟结果显示，梁端最大轴力可达到 $1.04N_p$。

3.4.3 梁柱子结构的抗力机制

由试验与有限元模拟结果可知，梁柱节点子结构的竖向承载力由梁柱节点的连接构造决定，因此本节将根据试验与有限元模拟结果，逐一分析不同梁柱节点子结构的竖向承载力发展特征。

在试验中，同一个试件的节点两侧破坏不同时发生，为便于分析，将梁柱子结构根据对称边界条件分解为两个半结构，本节仅对首先发生破坏的梁柱节点半子结构进行抗力计算，对于试件 ST-WBR，仅根据有限元模型计算东侧梁柱节点半子结构抗力。

3.4.3.1 弯曲机制抗力

竖向抗力中弯曲机制提供的成分，是结构借助梁及梁柱节点的抗弯能力以截面受剪的形式向周边所连接的支承构件传递的竖向力，可简化地以梁截面剪力的竖向分力表示［参见式（2.14）］。弯曲机制能够提供的最大竖向抗力成分受限于梁柱节点子结构最不利截面

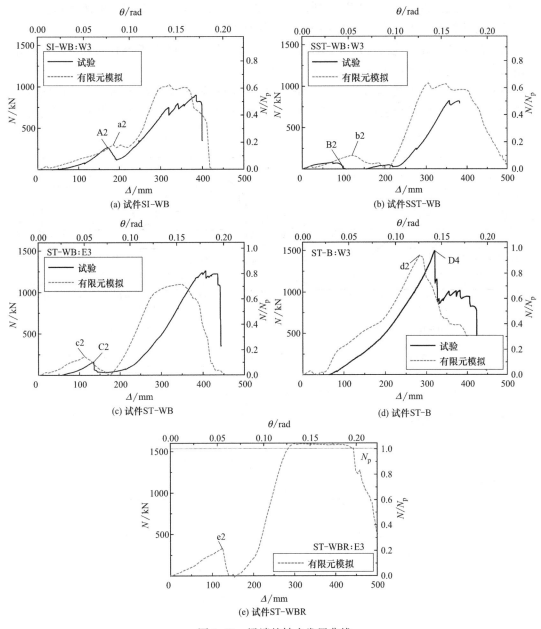

图 3.32　梁端的轴力发展曲线

的抗弯能力,会伴随最不利截面抗弯承载力退化而削弱。图 3.33 为 5 个试件梁柱节点半子结构弯曲机制提供的抗力(F_{R-F})发展曲线,各试件下翼缘断裂点以其在试验及有限元模拟结果中所对应编号标出。图中数值为 $0.5F_p$ 的虚线为梁柱节点半子结构最不利梁截面达到其全截面塑性抗弯承载力时的半子结构的柱顶竖向荷载值(参见表 3.4)。与图 3.31 对比可知,弯曲机制所提供的抗力发展特征与梁端弯矩的发展一致,但也存在一定差别。弯曲机制抗力同样可划分为弹性阶段、塑性阶段和退化阶段;在塑性阶段,弯曲机制所提供的抗力维持在 $0.5F_p$ 左右,在退化阶段,弯曲机制所提供的抗力发展规律与梁柱节点连接构造相关。

（1）栓焊连接构造节点（WB 系列）：进入退化阶段后弯曲机制抗力迅速下降甚至转为负值，弯曲机制不再为半子结构竖向抗力提供有利成分。

（2）改进型全螺栓连接构造节点（B 系列）：塑性阶段长度大于 WB 系列，进入退化段前弯曲机制抗力已开始下降。

（3）加固型栓焊连接构造节点（WBR 系列）：与弯矩发展曲线不同，进入退化阶段后弯曲机制抗力下降后保持稳定，在子结构丧失承载力前都可为竖向抗力提供有利成分。

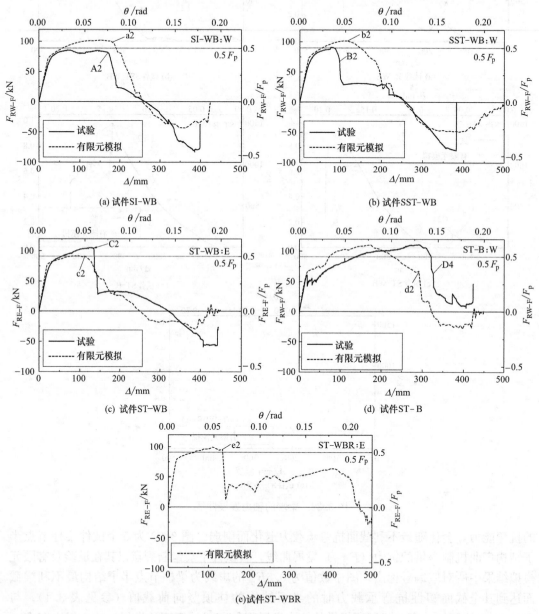

图 3.33　弯曲机制抗力（F_{R-F}）发展曲线

3.4.3.2　悬索机制抗力

竖向抗力中悬索机制提供的成分，是周边结构对梁柱节点子结构的拉结作用导致子结构在竖向大变形过程中获得的竖向抗力，近似可用梁截面轴力的竖向分力表示［参见式（2.15）］。图3.34为5个试件梁柱节点半子结构悬索机制所提供的抗力（F_{R-C}）发展曲线，各试件下翼缘断裂点以其在试验及有限元模拟结果中所对应编号标出。与图3.32对比可知，悬索机制抗力同样可划分为裂前阶段和裂后阶段。悬索机制所提供的抗力发展特征与梁端轴力的发展趋势相同，但也存在一定差别，在裂前阶段，梁弦转角 θ 较小时，轴力已开始发展，但由于 $\sin\theta$ 值很小，悬索机制抗力不明显，当梁端形成塑性铰后（梁端截面弯矩达到塑性抗弯承载力 M_p），悬索机制表现出明显的作用；裂后阶段悬索机制的抗力发展规律与梁柱节点连接构造相关。

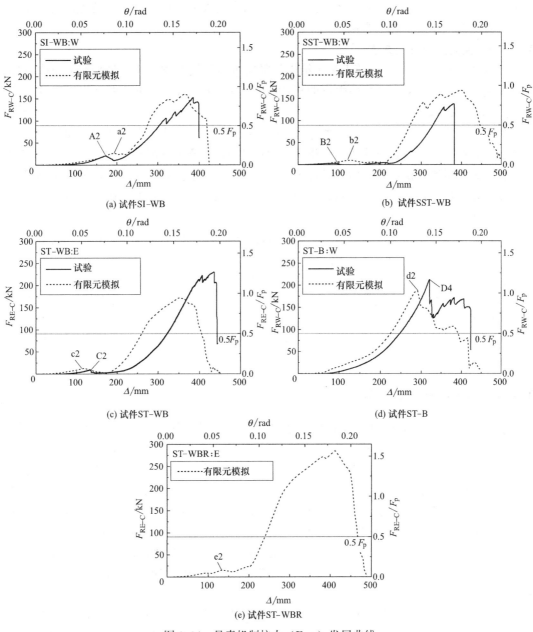

图 3.34 悬索机制抗力（F_{R-C}）发展曲线

（1）栓焊连接构造节点（WB 系列）：半子结构悬索机制抗力在下翼缘断裂造成的下降后加速增长，并均可超过 $0.5F_\mathrm{p}$。

（2）改进型全螺栓连接构造节点（B 系列）：裂前阶段长度大于 WB 系列，半子结构悬索机制抗力在下翼缘断裂造成的下降后不可恢复。

（3）加固型栓焊连接构造节点（WBR 系列）：半子结构悬索机制抗力在下翼缘断裂造成的下降后加速增长，并超过 $0.5F_\mathrm{p}$，梁端轴力趋于稳定时，悬索机制抗力继续增长，这是因为 $\sin\theta$ 仍在增大，所以轴力的竖向分量可继续增加。

由以上分析可知，悬索机制抗力的发展同时依赖于两个量：（1）梁轴拉力 N，即强度需求；（2）梁弦转角 θ，即变形需求。若试件可在较大的变形状态下维持足够的抗拉承载力，可更有效地发挥悬索机制。

3.4.3.3　竖向抗力发展曲线

图 3.35 为 5 个试件梁柱节点半子结构的竖向抗力发展曲线。半子结构竖向抗力（即单侧支座竖向反力）V_R 的大小由弯曲机制提供的抗力（$F_\mathrm{R\text{-}F}$）和悬索机制提供的抗力（$F_\mathrm{R\text{-}C}$）共同决定。

（1）栓焊连接构造节点（WB 系列）：在裂前阶段，三个试件半子结构竖向抗力发展基本一致，在裂后阶段，弯曲机制提供的抗力迅速下降甚至转为负值，梁柱节点半子结构主要依靠悬索机制提供抗力，由于试件 ST-WB 可达到的梁弦转角 θ 较大，悬索机制可进一步发挥，梁柱节点连接整体失效前其半子结构可达到的竖向抗力大于试件 SI-WB 与试件 SST-WB。

（2）改进型全螺栓连接构造节点（B 系列）：梁柱节点下翼缘连接失效所对应变形大于 WB 系列，在裂前阶段，弯曲机制和悬索机制提供的抗力能同时发展至较大的值，因此，其半子结构竖向抗力最大值远大于 WB 系列试件。

（3）加固型栓焊连接构造节点（WBR 系列）：在裂前阶段，其半子结构竖向抗力发展与 WB 系列试件基本一致，在裂后阶段，弯曲机制抗力下降后仍可为竖向抗力提供有利成分，悬索机制抗力得到充分发展，因此，其半子结构竖向抗力最大值远大于 WB 系列试件。

3.4.4　半子结构的动力响应

根据第 2.8.4 节所述的框架结构连续倒塌的简化评估方法，本节依据功能平衡原理，将试验与有限元模拟获得的梁柱子结构的静力性能转换为子结构的动力响应。

图 3.36 为 5 个试件的梁柱节点半子结构的静力性能曲线和动力响应曲线，动力响应曲线最大值已在图中标出。在裂前阶段，动力响应曲线一直低于静力性能曲线；在裂后阶段，动力响应曲线随静力性能曲线突降而出现下降；伴随静力性能曲线回升，动力响应曲线下降趋势变缓或有所回升。不同梁柱节点连接构造试件的动力响应曲线呈现不同的特征：

（1）试件 SI-WB 和 SST-WB 动力响应曲线在裂后阶段未出现超越裂前峰值点的情况；

（2）试件 ST-WB 动力响应曲线在裂后阶段超越了裂前峰值点，但数值与裂前峰值点相近；

（3）试件 ST-B 试验中动力响应曲线在裂后阶段超越了裂前峰值点，有限元模拟中动力响应曲线在裂后阶段未超越裂前峰值点，但试验及有限元模拟的动力响应曲线峰值点的

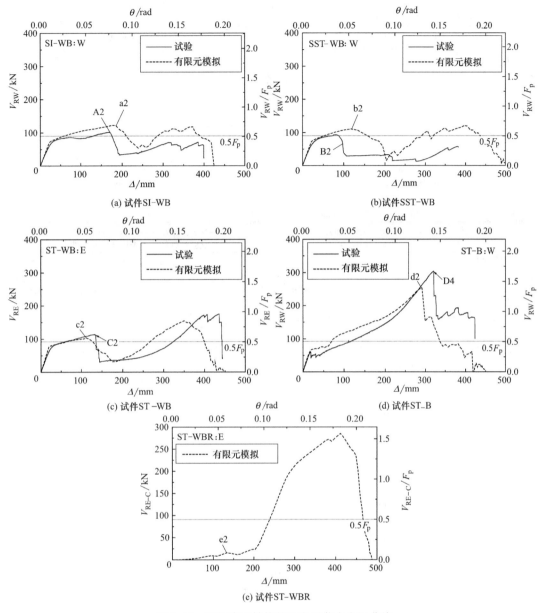

图 3.35 梁柱半子结构的竖向承载力发展曲线

数值相近;

(4) 试件 ST-WBR 动力响应曲线在裂后阶段远超裂前峰值点。

上述曲线可归纳为两种类型,如图 3.37 所示,由此可确定梁柱节点半子结构所能承受的最大荷载。

(1) 单峰值曲线:如图 3.37 (a) 所示,动力响应曲线在裂前阶段增长至峰值点 F_{d1} 后持续下降,结构能承受的最大荷载为 F_{d1}。

(2) 两峰值曲线:如图 3.37 (b) 所示,裂后阶段动力响应曲线可超过裂前阶段峰值点 F_{d1}。荷载低于 F_{d1} 时,动位移由曲线 OA 段确定;荷载 F_{d2} 大于 F_{d1} 时,动位移由曲

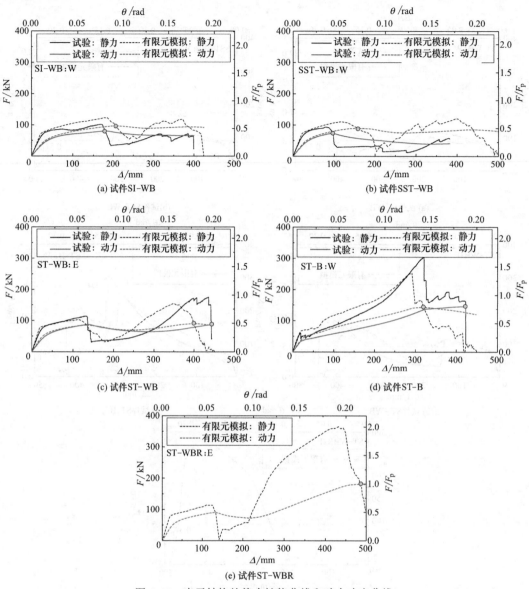

图 3.36 半子结构的静力性能曲线和动力响应曲线

线 BC 段确定。结构能承受的最大荷载为 F_{d2}。

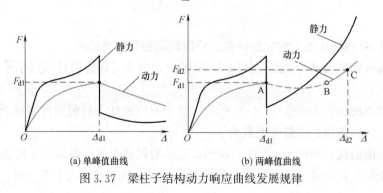

图 3.37 梁柱子结构动力响应曲线发展规律

各试件半子结构所能承受的最大荷载　　　　　　　　　　　　　　　表 3.14

试件	SI-WB	SST-WB	ST-WB	ST-B	ST-WBR
试验	80kN(0.45F_p)	73kN(0.41F_p)	87kN(0.48F_p)	145kN(0.80F_p)	—
有限元模拟	96kN(0.54F_p)	89kN(0.50F_p)	90kN(0.49F_p)	142kN(0.78F_p)	181kN(0.99F_p)

其中，试件 SI-WB、SST-WB 动力响应曲线属于单峰值曲线，试件 ST-WB、ST-B、ST-WBR 动力响应曲线属于两峰值曲线。各试件所能承受的最大荷载如表 3.14 所示。可见，试件 ST-B 及 ST-WBR 半子结构所能承受的最大荷载均大于栓焊连接构造节点（WB 系列），证明在动力荷载作用下，改进型连接构造可提高节点子结构的承载力。

第 4 章
外伸式端板单边螺栓连接节点连续倒塌机理研究

相比于内隔板式、外环板式、隔板贯通式等采用焊接方式的钢管柱-H 型钢梁节点，端板螺栓连接更有利于施工现场拼装，更适用于装配式钢结构建筑。但是，由于钢管截面封闭，要进入钢管柱内部拧紧螺栓非常困难，相比于常规高强度螺栓，单边螺栓更适合于此类节点。

本章以采用两种不同单边螺栓连接的方钢管柱-H 型钢梁节点为研究对象，通过试验及精细化有限元模拟，考察中柱失效工况下两种单边螺栓节点发生不同破坏模式时的变形能力与抗力机理，并提出针对单边螺栓节点的提升抗连续倒塌性能的设计方法，为结构抗倒塌设计提供参考。

4.1 试验概述

本章采用第 2.1 节所述的"节点双半跨"子结构为试验对象，利用图 2.8 所示的试验装置开展试验。试验的加载制度与第 2.1 节一致。

4.1.1 单边螺栓简介

目前，国外进口单边螺栓（Hollo-Bolt）价格昂贵，且力学性能不达标。对此，同济大学自主研发出一种新型高预紧力的单边螺栓——分体垫片式单边螺栓，其连接性能在既有试验中已经得到验证。

Hollo-Bolt（下文简称为 HB）是英国 Lindapter 公司研发的单边螺栓[168,169]，其连接构造和预紧机理同国内使用的膨胀螺栓类似。根据预紧力的不同，其组成部件有所差异。提供单倍预紧力的 HB 螺栓由四个部件组成［如图 4.1 (a) 所示］，包括螺杆（Bolt）、锥形螺母（Cone）、垫圈（Collar）以及套筒（Sleeve），其中垫圈与套筒连为一个整体；提供三倍预紧力的 HB 螺栓与单倍预紧力 HB 螺栓的区别在于，后者在垫圈与套筒之间加入了一个橡胶圈（HCF）以提高预紧力［如图 4.1 (b) 所示］，但是在螺栓的实际拧紧过程中，橡胶圈容易出现损坏或被挤出，因此三倍预紧力 HB 螺栓很难达到设计的预紧力值。一般而言，螺杆尺寸较小的 HB 螺栓（M8、M12、M16）采用单倍预紧力的构造，螺杆尺寸较大的 HB 螺栓（M16，M20）采用三倍预紧力的构造。

分体垫片式单边螺栓（Slip-Critical Blind Bolt，SCBB）是由同济大学自主研发的一

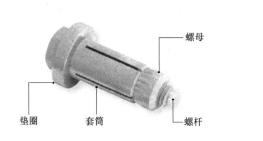

(a) 单倍预紧力HB螺栓

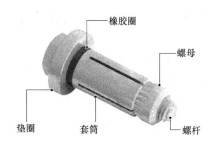

(b) 三倍预紧力HB螺栓

图 4.1　HB 螺栓的组成[168,169]

种单边螺栓紧固件[170]，该螺栓由变形收缩自回复分体式垫片、对中套筒、圆头螺栓、平垫圈以及螺母（如图 4.2 所示）组成。圆头螺栓是由扭剪型高强度螺栓加工而成，其目的是使螺杆穿过圆形螺孔，从而进入钢管柱内。螺母和平垫圈与常规的扭剪型高强度螺栓中的螺母和垫片完全相同。具有变形收缩自回复功能的分体式垫片是该单边螺栓组件中的核心组成部分，该垫片的主要特点是：在外力的挤压作用下可以收缩，从而穿过螺孔；外力释放后可迅速自动恢复为原形，与钢管柱内壁贴在一起。对中套筒可填充螺杆与螺孔内壁之间的间隙，由于螺栓头需要穿过螺孔，因此该螺孔直径较现有螺栓的螺孔大，从而使螺杆与螺孔之间存在比较大的间隙。套筒可起到填充空隙，帮助螺栓抗剪以及在安装过程中对中的作用。

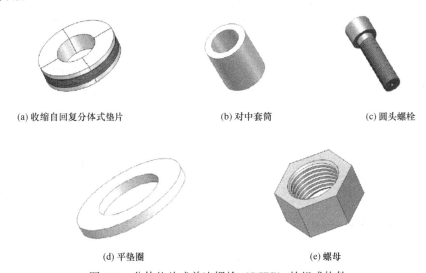

(a) 收缩自回复分体式垫片　　　　(b) 对中套筒　　　　(c) 圆头螺栓

(d) 平垫圈　　　　　　　　(e) 螺母

图 4.2　分体垫片式单边螺栓（SCBB）的组成构件

4.1.2　试件设计

本章试验旨在研究采用 HB 和 SCBB 两种单边螺栓的梁柱节点发生不同破坏模式时的力学性能，据此，本章关于单边螺栓节点的试验分为三个子系列。

（1）HB 螺栓节点试件：考察采用 HB 螺栓的梁柱节点发生梁破坏和柱破坏时的力学性能；

（2）SCBB 螺栓节点试件：考察采用 SCBB 螺栓的梁柱节点发生梁破坏和柱破坏时的力学性能；

（3）改进型节点试件：证明针对 SCBB 螺栓节点提出的改进型设计方法可大幅度提高节点子结构的承载能力与变形能力，考察 SCBB 螺栓在极大的变形与极高的荷载下的力学性能是否稳定。

本试验的每个子系列包含两个单边螺栓节点试件，梁柱连接形式均为外伸式端板连接。

4.1.2.1 HB 螺栓节点试件设计

本系列试验共设计了两个节点试件，均采用 HB 螺栓连接，包括一个强柱弱梁试件和一个强梁弱柱试件。强柱弱梁试件因为钢梁在最不利截面进行狗骨削弱处理（Reduced Beam Section，RBS），因此简称为 HB-RBS；强梁弱柱试件因为柱壁较薄（Thin Column），因此简称为 HB-TC。本试验旨在考察钢梁破坏和柱壁破坏两种破坏模式下 HB 螺栓的力学性能是否稳定，以及研究两种破坏模式下节点试件的变形能力与抗力机制。

本系列试件 HB-RBS、HB-TC 如图 4.3 所示，其基本设计参数为：

（1）柱截面：采用冷成型方钢管柱，柱身总长为 1000mm，试件 HB-RBS 的柱截面尺寸为 250×12；试件 HB-TC 的柱截面尺寸为 250×6。

（2）梁截面：采用热轧 H 型钢梁，试件 HB-RBS 的钢梁截面尺寸为 H250×125×7×8，RBS 截面处为 H250×65×7×8；试件 HB-TC 的钢梁截面尺寸为 H300×150×6×8。

（3）单边螺栓：均采用 HB 螺栓，试件 HB-RBS 采用的螺栓规格为 8.8 级 M20 螺栓，对应的螺孔直径为 33mm；试件 HB-TC 采用的螺栓规格为 8.8 级 M16 螺栓，对应的螺孔直径为 26mm。

（4）梁与柱的连接方式：均采用外伸式端板连接，端板厚度根据我国《门式刚架轻型房屋钢结构技术规程》CECS 102：2002（2012 年版）[171] 设计，在本系列试验中均取 24mm。

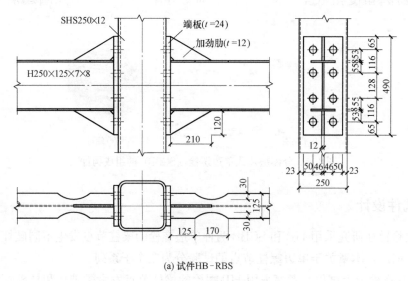

(a) 试件 HB-RBS

图 4.3 HB 螺栓节点试件构造（单位：mm）

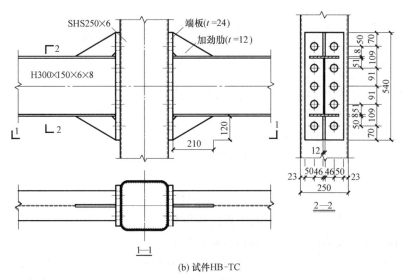

(b) 试件 HB-TC

图 4.3　HB 螺栓节点试件构造（单位：mm）（续）

（5）梁跨高比：梁跨度取 4500mm，故 HB-RBS 的梁跨高比为 $R=18$，HB-TC 的梁跨高比为 $R=15$。

试件 HB-RBS 承载力计算如下：

（1）由钢梁最不利截面处形成塑性铰时控制的节点抗弯承载能力[172]

$$M_{\text{beam}}=bf_{\text{f}}(h-t_{\text{f}})f_{\text{f-y}}+\frac{1}{4}t_{\text{w}}(h-2t_{\text{f}})^2f_{\text{w-y}}=67.936\text{kN}\cdot\text{m}$$

式中，M_{beam} 为梁端破坏控制的节点抗弯承载力；b，h 分别为钢梁翼缘宽度与钢梁高度；t_{f}，t_{b} 分别为翼缘厚度，腹板厚度；$f_{\text{f-y}}$，$f_{\text{w-y}}$ 分别为根据材性试验所测的钢梁翼缘屈服强度，钢梁腹板屈服强度，参见表 4.1。

（2）由柱壁破坏控制的节点抗弯承载能力

按屈服线理论[173-175] 计算：

$$M_{\text{column}}=140.864\text{kN}\cdot\text{m}$$

式中，M_{column} 为柱壁破坏控制的节点抗弯承载力。

（3）由 HB 螺栓破坏控制的节点抗弯承载能力

按相关文献[176] 中关于 8.8 级 M20 的 HB 螺栓抗拉试验结果，8.8 级 M20 的 HB 螺栓的抗拉承载能力为 $N_{\text{b}}=215.69\text{kN}$（均值），在 RBS-HB 节点中，假设受压中心线位于钢梁受压翼缘中心线处，受压中心线以下的三排螺栓参与受力，那么由 HB 螺栓破坏控制的节点抗弯承载能力[177] 为：

$$M_{\text{HB}}=2N_{\text{b}}\frac{r_1^2+r_2^2+r_3^2}{r_1}=183.10\text{kN}\cdot\text{m}$$

式中，M_{HB} 为 HB 螺栓破坏控制的节点抗弯承载力，r_i 为第 i 排螺栓到受压中心线（梁翼缘中心线）的距离，N_{b} 为单个 8.8 级 M20 的 HB 螺栓的抗拉承载能力。

综上所述，试件 HB-RBS 的节点抗弯承载能力由梁端破坏控制，为典型的强柱弱梁节点，满足试验设计要求。

试件 HB-TC 承载力计算如下：

（1）由钢梁最不利截面处形成塑性铰时控制的节点抗弯承载能力[172]

$$M_{\mathrm{beam}} = bt_{\mathrm{f}}(h-t_{\mathrm{f}})f_{\mathrm{f-y}} + \frac{1}{4}t_{\mathrm{w}}(h-2t_{\mathrm{f}})^2 f_{\mathrm{w-y}} = 147.339\mathrm{kN \cdot m}$$

式中，M_{beam} 为梁端破坏控制的节点抗弯承载力；b，h 分别为钢梁翼缘宽度与钢梁高度；t_{f}，t_{b} 分别为翼缘厚度，腹板厚度；$f_{\mathrm{f-y}}$，$f_{\mathrm{w-y}}$ 分别为根据材性试验所测的钢梁翼缘屈服强度，钢梁腹板屈服强度，参见表 4.1。

（2）由柱壁破坏控制的节点抗弯承载能力

按屈服线理论[173-175] 计算：

$$M_{\mathrm{column}} = 51.861\mathrm{kN \cdot m}$$

式中，M_{column} 为柱壁破坏控制的节点抗弯承载力。

（3）由 HB 螺栓破坏控制的节点抗弯承载能力

按相关文献[176] 中关于 8.8 级 M16 的 HB 螺栓抗拉试验结果，8.8 级 M16 的 HB 螺栓的抗拉承载能力为 $N_{\mathrm{b}}=139.99\mathrm{kN}$（均值），在 RBS-TC 节点中，假设受压中心线位于钢梁受压翼缘中心线处，受压中心线以下的四排螺栓参与受力，那么由 HB 螺栓破坏控制的节点抗弯承载能力[177] 为：

$$M_{\mathrm{HB}} = 2N_{\mathrm{b}}\frac{r_1^2 + r_2^2 + r_3^2 + r_4^2}{r_1} = 162.02\mathrm{kN \cdot m}$$

式中，M_{HB} 为 HB 螺栓破坏控制的节点抗弯承载力，r_i 为第 i 排螺栓到受压中心线（梁翼缘中心线）的距离，N_{b} 为单个 8.8 级 M16 的 HB 螺栓的抗拉承载能力。

综上所述，试件 HB-TC 的节点抗弯承载能力由柱壁破坏控制，为典型的强梁弱柱节点，满足试验设计要求。

4.1.2.2 SCBB 螺栓节点试件设计

本系列试验共设计了两个节点试件，均采用 SCBB 螺栓连接，包括一个强柱弱梁试件和一个强梁弱柱试件。强柱弱梁试件因为钢梁在最不利截面进行狗骨削弱处理（Reduced Beam Section，RBS），所以简称为 SCBB-RBS；强梁弱柱试件因为柱壁较薄（Thin Column），所以简称为 SCBB-TC。本试验旨在考察钢梁破坏和柱壁破坏两种破坏模式下 SCBB 螺栓的力学性能是否稳定，以及研究两种破坏模式下节点试件的变形能力与抗力机制。

本系列试件 SCBB-RBS、SCBB-TC 如图 4.4 所示，其基本设计参数为：

（1）柱截面：采用冷成型方钢管柱，柱身总长为 1000mm，试件 SCBB-RBS 的柱截面尺寸为 250×12；试件 SCBB-TC 的柱截面尺寸为 250×6。

（2）梁截面：采用热轧 H 型钢梁，试件 SCBB-RBS 的钢梁截面尺寸为 H250×125×7×8，RBS 截面处为 H250×65×7×8；试件 SCBB-TC 的钢梁截面尺寸为 H300×150×6×8。

（3）单边螺栓：均采用 SCBB 螺栓，螺栓规格均为 10.9 级 M24 螺栓，对应的螺孔直径为 38mm。

（4）梁与柱的连接方式：均采用外伸式端板连接，端板厚度根据我国《门式刚架轻型房屋钢结构技术规程》CECS 102：2002（2012 年版）[171] 设计，在本系列试验中均取 24mm。

（5）梁跨高比：梁跨度取 4500mm，故 SCBB-RBS 的梁跨高比为 $R=18$，SCBB-TC 的梁跨高比为 $R=15$。

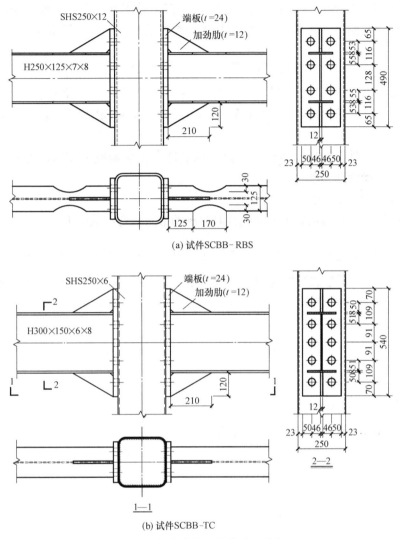

图 4.4　SCBB 螺栓节点试件构造（单位：mm）

试件 SCBB-RBS 承载力计算如下：

（1）由钢梁最不利截面处形成塑性铰时控制的节点抗弯承载能力[172]

$$M_{\mathrm{beam}}=bt_{\mathrm{f}}(h-t_{\mathrm{f}})f_{\mathrm{f\text{-}y}}+\frac{1}{4}t_{\mathrm{w}}(h-2t_{\mathrm{f}})^2 f_{\mathrm{w\text{-}y}}=67.936\mathrm{kN\cdot m}$$

式中，M_{beam} 为梁端破坏控制的节点抗弯承载力；b，h 分别为钢梁翼缘宽度与钢梁高度；t_{f}，t_{b} 分别为翼缘厚度，腹板厚度；$f_{\mathrm{f\text{-}y}}$，$f_{\mathrm{w\text{-}y}}$ 分别为根据材性试验所测的钢梁翼缘屈服强度，钢梁腹板屈服强度，参见表 4.1。

（2）由柱壁破坏控制的节点抗弯承载能力

按屈服线理论[173-175] 计算：

$$M_{\text{column}} = 140.864 \text{kN} \cdot \text{m}$$

式中，M_{column} 为柱壁破坏控制的节点抗弯承载力。

（3）由 SCBB 螺栓破坏控制的节点抗弯承载能力

在 RBS-SCBB 节点中，假设受压中心线位于钢梁受压翼缘中心线处，受压中心线以下的三排螺栓参与受力，那么由 SCBB 螺栓破坏控制的节点抗弯承载能力[177] 为：

$$M_{\text{SCBB}} = 2N_{\text{b}} \frac{r_1^2 + r_2^2 + r_3^2}{r_1} = 384.039 \text{kN} \cdot \text{m}$$

式中，M_{SCBB} 为 SCBB 螺栓破坏控制的节点抗弯承载力，r_i 为第 i 排螺栓到受压中心线（梁翼缘中心线）的距离，N_{b} 为单个 10.9 级 M24 的 SCBB 螺栓的抗拉承载能力，取 $N_{\text{b}} = 452.389 \text{kN}$。

综上所述，试件 SCBB-RBS 的节点抗弯承载能力由梁端破坏控制，为典型的强柱弱梁节点，满足试验设计要求。

试件 SCBB-TC 承载力计算如下：

（1）由钢梁最不利截面处形成塑性铰时控制的节点抗弯承载能力[172]

$$M_{\text{beam}} = bt_{\text{f}}(h - t_{\text{f}})f_{\text{f-y}} + \frac{1}{4}t_{\text{w}}(h - 2t_{\text{f}})^2 f_{\text{w-y}} = 147.339 \text{kN} \cdot \text{m}$$

式中，M_{beam} 为梁端破坏控制的节点抗弯承载力；b，h 分别为钢梁翼缘宽度与钢梁高度；t_{f}，t_{b} 分别为翼缘厚度，腹板厚度；$f_{\text{f-y}}$，$f_{\text{w-y}}$ 分别为根据材性试验所测的钢梁翼缘屈服强度，钢梁腹板屈服强度，参见表 4.1。

（2）由柱壁破坏控制的节点抗弯承载能力

按屈服线理论[173-175] 计算：

$$M_{\text{column}} = 51.86 \text{kN} \cdot \text{m}$$

式中，M_{column} 为柱壁破坏控制的节点抗弯承载力。

（3）由 SCBB 螺栓破坏控制的节点抗弯承载能力

在 SCBB-TC 节点中，假设受压中心线位于钢梁受压翼缘中心线处，受压中心线以下的四排螺栓参与受力，那么由 SCBB 螺栓破坏控制的节点抗弯承载能力为[177]：

$$M_{\text{SCBB}} = 2N_{\text{b}} \frac{r_1^2 + r_2^2 + r_3^2 + r_4^2}{r_1} = 523.584 \text{kN} \cdot \text{m}$$

式中，M_{SCBB} 为 SCBB 螺栓破坏控制的节点抗弯承载力，r_i 为第 i 排螺栓到受压中心线（梁翼缘中心线）的距离，N_{b} 为单个 10.9 级 M24 的 SCBB 螺栓的抗拉承载能力，取 $N_{\text{b}} = 452.389 \text{kN}$。

综上所述，试件 SCBB-TC 的节点抗弯承载能力由柱壁破坏控制，为典型的强梁弱柱节点，满足试验设计要求。

4.1.2.3 SCBB 螺栓节点试件改进型设计

连续倒塌工况下梁柱节点的力学性能是否优良取决于节点是否具有较大的变形能力与较高的承载能力，而 SCBB-RBS 与 SCBB-TC 两个节点试件主要研究梁端破坏与柱壁破坏的变形能力与承载能力，而无法针对性地考察采用 SCBB 单边螺栓连接的梁柱节点是否能在大变形下承受较高的竖向荷载，因此本系列试验针对 SCBB 螺栓连接的梁柱节点提出了两种提升节点抗连续倒塌能力的设计方法：优化型设计方法与加固型设计方法。并根据这两种设计方法分别设计了两个 SCBB 节点试件：SCBB-TE 与 SCBB-SBF，旨在通过这两个试件的中柱失效试验证明针对 SCBB 螺栓节点提出的改进型设计方法可以大幅度提高节点子结构的承载能力与变形能力，并考察在极大的变形与极高的荷载下 SCBB 螺栓的力学性能是否稳定。

1. SCBB-TE 试件设计

本节提出一种基于提升外伸式端板连接梁柱节点抗连续倒塌能力的优化型设计方法，其设计理念为：梁柱节点在中柱失效工况下的力学性能取决于大变形阶段悬索机制的发挥程度，而悬索机制的发挥与节点的变形能力密切相关，因此通过合理的设计提高节点的变形能力是提高节点抗连续倒塌能力的有效措施；针对外伸式端板连接的节点，其节点的变形能力取决于梁、柱，以及端板的塑性变形程度。如果能够使节点的钢梁、端板，甚至是方钢管柱均发生塑性变形，那么节点的变形能力必然强于只有梁发生塑性变形的 SCBB-RBS 节点与只有发生柱壁塑性变形的 SCBB-TC 节点。因此，所谓优化型设计方法是通过设计与计算分析使节点的钢梁、端板，甚至方钢管柱均发生塑性变形，提高节点的变形能力，使节点在大变形阶段能充分发挥悬索机制抗力作用，从而提高节点的抗连续倒塌能力。

试件 SCBB-TE 设计过程如下：

以一个六跨四层的钢框架结构为例，梁为 H300×150×6×8，柱为□250×12，采用 Q345 钢材，梁跨度为 $l_0 = 4.5m$，层高为 $h_0 = 3m$。

（1）钢梁最不利截面处屈服时的弯矩[172] 为：

$$M_{beam} = bt_f(h - t_f)f_{f-y} + \frac{1}{4}t_w(h - 2t_f)^2 f_{w-y} = 147.339kN \cdot m$$

式中，M_{beam} 为钢梁屈服时节点所受的弯矩；b，h 分别为钢梁翼缘宽度与钢梁高度；t_f，t_b 分别为翼缘厚度，腹板厚度；f_{f-y}，f_{w-y} 分别为根据材性试验所测的钢梁翼缘屈服强度，钢梁腹板屈服强度，参见表 4.1。

（2）柱壁进入屈服时的弯矩按屈服线理论[173-175] 计算：

$$M_{column} = 169.530kN \cdot m$$

式中，M_{column} 为柱壁屈服时所对应的弯矩。

（3）为达到提高节点变形能力的目的，端板屈服时的弯矩所对应的竖向荷载应该与钢梁屈服时所对应的竖向荷载，柱壁屈服时所对应的竖向荷载尽量相近。

钢梁屈服时所对应的竖向荷载：

$$F_{beam} = 155.831kN$$

柱壁屈服时所对应的竖向荷载：

$$F_{column} = 159.558kN$$

分别取端板厚度为 12mm、14mm、16mm，端板屈服时所对应的竖向荷载分别为：

当 $t_{EP} = 12mm$ 时，$F_{EP} = 100.249kN$；

当 $t_{EP} = 14mm$ 时，$F_{EP} = 136.450kN$；

当 $t_{EP} = 16mm$ 时，$F_{EP} = 178.221kN$。

综上，取端板厚度为 14mm，可以保证端板、柱壁、钢梁的屈服荷载较为接近。因为该试件相比其他试件为薄端板（Thin Endplate）试件，因此本节简称该试件为 SCBB-TE。

试件 SCBB-TE 的节点构造如图 4.5 所示。

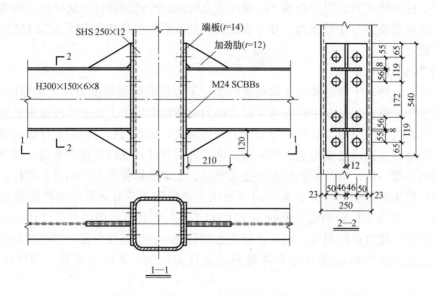

图 4.5　SCBB-TE 节点试件构造（单位：mm）

2. SCBB-SBF 试件设计

在第 3 章中，对隔板贯通式节点提出一种提升抗连续倒塌能力的加固型栓焊连接方法，本节将该加固型栓焊连接构造作适当改造应用于 SCBB 螺栓节点。该加固型设计方法能够提高梁柱节点子结构竖向承载力的关键是其能够首先使梁下翼缘在焊接连接位置断裂，然后使下翼缘连接位置螺栓孔局部承压塑性变形的发生先于板件的受拉屈服，即通过下盖板将下翼缘进行加固处理，保证梁下翼缘断裂后仍然能通过下盖板传力。这种加固下翼缘（strengthened bottom flange）的 SCBB 节点试件简称为 SCBB-SBF。

试件 SCBB-SBF 取自一个六跨四层的钢框架结构的梁柱节点，梁为 H300×150×6×8，柱为 □250×12，采用 Q345 钢材，梁跨度为 $l_0 = 4.5\text{m}$，层高为 $h_0 = 3\text{m}$，其节点构造如图 4.6 所示。

4.1.3　钢材材性

试验中的节点试件钢梁采用 Q235B 钢材，其余构件均采用 Q345B 钢材，对钢梁、钢柱以及端板的钢材取样制作材性试件，材性试件与试验构件为同批钢材。每种厚度的钢材各取三个试样，共 8 组材性试件，分别为：（1）BF-8a：取自钢梁 H250×125×7×8 的 8mm 下翼缘；（2）BW-7：取自钢梁 H250×125×7×8 的 7mm 腹板；（3）BF-8b：取自钢梁 H300×150×6×8 的 8mm 下翼缘；（4）BF-6：取自钢梁 H300×150×6×8 的 6mm 腹板；（5）CP-6：取自方钢管柱 □250×6 的 6mm 柱壁；（6）CP-12：取自方钢管柱 □250×12 的 12mm 柱壁；（7）EP24：取自 24mm 厚端板；（8）EP14：取自 14mm 厚端板。每组钢材的材性由标准拉伸试验确定，测得屈服强度 f_y、抗拉强度 f_u 和断后伸长率 δ 等材性指标。每组试件的材性指标的平均值列于表 4.1。

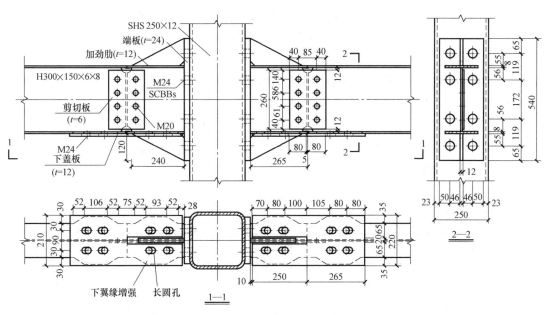

图4.6　SCBB-SBF节点试件构造（单位：mm）

钢材材性试验结果
表4.1

试件编号	屈服强度 f_y/MPa	抗拉强度 f_u/MPa	强屈比 f_u/f_y	断面收缩率	断后伸长率
BF-8a	300	450	1.50	0.46	0.22
BW-7	315	465	1.48	0.48	0.22
BF-8b	310	460	1.48	0.40	0.24
BW-6	320	460	1.43	0.36	0.30
CP-6	460	605	1.32	0.69	0.32
CP-12	465	615	1.32	0.64	0.22
EP-24	351	510	1.45	0.44	0.21
EP-14	375	535	1.43	0.46	0.18

4.1.4　测量方案

1. 测量目标

本试验主要获取以下试验数据。

（1）柱顶荷载与位移：可由作动器系统直接获得。

（2）节点试件构形：主要指梁段和柱身在加载过程中产生的竖向位移，由此可得到梁段和柱身的整体构形，并可换算出梁截面转角。

（3）截面应变分布及内力状态：梁柱部分截面布置应变片，包括节点区和远离节点区部位，可由此了解应变分布及发展状况，并可换算各截面内力及支座反力。

（4）支座位移：对支座位移进行监测，保证试验的安全顺利进行，并可作为后续分析的依据。

2. 位移计测点布置

位移计布置旨在了解节点试件在加载过程中的构形变化同时监测梁铰支座位移。在本试验中，每个试件通过 18 个位移计来实现对竖向变形的测量以及对梁端铰支座平面内位移的监控，位移计测点的布置如图 4.7 所示。

（1）梁柱轴线交点位移通过柱前后两个位移计测量（分别记为 D1 和 D2），分析时取两者平均值。梁段上翼缘中线处位移通过沿梁轴线方向对称布置的位移计测量（记为 D11～D18）。

（2）梁端铰支座水平位移和竖向位移分别由前后位移计测量（记为 D3～D10），分析时取前后位移计平均值。

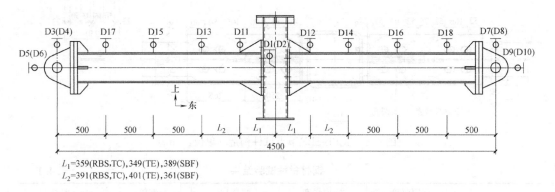

L_1=359(RBS,TC),349(TE),389(SBF)
L_2=391(RBS,TC),401(TE),361(SBF)

图 4.7　试件位移计测点布置（单位：mm）

3. 应变测点布置

梁测点截面包括 W1/E1 截面和 W2/E2 截面四个截面，沿柱轴线左右对称［左侧为西（W），右侧为东（E）］，柱测点、端板测点以及加劲肋测点根据有限元分析在可能产生较大塑性应变处布置三向应变片。试件的应变测点布置如图 4.8 所示，应变片布置的目的如下述。

（1）远离节点区域的梁端附近截面应变：距梁端铰支座一定距离的梁截面［W1/E1 截面，如图 4.8（a）所示］设置单向应变片，测量梁截面应变分布及发展情况。该截面在试验过程中一般不会进入塑性，因此可用于进行截面的内力分析，进而可反算得到试件两端的铰支座反力。

（2）节点区域梁截面应变［图 4.8（b）～图 4.8（e）］：在梁柱节点区域端板加劲肋结束处的 W2/E2 截面布置单向片，测量节点区域附近梁截面的应变发展分布及发展情况。SCBB-SBF 在下盖板及剪切板布置单向应变片，用于了解板件的传力。

（3）节点区域柱壁、端板及端板加劲肋的应变片测点布置：通过有限元分析，得出节点区域柱壁、端板以及端板加劲肋在加载过程中可能产生的较大塑性应变，在该处布置三向应变片，其中柱壁塑性应变最大处本应该在螺孔附近，但由于节点安装完成后，在柱壁螺孔附近贴设应变片不方便，因此在图中 T1、T2 处布置柱壁的三向应变片。

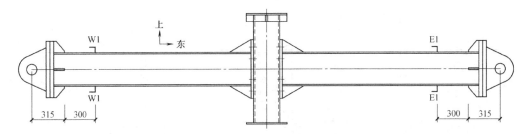

(a) 远离节点区域的梁端应变测点截面W1/E1

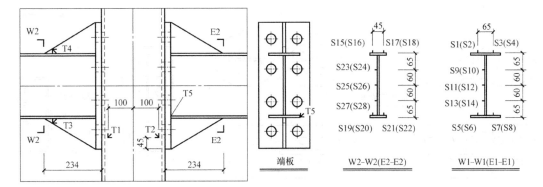

(b) 试件HB-RBS与试件SCBB-RBS应变布置

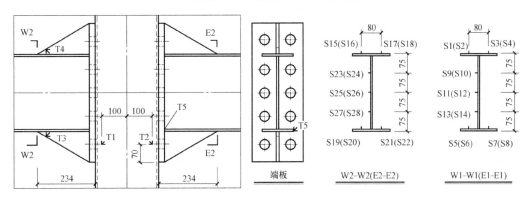

(c) 试件HB-TC与试件SCBB-TC应变布置

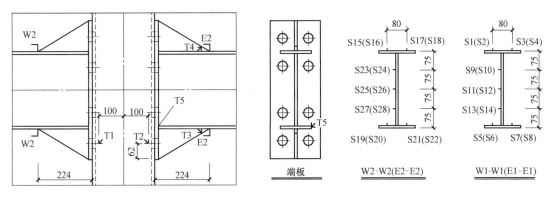

(d) 试件SCBB-TE应变布置

图4.8 试件应变测点布置（单位：mm）

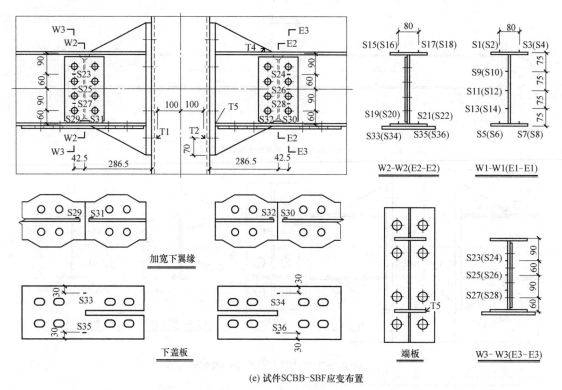

(e) 试件SCBB-SBF应变布置

图 4.8　试件应变测点布置（单位：mm）（续）

4.1.5　试件分析参数及指标计算

本章用到的表征试件关键截面塑性承载力及梁柱子结构竖向承载力等参数，以及指定截面的内力效应以及支座反力等参数的计算方法均与第 2.3 节相同。

在中柱发生竖向位移时，梁截面弯矩分布同简支梁，如图 2.15 所示，越接近试件节点区梁截面弯矩越大，因此各试件钢梁的最不利截面为钢梁与端板加劲肋的交界处，对应于应变测点布置图 4.8 的 W2/E2 截面。当梁截面所承受的弯矩达到其全截面塑性抗弯承载力时，则认为该截面形成塑性铰。根据表 4.1 中的材性数据，计算各试件钢梁最不利截面 W2/E2 的塑性承载力，计算结果见表 4.2。

最不利梁截面承载力　　　　　　　　　　　　　　　　　　表 4.2

计算截面	承载力性质	理论值
HB-RBS、SCBB-RBS 截面 W2/E2	全截面轴拉屈服承载力 全截面塑性抗弯承载力 腹板抗剪屈服承载力	$N_p=827.970\mathrm{kN}$ $M_p=67.936\mathrm{kN\cdot m}$ $V_p=297.895\mathrm{kN}$
HB-TC、SCBB-TC SCBB-TE、SCBB-SBF 截面 W2/E2	全截面轴拉屈服承载力 全截面塑性抗弯承载力 腹板抗剪屈服承载力	$N_p=1289.280\mathrm{kN}$ $M_p=147.339\mathrm{kN\cdot m}$ $V_p=314.818\mathrm{kN}$

根据表 4.2 结果，可计算得到各试件的最不利截面形成塑性铰时，结构的柱顶竖向荷载值，见表 4.3。

试件竖向承载力指标　　　　　　　　　　　　　　表 4.3

适用试件	控制截面状态	柱顶荷载理论值
HB-RBS、SCBB-RBS	W2/E2 截面形成塑性铰*	$F_p=71.852\text{kN}$
HB-TC、SCBB-TC、SCBB-TE	W2/E2 截面形成塑性铰*	$F_p=155.831\text{kN}$
SCBB-SBF	W2/E2 截面形成塑性铰*	$F_p=158.343\text{kN}$

注：* 截面塑性弯矩仅包含由支座竖向反力产生的正弯矩。

最后，各试件的设计参数汇总于表 4.4。

试件设计参数汇总　　　　　　　　　　　　　　表 4.4

项目	HB-RBS	HB-TC	SCBB-RBS	SCBB-TC	SCBB-TE	SCBB-SBF
节点连接构造	HB 螺栓 强柱弱梁	HB 螺栓 强梁弱柱	SCBB 螺栓 强柱弱梁	SCBB 螺栓 强梁弱柱	SCBB 螺栓 优化型节点	SCBB 螺栓 加固型节点
控制截面边缘屈服时竖向承载力理论预测值	$F_y=57.636\text{kN}$ (W2/E2)	$F_y=136.883\text{kN}$ (W2/E2)	$F_y=$ 57.636kN (W2/E2)	$F_y=$ 136.883kN (W2/E2)	$F_y=$ 136.883kN (W2/E2)	$F_y=$ 139.090kN (W2/E2)
边缘屈服抗弯承载力	$M_y=$ 54.495kN・m (W2/E2)	$M_y=$ 129.424kN・m (W2/E2)	$M_y=$ 54.495kN・m (W2/E2)	$M_y=$ 129.424kN・m (W2/E2)	$M_y=$ 129.424kN・m (W2/E2)	$M_y=$ 129.424kN・m (W2/E2)
控制截面形成塑性铰时竖向承载力理论预测值	$F_p=71.852\text{kN}$ (W2/E2)	$F_p=$ 155.831kN (W2/E2)	$F_p=$ 71.852kN (W2/E2)	$F_p=$ 155.831kN (W2/E2)	$F_p=$ 155.831kN (W2/E2)	$F_p=$ 158.343kN (W2/E2)
全截面塑性抗弯承载力	$M_p=$ 67.936kN・m (W2/E2)	$M_p=$ 147.339kN・m (W2/E2)	$M_p=$ 67.936kN・m (W2/E2)	$M_p=$ 147.339kN・m (W2/E2)	$M_p=$ 147.339kN・m (W2/E2)	$M_p=$ 147.339kN・m (W2/E2)
全截面轴拉屈服承载力	$N_p=$ 827.970kN (W2/E2)	$N_p=$ 1289.28kN (W2/E2)	$N_p=$ 827.970kN (W2/E2)	$N_p=$ 1289.28kN (W2/E2)	$N_p=$ 1289.28kN (W2/E2)	$N_p=$ 1289.28kN (W2/E2)

注：括号内为对应表格数据计算时所采用的最不利截面编号。

4.2　试验结果

4.2.1　试件 HB-RBS

1. 试验概况

试件 HB-RBS 为采用 HB 单边螺栓连接的方钢管柱-H 型钢梁节点，连接形式为外伸式端板连接，梁为热轧 H 型钢梁 H250×125×8×7，柱为冷成型方钢管 250×12，端板厚度为 24mm，对梁作了狗骨削弱（RBS）处理，梁截面最不利处的翼缘宽度为 65mm，故该节点为典型的强柱弱梁试件。

梁端铰支座间距为 4500mm，梁跨高比为 18。试验最大加载位移为 440mm，对应的节点转角为 0.196rad，试验前的节点域状态如图 4.9（a）所示；试验后的节点部位形态以及子结构整体变形如图 4.9（b）、图 4.9（c）所示。

(a) 试验前节点域的形态

(b) 试验后节点域的形态

(c) 试验后的子结构整体形态

图 4.9　试件 HB-RBS 试验前后的状态

2. 荷载–位移曲线与关键试验现象

图 4.10 曲线为 HB-RBS 试件试验的柱顶荷载-柱顶位移关系曲线，并标明了各阶段的破坏现象（表 4.5），其中 F_p 为梁 W2 或 E2 截面形成塑性铰对应的节点子结构竖向承载力理论预测值，数值为 71.85kN（参见表 4.4）。

图 4.10 曲线展示了 HB-RBS 试件在柱顶位移逐渐增大过程中的受力全过程。

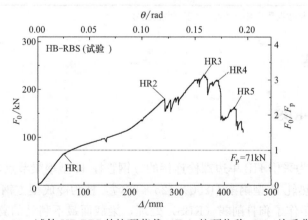

图 4.10　试件 HB-RBS 的柱顶荷载（F_0）-柱顶位移（Δ）关系曲线

（1）当 $\Delta=50$mm（$\theta=0.022$rad）时，明显进入非线性。

（2）HR1：当 $\Delta=60$mm（$\theta=0.0267$rad）时，可观察到梁截面狗骨削弱处的上翼缘、

下翼缘、腹板均出现油漆剥落的现象，可见此时梁截面狗骨削弱处已经屈服。

（3）HR2：当 $\Delta=274$mm（$\theta=0.122$rad）时，可观察到西侧最底排螺栓的套管分肢被剪断，螺栓从螺孔拔出，荷载从 182.1kN（$2.56F_p$）下降至 147.2kN（$2.07F_p$），之后荷载波折上升。

（4）HR3：当 $\Delta=357$mm（$\theta=0.159$rad）时，荷载达到加载全过程中的最大值 231.7kN（$3.26F_p$），之后东侧最底排螺栓的套管分肢被剪断，螺栓从螺孔拔出，荷载出现小幅下降。

（5）HR4：当 $\Delta=390$mm（0.173rad）时，西侧倒数第二排螺栓套管分肢被剪断，螺栓拔出，荷载出现大幅下降，至此，荷载再无明显上升。

（6）HR5：之后荷载再次小幅上升，位移加载至425mm时，东侧倒数第二排螺栓套管分肢被剪断，荷载再次下降。

（7）当位移加载至440mm时，柱底装置已经触地，停止加载。

试件 HB-RBS 的关键试验现象　　　　　　　　　　　　　表 4.5

HR1：梁截面狗骨削弱处屈服，油漆不断剥落

HR2：西侧最底排螺栓分肢剪断（$2.56F_p$，0.122rad）

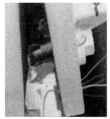 

HR3：东侧最底排螺栓拔出　　　　　　　　　　HR4：西侧下部两排螺栓全部拔出
（$3.26F_p$，0.159rad）　　　　　　　　　　　　（0.173rad）

4.2.2　试件 HB-TC

1. 试验概况

试件 HB-TC 为采用 HB 螺栓连接的方钢管柱-H 型钢梁节点，为典型的强梁弱柱试

件。梁端铰支座间距为 4500mm，梁跨高比为 15。试验最大加载位移为 $\Delta_{max} = 428mm$，对应梁弦转角为 $\theta_{max} = 0.190rad$。试验前的节点域状态如图 4.11（a）所示；试验后的节点部位形态以及子结构整体变形如图 4.11（b）、图 4.11（c）所示。

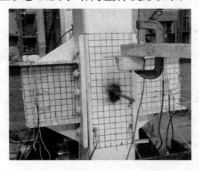
(a) 试验前节点域的形态

(b)试验后节点域的形态

(c)试验后子结构的整体形态

图 4.11　试件 HB-TC 的试验后状态

2. 荷载-位移曲线与关键试验现象

图 4.12 曲线为 HB-TC 试件试验的柱顶荷载-柱顶位移关系曲线，并标明各阶段的破坏现象（如表 4.6 所示），其中，F_p 为 HB-TC 试件梁 W2 或 E2 截面形成塑性铰对应的节点子结构竖向承载力理论预测值，数值为 155.861kN（如表 4.4 所示）。

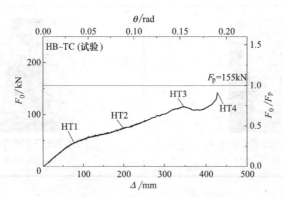

图 4.12　试件 HB-TC 的柱顶荷载（F_0）-柱顶位移（Δ）关系曲线

图 4.12 曲线展示了 HB-TC 试件在柱顶位移逐渐增大过程中的受力全过程。

（1）HT1：当 $\Delta = 85mm$（$\theta = 0.038rad$）时，明显进入非线性，此时柱壁与端板已

经明显张开，柱壁已有轻微鼓曲。

（2）HT2：随着位移不断增大，当 $\Delta=210$mm（$\theta=0.093$rad）时，端板与柱壁之间的缝隙亦不断增大，螺栓被逐渐拔出，柱壁鼓曲也越趋明显。

（3）当 $\Delta=270$mm（$\theta=0.12$rad）时，螺栓的橡胶垫片被挤出，柱子受拉区域鼓曲，受压区域凹陷，柱壁鼓曲明显。

（4）HT3：当 $\Delta=360$mm（$\theta=0.165$rad）时，螺栓大部分被拔出，此时荷载开始出现下降。

（5）HT4：当 $\Delta=400$mm 时，荷载开始再次上升，直至加载至 428mm 时，柱底触及地面，试验结束。此时荷载仍保持上升，节点的变形能力与承载能力仍有很大上升空间。

试件 HB-TC 的关键试验现象　　　　表 4.6

HT1:柱壁轻微鼓曲

HT2:$\Delta=210$mm,柱壁鼓曲更加明显

$\Delta=270$mm,柱壁鼓曲,螺栓拉出

$\Delta=315$mm,螺栓即将被拔出

HT3:$\Delta=360$mm,螺栓大部分被拔出

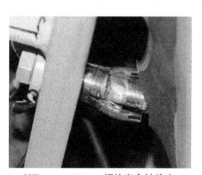
HT4:$\Delta=428$mm,螺栓完全被拔出

4.2.3 试件 SCBB-RBS

1. 试验概况

试件 SCBB-RBS 为采用 SCBB 螺栓连接的方钢管柱-H 型钢梁节点，为典型的强柱弱梁试件。梁端铰支座间距为 4500mm，梁跨高比为 18。试验最大加载位移为 $\Delta_{max}=372$mm，对应梁弦转角为 $\theta_{max}=0.165$rad。试验前的节点域状态如图 4.13（a）所示；试验后期的节点部位形态以及子结构整体变形如图 4.13（b）、图 4.13（c）所示。

(a) 试验前节点域的形态

(b) 试验后期节点域的形态

(c) 试验后期子结构的整体形态

图 4.13　试件 SCBB-RBS 试验前后的状态

2. 荷载-位移曲线与关键试验现象

图 4.14 曲线为 SCBB-RBS 试件试验的柱顶荷载-柱顶位移关系曲线，并标明了各阶段的破坏现象（如表 4.7 所示），其中 F_p 为梁 W2 或 E2 截面形成塑性铰时对应的节点子结构竖向承载力理论预测值，数值为 71.85kN（参见表 4.4）。

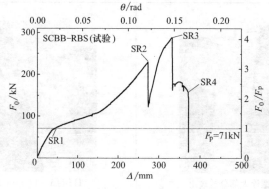

图 4.14　试件 SCBB-RBS 的柱顶荷载（F_0）-柱顶位移（Δ）关系曲线

试件 SCBB-RBS 的关键试验现象　　　　　　　　　　　　表 4.7

SR1：梁截面狗骨削弱处屈服，油漆逐渐剥落

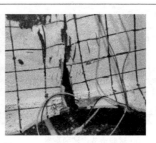

SR2：西侧梁截面 W2 下部出现断裂（3.22F_p，0.121rad）

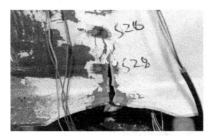

SR3：东侧梁截面 E2 下部出现断裂　　　　　　　SR4：西侧梁截面 W2 完全断裂

图 4.14 曲线展示了 SCBB-RBS 试件在柱顶位移逐渐增大过程中的受力全过程。

(1) 当 $\Delta=30$mm（$\theta=0.0133$rad）时，明显进入非线性阶段。

(2) SR1：当 $\Delta=60$mm（$\theta=0.0267$rad）时，可明显观察到梁的狗骨削弱处的上下翼缘与腹板均出现油漆剥落现象。

(3) SR2：当 $\Delta=273$mm（$\theta=0.121$rad）时，西侧梁截面 W2 下部开裂，荷载从 229.1kN（3.22F_p）下跌至 129kN（1.81F_p）。

(4) SR3：当 $\Delta=332$mm（$\theta=0.148$rad）时，东侧梁截面 E2 下部断裂，荷载从 288kN（4.05F_p）下跌至 161.9kN（2.28F_p）。

(5) SR4：当 $\Delta=372$mm（$\theta=0.165$rad）时，西侧梁截面 W2 完全断裂，荷载从 144.6kN（2.03F_p）下跌至 14.2kN（0.20F_p），节点完全丧失承载力。

4.2.4　试件 SCBB-TC

1. 试验概况

试件 SCBB-TC 为采用 SCBB 螺栓连接的方钢管柱-H 型钢梁节点，连接形式为外伸式端板连接，梁为热轧 H 型钢梁 H300×150×6×8，柱为冷成型方钢管 250×6，端板厚度为 24mm，故该试件为典型的强梁弱柱节点，预期的破坏模式为柱壁破坏。

梁端铰支座间距为 4500mm，梁跨高比为 15。试验最大加载位移为 $\Delta_{max}=460$mm，对应梁弦转角为 $\theta_{max}=0.204$rad。本次试验中，试验加载的最大位移并非节点的极限变形能力，而是试验装置允许的最大位移在 460mm 左右。

试验前的节点域状态如图 4.15（a）所示；试验后的节点部位形态以及子结构整体变形如图 4.15（b），图 4.15（c）所示。

(a) 试验前节点域的形态

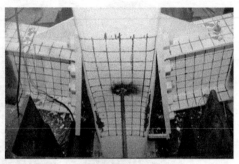

(b) 试验后期节点域的形态

(c) 试验后期子结构的整体形态

图 4.15 试件 SCBB-TC 试验前后的状态

2. 荷载-位移曲线与关键试验现象

图 4.16 曲线展示了 SCBB-TC 试件在柱顶位移逐渐增大过程中的受力全过程。关键试验现象如表 4.8 所示。

（1）当 $\Delta=50$mm（$\theta=0.022$rad）时，明显进入非线性。

（2）ST1：当 $\Delta=90$mm（$\theta=0.04$rad）时，可观察到柱壁有轻度鼓曲，此时端板与柱壁之间的缝隙张开，东西侧缝隙宽度均为 14mm。

（3）ST2：当 $\Delta=137$mm（$\theta=0.06$rad）时，听到一声巨响，荷载有小幅下降，但是没有观察到任何断裂的迹象，初步分析可能是螺栓内部的某个垫片因受力不均匀脱离螺栓飞出击打柱壁所致，此时柱壁鼓曲已较为明显，柱壁与端板之间的缝隙宽度达 21mm，但螺栓预紧力没有任何损失。

（4）ST3：当位移加载至 267mm 左右时，荷载再次出现小幅下降，此时可观察到最底排螺栓的分体式垫片已经有小部分从螺孔拔出，因为垫片被拉出的过程中被柱壁重新卡柱，形成了新的传力路径，因而垫片没有被迅速完全拉出，故荷载无明显下降。

（5）ST4：当位移加载至 407mm 时，柱壁出现开裂，荷载再次出现小幅下降，之后荷载多次出现小幅下降，但总体仍呈上升趋势，这是因为柱壁断裂逐渐发展所致，这说明柱壁破坏模式相比于梁破坏模式，具有更好的延性，且柱壁破坏模式具有断裂后承载力依然能稳定上升的特点。

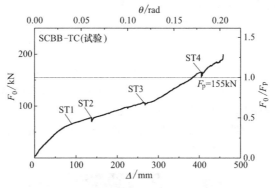

图 4.16　试件 SCBB-TC 的柱顶荷载（F_0）-柱顶位移（Δ）关系曲线

试件 SCBB-TC 的关键试验现象　　　　　　　　表 4.8

ST1:Δ＝90mm 端板与柱壁张开

ST2:Δ＝137mm,柱壁鼓曲

  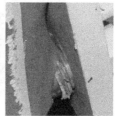

ST3:垫片有小部分从螺孔拔出,位移继续加载,下部的两个垫片完全脱出

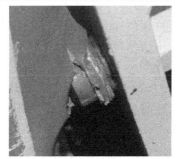 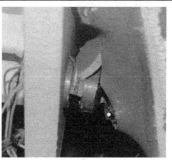

ST4:柱壁螺孔开裂

4.2.5 试件 SCBB-TE

1. 试验概况

试件 SCBB-TE 为 SCBB 螺栓连接的方钢管柱-H 型钢梁节点，连接形式为外伸式端板连接，梁为热轧 H 型钢梁 H300×150×6×8，柱为冷成型方钢管 250×12，端板厚度为 14mm。为达到端板、柱壁、钢梁均能屈服的目的，本试件的端板相对较薄（Thin End-plate），故简称为 SCBB-TE。

梁端铰支座间距为 4500mm，梁跨高比为 15。试验最大加载位移为 $\Delta_{max}=450mm$，对应梁弦转角为 $\theta_{max}=0.200rad$。本次试验中，试验加载的最大位移并非节点的极限变形能力，而是试验装置允许的最大位移 460mm 左右。

试验前的节点域状态如图 4.17（a）所示；试验后的节点部位形态以及子结构整体变形如图 4.17（b）、图 4.17（c）所示。

 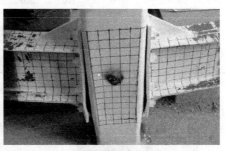

(a) 试验前节点域的形态　　　　　　　　　　　(b) 试验后节点域的形态

(c) 试验后子结构的整体形态

图 4.17　试件 SCBB-TE 试验前后的状态

2. 荷载-位移曲线与关键试验现象

图 4.18 曲线为 SCBB-TE 试件的柱顶荷载-柱顶位移关系曲线，并标明了各阶段的试验现象（表 4.9），其中 F_p 为梁 W2 或 E2 截面形成塑性铰对应的节点子结构竖向承载力理论预测值，数值为 155.831kN（如表 4.4 所示）。

图 4.18 曲线展示了 SCBB-TE 试件在柱顶位移逐渐增大过程中的受力全过程。

（1）TE1：当 $\Delta=90mm$（$\theta=0.04rad$）时，明显进入非线性，节点刚度下降，此时可观察到端板有轻微的翘曲与鼓曲。

（2）TE2：当 $\Delta=225mm$（$\theta=0.10rad$）时，端板的鼓曲与翘曲明显，柱壁开始有轻微的鼓曲，端板与柱壁明显分离（端板与柱壁之间的缝隙达 15mm），此时荷载已经超过全截面塑性屈服承载力 F_p，节点的悬索效应开始发挥作用，荷载开始出现屈服后的又一次快速增长。

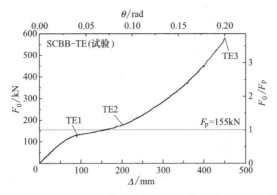

图 4.18 试件 SCBB-TE 的柱顶荷载（F_0）-柱顶位移（Δ）关系曲线

试件 SCBB-TE 的关键试验现象   **表 4.9**

TE1：$\Delta=90$mm（$\theta=0.04$rad），端板有轻微的鼓曲与翘曲

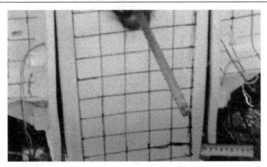

TE2：$\Delta=225$mm，端板与柱壁明显分离

$\Delta=305$mm，梁截面最不利处油漆剥落明显，螺栓预紧力无损失

TE3：加载后期，梁截面远离节点处的镀层出现剥落

（3）当 $\Delta=305\text{mm}$（$\theta=0.136\text{rad}$）时，梁截面最不利处（端板加劲肋与梁相接处）的腹板，上下翼缘油漆严重剥落，说明梁截面已经完全屈服，此时竖向荷载已达 $1.83F_p$；值得注意的是，虽然柱壁与端板的缝隙达 19mm，但是在螺栓处端板与柱壁仍然紧贴在一起，这说明螺栓预紧力尚无损失。

（4）当位移加载至 400mm（$\theta=0.178\text{rad}$）左右时，听到一声沉闷的巨响，但是试件外观无任何明显变化，荷载亦无明显下降，在整个系列试验中，这种现象多次出现，我们推测这是因为螺栓的分体式垫片飞出，击打内部柱壁所致。

（5）TE3：当位移加载至 450mm（$\theta=0.20\text{rad}$）时，考虑到柱底装置可能已经触及地面，停止试验，此时可观察到节点试件的端板有明显鼓曲与翘曲，柱壁螺孔处亦有明显鼓曲，梁截面完全屈服，该节点试件的三个构件（钢柱、钢梁、端板）都已经有明显的屈服，可见其充分发挥了各构件的材料强度；试验结束后我们观察到 H 型钢梁上的镀层在远离节点处亦已出现了剥落脱离，这说明在远离节点处的梁截面也进入屈服，考虑到此处的弯矩很小，可以认为这是悬链线效应下，梁截面产生的轴力使梁屈服。

4.2.6 试件 SCBB-SBF

1. 试验概况

试件 SCBB-SBF 为 SCBB 螺栓连接的方钢管柱-H 型钢梁节点，为了提高节点的抗连续倒塌能力，在钢梁通过设置下盖板与钢梁下翼缘螺栓连接来加强下翼缘，因此该试件简称为 SCBB-SBF（Strengthened Bottom Flange）。梁端铰支座间距为 4500mm，梁跨高比为 15。试验最大加载位移为 $\Delta_{max}=460\text{mm}$，对应梁弦转角为 $\theta_{max}=0.204\text{rad}$。试验前的节点域状态如图 4.19（a）所示；试验后的节点部位形态以及子结构整体变形如图 4.19（b）、图 4.19（c）所示。

2. 荷载-位移曲线与关键试验现象

图 4.20 曲线为 SCBB-SBF 试件的柱顶荷载-柱顶位移关系曲线，并标明了各阶段的试验现象（表 4.10），其中 F_p 为梁 W2 或 E2 截面形成塑性铰对应的节点子结构竖向承载力理论预测值，数值为 158.343kN（如表 4.4 所示）。

图 4.20 曲线展示了 SCBB-SBF 试件在柱顶位移逐渐增大过程中的受力全过程。

（1）当 $\Delta=50\text{mm}$（$\theta=0.022\text{rad}$）时，明显进入非线性。

(a) 试验前节点域的形态

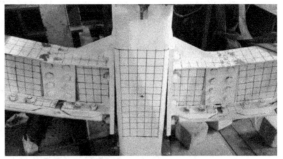
(b) 试验后节点域的形态

(c) 试验后子结构的整体形态

图 4.19　试件 SCBB-TE 试验前后的状态

（2）SB1：当 $\Delta=56$mm（$\theta=0.025$rad）时，由于西侧梁下翼缘未达到全熔透焊缝，西侧梁下翼缘处因为焊接缺陷出现焊缝断裂，荷载小幅下降。

（3）SB2：当 $\Delta=75$mm 左右（$\theta=0.059$rad）时，听到一声清脆的巨响，西侧梁下翼缘的裂缝贯通，荷载迅速从 110.2kN 下降至 53.9kN；从断裂的焊缝处我们可以观察到，焊缝中存在气孔，这种焊接缺陷会产生严重的应力集中，是导致焊缝过早断裂的根本原因。

（4）SB3：之后荷载继续上升，当位移加载至 130mm 左右时，听到连续两声清脆的巨响，东侧梁下翼缘焊缝处断裂，裂缝迅速贯通，荷载从 133kN 下降至 28.6kN。

（5）东西两侧梁的下翼缘焊缝均断裂后，继续加载，可以观察到荷载无明显上升，这是因为此时螺栓与下盖板没有接触，下盖板尚未参与传力，螺栓进入一个滑移阶段。

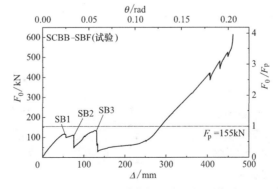

图 4.20　试件 SCBB-SBF 的柱顶荷载（F_0）-柱顶位移（Δ）关系曲线

（6）当 $\Delta = 260\text{mm}$（$\theta = 0.116\text{rad}$）时，荷载增速开始加快，一方面，因为此时螺栓与下盖板接触，下盖板参与传力，弯曲机制抗力增加；另一方面，此时节点转角已接近 0.12rad，节点的悬索抗力机制开始发挥。

（7）当位移加载至 360mm（$\theta = 0.16\text{rad}$）时，可观察到柱壁有鼓曲变形，并且随着位移的持续增加，柱壁鼓曲越来越明显，加载结束时，端板与柱壁之间的缝隙最大达 37mm。

（8）当 $\Delta = 400\text{mm}$（$\theta = 0.178\text{rad}$）时，听到一身沉闷的巨响，荷载小幅下降之后平稳回升，节点外部没有明显现象，疑是螺栓内部的分体式垫片飞出击打柱壁所致。当 $\Delta = 425\text{m}$（$\theta = 0.189\text{rad}$）和 $\Delta = 443\text{m}$（$\theta = 0.189\text{rad}$）时，同样听到沉闷巨响且荷载小幅下降。

<table>
<tr><td>试件 SCBB-SBF 的关键试验现象</td><td>表 4.10</td></tr>
</table>

SB2：西侧梁下翼缘焊缝断裂，从断裂的焊缝中可观察到缺陷——气孔

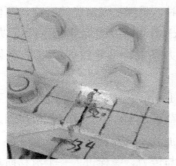

SB3：东侧梁下翼缘焊缝断裂　　下翼缘焊缝断裂后端板与柱壁几乎没有张开

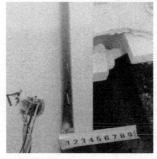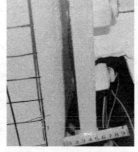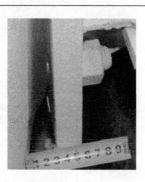

加载后期，柱壁出现鼓曲变形

4.3　试验结果汇总

4.3.1　节点破坏现象

表 4.11 汇总了各个试件的破坏现象，由表中内容可知：

(1) SCBB-RBS 试件的破坏模式为前期梁截面屈服，然后梁断裂，节点失效，这是一种典型的脆性破坏。梁的破坏过程为梁截面下翼缘开裂，随后裂缝迅速贯通，节点失效。

(2) HB-RBS 试件的破坏模式为前期梁截面屈服，然后 HB 螺栓套管被剪断，HB 螺栓被拔出螺孔，由于每个 HB 螺栓具有四肢套管，套管逐个被剪断，螺栓缓慢拔出，因而这是一个延性破坏的过程，相比于 SCBB-RBS 节点的梁直接断裂，HB-RBS 节点更加有效地发挥了大变形下的悬索抗力机制。

(3) HB-TC 试件与 SCBB-TC 试件的破坏模式为柱壁严重鼓曲，螺孔由于柱壁发生严重的塑性变形而导致螺孔直径变大，螺栓被逐渐从螺孔拔出，这是一种典型的延性破坏；虽然在加载后期，柱壁螺孔发生了断裂，但这种断裂对节点的受力性能影响不大。可见，相比于梁破坏模式的节点，柱壁鼓曲破坏具有更好的变形能力。

(4) SCBB-TE 试件的破坏模式为端板翘曲与柱壁鼓曲，由于端板屈服、钢梁屈服以及柱壁屈服所对应的荷载十分相近，使得节点的变形能力极强，充分发挥了各构件的材料强度，因而该节点无论是变形能力还是承载能力都远高于前面的四个节点试件。

(5) SCBB-SBF 试件的破坏模式为下翼缘焊缝断裂，随后腹板螺孔发生承压塑性变形，最后柱壁鼓曲变形。加载至节点转角 0.2rad 时，节点承载能力仍在增长，可见针对该节点采取的加固措施十分有效，

4.3.2　试件承载力及变形极限值

在表 4.11 中，列出了 6 个试件的极限变形量与极限承载力，对比可以发现：
SCBB-TE 试件、SCBB-SBF 试件的承载力远高于其他试件，就变形能力而言，SCBB-TE、SCBB-SBF 试件的延性最好，HB-TC、SCBB-TC 加载至节点转角为 0.2rad 时，已经有柱壁出现断裂或螺栓拔出的情况，但承载能力仍在上升；而 HB-RBS 试件的变形能力优于 SCBB-RBS 试件。这说明，HB 螺栓节点的变形能力优于 SCBB 单边螺栓节点，但是 SCBB 单边螺栓具有足够的强度与高预紧力，通过合理的构造设计，可以使采用 SCBB 单边螺栓的节点具有极高的变形能力与承载能力。

本次试验共设计了两种典型的预期破坏模式：梁破坏、柱壁破坏。可以看出，具有梁破坏模式的试件由于梁发生断裂具有明显的脆性破坏特征；而柱壁破坏模式的试件由于柱壁发生严重的鼓曲塑性变形，使节点的变形能力明显优于梁破坏模式。

优化型节点试件使得钢梁、端板、柱壁在加载过程中均有不同程度的屈服，从而大大增加节点变形潜力，在大变形下，节点的各个构件没有出现断裂的情况，因而具备完整的传力路径，在中柱失效工况下能够充分发挥悬索机制抗力作用，梁端轴力可发展至全截面轴拉屈服承载力。

加固型节点由于梁下翼缘的焊缝未达到全熔透焊缝的标准，使梁过早出现断裂，但由

于下盖板与剪切板的存在，节点并没有失效，在螺栓滑移之后，承载能力继续上升，且加载后期柱壁出现明显鼓曲，节点的变形能力主要由下翼缘断裂后的张开变形与柱壁鼓曲变形两者组成。可见，针对 SCBB 单边螺栓节点抗连续倒塌能力提升而采取的加固型措施十分有效。

试验破坏现象及对应参数
表 4.11

试件	HB 系列		SCBB 系列		改进型 SCBB 系列	
	HB-RBS	HB-TC	SCBB-RBS	SCBB-TC	SCBB-TE	SCBB-SBF
进入非线性的位移	57mm	63mm	38mm	46mm	66mm	36mm
进入非线性的荷载	65kN	39kN	69kN	44kN	110kN	93kN
进入非线性梁弦转角	0.025rad	0.028rad	0.017rad	0.020rad	0.029rad	0.016rad
最大位移	387mm	424mm	333mm	455mm	450mm	460mm
最大承载力	219kN	129kN	285kN	189kN	580kN	588kN
最大梁弦转角	0.172rad	0.188rad	0.148rad	0.202rad	0.200rad	0.204mm
破坏模式	钢梁屈服，最终 HB 螺栓套管分肢剪断	柱壁鼓曲，HB 螺栓套管收拢随后拔出	钢梁在 RBS 截面处屈服，并最终断裂	柱壁严重鼓曲开裂，螺栓逐渐拔出	端板、柱壁、钢梁先后屈服	钢梁下翼缘焊缝因焊接缺陷过早断裂

注：最大位移指节点承载力没有出现显著下降时对应的最大位移，对于个别试件（如 HB-RBS、SCBB-RBS），并非试验加载的最大位移。

4.4 梁柱节点内力与抗力机制分析

梁柱节点的内力发展特征决定了子结构弯曲机制和悬索机制的发展，进而对子结构的竖向承载力产生影响。采用第 2.7 节给出的建模方法建立了有限元精细化模型，各试件试验与有限元模拟得到的柱顶荷载（F_0）-柱顶位移（Δ）曲线对比如图 4.21 所示。

本节根据试验和有限元模拟结果，分析关键板件传力及破坏模式，计算、提取梁柱节点的内力，得出子结构的抗力机制发展路径，最后基于功能平衡原理，计算结构在中柱失效条件下的动力响应，进而分析连接构造对梁柱节点子结构竖向承载力的影响。

4.4.1 关键板件传力及破坏模式

对于大多数钢框架结构而言，"强柱弱梁"的设计理念目前仍然是抗震设计的主流思想。因此在连续倒塌工况下，按传统抗震设计方法设计的钢框架结构其破坏仍然主要集中在梁上。换言之，本章试验中的 SCBB-RBS 与 SCBB-SBF 两个节点试件才是符合当下规范的梁柱节点子结构，试件 SCBB-SBF 是在钢梁破坏的前提下改造得到的改进型试件。在中柱失效条件下，上述 2 个试件虽然最开始的破坏都是梁破坏，但是由于最不利梁截面处构造不同，2 个试件的柱顶荷载发展曲线、破坏模式、应变发展曲线均表现出不同的

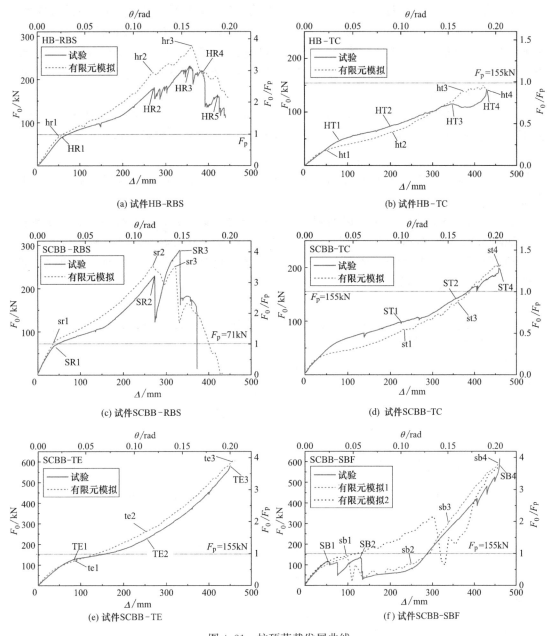

图 4.21　柱顶荷载发展曲线

特征。

相比于试件 SCBB-RBS 在下翼缘开裂后裂缝迅速沿腹板扩展的连续性破坏模式，试件 SCBB-SBF 在下翼缘开裂后，下盖板将断裂后的梁翼缘连接在一起，剪切板将腹板连接在一起，使之继续传力，避免了断裂的进一步发展，因而 SCBB-SBF 具有更好的变形能力，在大变形阶段具有更高的承载力。

可见，梁柱节点下翼缘连接区域对子结构的受力特征产生关键的影响。在柱顶竖向荷载作用下，下翼缘连接区域主要承受拉力作用。对于试件 SCBB-RBS，下翼缘连接区域各板件的变形为：板件加载过程中传递拉力，在拉力作用下，板件整体被拉长，若拉力持续增长，薄弱截面将产生截面收缩现象并发生断裂，即发生受拉破坏。而对于试件 SCBB-SBF，在下翼缘断裂后，板件与螺栓之间通过螺栓孔承压来传力，螺杆挤压螺栓孔会使螺栓孔伸长，螺栓孔壁达到局部承压承载力后，发生螺栓孔壁局部承压塑性破坏，若变形较大，螺栓孔壁将产生开裂。

本节借助精细化有限元模型，通过对试件 SCBB-RBS 的梁下翼缘与试件 SCBB-SBF 的下翼缘与下盖板的传力与变形分析来探究梁柱节点下翼缘连接区域构造对节点子结构受力特征的影响。图 4.22 为 2 个试件的梁下翼缘或下盖板在截面 W2/E2 传递的拉力随柱顶位移（Δ）的发展曲线，其中 F 下标 BF、CP、TF 分别代表梁下翼缘和下盖板、梁上翼缘。

试件 SCBB-RBS 的钢梁下翼缘断裂主要由板件受拉变形引起，当西侧梁下翼缘断裂后［如图 4.22（a）所示，R1，0.119rad］，西侧下翼缘传力失效，此时荷载出现明显下降；随后东侧梁下翼缘断裂（R2，0.143rad），东侧下翼缘传力失效，此时荷载再次大幅下降，节点基本丧失承载力。

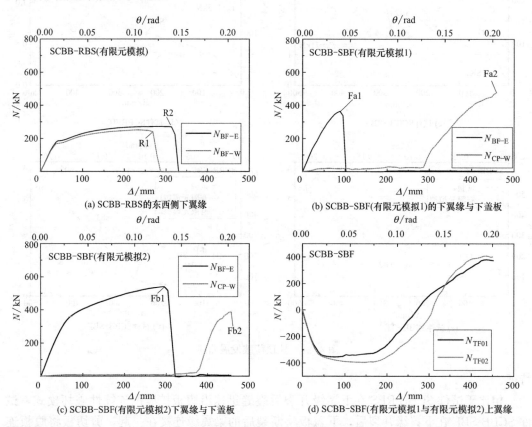

图 4.22　钢梁连接区域板件内力发展曲线

试件 SCBB-SBF 在梁下翼缘断裂前，连接区域下部的拉力主要通过梁下翼缘连接传递，当钢梁下翼缘的焊缝存在焊接缺陷时，焊缝过早断裂，下翼缘没有明显的屈服段便出现荷载下降［如图 4.22（b）所示，Fa1，0.039rad］；当钢梁下翼缘的焊缝达到全熔透焊缝要求时，下翼缘的断裂在位移达到 304mm 左右时方出现断裂［如图 4.22（c）所示，Fb1，0.135rad］。因此，如果 SCBB-SBF 试件的下翼缘焊缝达到全熔透焊缝时，钢梁下翼缘断裂对应的梁弦转角 0.135rad 与试件 SCBB-RBS 下翼缘断裂对应的梁弦转角 0.119rad 或 0.143rad 相差不大；梁下翼缘断裂后，拉力主要通过螺栓连接传递，螺栓孔壁承压塑性变形，螺栓孔明显伸长，下盖板参与传力，其内力明显上升，加载结束时（Fa2，Fb2）下盖板内力仍然在增长。图 4.22（d）为 SCBB-SBF 上翼缘的内力曲线，从图中可以看出，无论下翼缘是否达到全熔透焊缝，上翼缘的内力曲线都是先受压，然后在大变形阶段传递拉力，说明对于加固型试件，下翼缘的内力传递过程对上翼缘的内力没有太大影响。

可见，在焊缝达到全熔透焊缝标准的前提下，试件 SCBB-SBF 梁柱节点的下盖板对梁下翼缘的受拉变形能力基本没有影响，但可使下翼缘连接板件在焊接连接失效后继续有效传力，且使螺栓孔壁局部承压塑性破坏优先发生，也能使节点子结构在更大的变形下保持传力截面的完整性。

4.4.2 梁端内力

根据梁柱节点试验与有限元模拟结果可知，在中柱失效条件下，梁柱节点子结构的破坏均集中在梁柱节点域。因此，梁柱节点的性能主要由梁柱连接区域的性能决定，与梁端内力密切相关。

本节将根据试验和有限元模拟结果，分析 6 个梁柱节点子结构试件梁端截面 W2/E2 内力，揭示不同连接构造的梁柱节点的受力特征。试验过程中，试件 SCBB-RBS 东、西侧梁断裂不同时发生，为便于分析，本节仅计算、提取首先发生断裂的西侧梁截面内力。

4.4.2.1 弯矩发展

在中柱失效条件下，梁柱节点子结构受力特征与简支梁类似，与柱相连的梁端部位弯矩最大，了解梁端弯矩特征可为分析弯曲机制的发展提供基础。

图 4.23 为梁端弯矩发展曲线，采用截面 W2/E2 的塑性抗弯承载力 M_p（参见表 4.2）进行归一化处理。

结果表明，6 个试件梁端弯矩均由弹性阶段、塑性阶段以及退化阶段组成，退化阶段弯矩为"虚拟弯矩"。弯矩发展特征与梁柱节点的连接构造相关。

（1）强柱弱梁节点 HB-RBS 与 SCBB-RBS 的梁端弯矩在加载前期呈现出相似的发展特征，在塑性阶段，梁端弯矩基本维持在 M_p 左右。试件 SCBB-RBS 在钢梁断裂后进入退化阶段，梁端弯矩迅速下降并转为负值；试件 HB-RBS 在 HB 螺栓失效后进入退化阶段，梁端弯矩下降并转为负值。

（2）强梁弱柱节点 HB-TC 与 SCBB-TC 的梁端弯矩呈现出相似的发展特征，在塑性阶段，梁端弯矩基本维持在 $0.5M_p$ 左右。由于 SCBB-TC 与 HB-TC 的螺栓拔出过程十分缓慢，因此梁端弯矩在退化阶段缓慢下降，加载结束时，梁端弯矩接近为 0。

（3）优化型节点 SCBB-TE：相对于 TC 系列试件，其塑性阶段更长；相对于 RBS 系列试件，其退化阶段更缓慢；在塑性阶段初期，梁端弯矩接近 M_p，随着梁弦转角增大，由于梁端内力中轴力成分不断增加，梁端弯矩开始下降。

（4）加固型节点 SCBB-SBF 在下翼缘断裂后，梁端弯矩显著下降，并始终维持在较

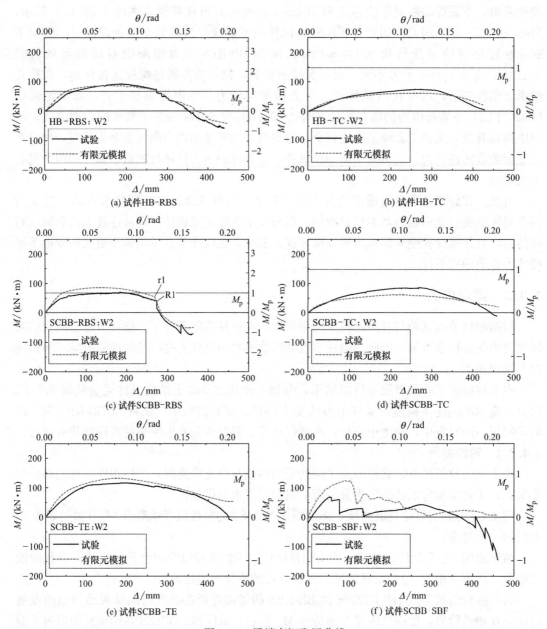

(a) 试件 HB-RBS

(b) 试件 HB-TC

(c) 试件 SCBB-RBS

(d) 试件 SCBB-TC

(e) 试件 SCBB-TE

(f) 试件 SCBB SBF

图 4.23 梁端弯矩发展曲线

低的水平。

4.4.2.2 轴力发展

在中柱失效条件下，随着竖向变形不断增大，梁内产生轴力作用，了解梁内轴力发展特征为分析悬索机制的发展提供了基础。图 4.24 汇总了 6 个试件梁端轴力的发展曲线，采用各试件截面 W2/E2 轴拉屈服承载力 N_p（参见表 4.2）进行归一化处理。

以下翼缘断裂或螺栓拔出时刻为界，称前一阶段为第一阶段，与弯矩发展弹性阶段和塑性阶段对应；称后一阶段为第二阶段，与弯矩发展的退化阶段对应。第一阶段所承受的最大轴力取决于子结构的竖向变形，对应子结构的竖向变形越大，可发展的轴力越大，第

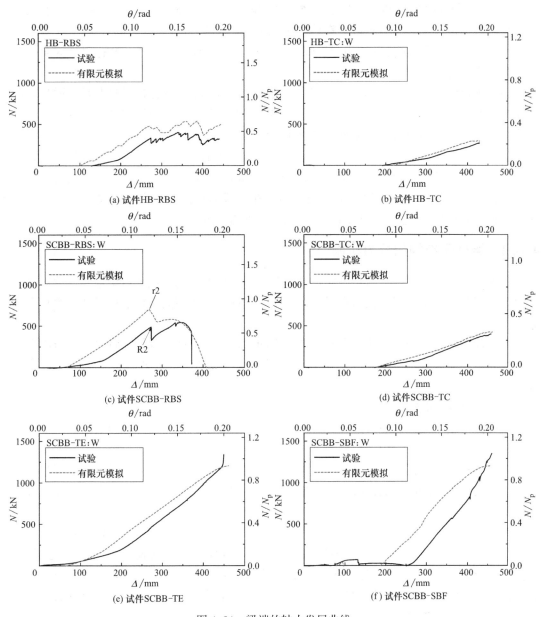

图 4.24　梁端的轴力发展曲线

二阶段所承受的最大轴力取决于子结构的变形以及传力截面的大小。轴力发展特征与梁柱节点的连接构造相关。

（1）试件 HB-RBS：第一阶段，加载至 100mm（0.044rad）左右时，轴力开始不断增长；螺栓拔出后进入第二阶段，在螺栓拔出的过程中轴力上下波动，维持在 $0.5\ N_\mathrm{p}$ 左右。

（2）试件 SCBB-RBS：第一阶段，与试件 HB-RBS 类似，加载至 100mm（0.044rad）左右时，轴力开始不断增长；钢梁断裂后进入第二阶段，轴力下降后再次开始增长，但没有恢复到断裂前的水平，最后钢梁完全断裂，轴力下降至 0。

（3）试件 HB-TC 与 SCBB-TC：加载至 200mm（0.089rad）左右时，轴力开始增长，但增长较为缓慢，在大变形阶段，螺栓的拔出并没有对轴力造成太大的影响；与 RBS 系列节点不同，TC 系列节点的轴力起步晚，增长慢，也没有明显下降，没有明显的第一阶段与第二阶段之分。

（4）优化型节点 SCBB-TE：加载至 100mm（0.044rad）左右时，轴力开始增长，随着变形的增大，轴力增长越来越快，由于在整个试验过程中，没有明显的构件断裂，不存在第二阶段，加载结束时，梁端轴力接近 $1.0N_p$。

（5）加固型节点 SCBB-SBF：加载至 100mm（0.044rad）左右时，轴力开始增长，但由于钢梁下翼缘断裂，轴力下降至 0，并直至 200mm（0.089rad）时，轴力再次增长，并且由于在大变形阶段，且此时由于下盖板的存在，截面传力路径完整，故轴力增速十分快，根据试验结果与有限元模拟结果，梁端最大轴力接近 $1.0N_p$。

4.4.3 梁柱子结构的抗力机制

根据试验与有限元模拟结果可知，梁柱节点子结构的竖向承载力由梁柱节点的连接构造决定，因此本节将根据试验与有限元模拟结果，逐一分析不同梁柱节点子结构的竖向承载力发展特征。

在试验中，同一个试件的节点两侧破坏不同时发生，为便于分析，将梁柱子结构根据对称边界条件分解为两个半结构，本节仅对首先发生破坏的梁柱节点半子结构进行抗力计算。

4.4.3.1 弯曲机制抗力

竖向抗力中弯曲机制提供的成分，是结构借助梁及梁柱节点的抗弯能力以截面受剪的形式向周边所连接的支承构件传递的竖向力，可简化为以梁截面剪力的竖向分力表示［参见式（2.14）］。弯曲机制能够提供的最大竖向抗力成分受限于梁柱节点子结构最不利截面的弹性阶段、塑性阶段和退化阶段；在塑性阶段，弯曲机制所提供抗弯能力，会伴随最不利截面抗弯承载力退化而削弱。图 4.25 为 6 个试件梁柱节点半子结构弯曲机制提供的抗力（F_{R-F}）发展曲线。图中数值为 $0.5F_p$ 的虚线为梁柱节点半子结构最不利梁截面达到其全截面塑性抗弯承载力时的半子结构的柱顶竖向荷载值（参见表 4.3）。与对比可知，弯曲机制所提供的抗力发展特征与梁端弯矩的发展一致，但也存在一定差别。弯曲机制抗力同样可划分为弹性阶段、塑性阶段和退化阶段。在退化阶段，弯曲机制所提供的抗力发展规律与梁柱节点连接构造相关。

（1）对于强梁弱柱节点和加固型节点：进入退化阶段后弯曲机制抗力迅速下降甚至转为负值，弯曲机制不再为半子结构竖向抗力提供有利成分。

（2）对于强柱弱梁节点和优化型节点：退化阶段发展较为缓慢，在加载结束时，弯曲机制抗力接近于 0。

4.4.3.2 悬索机制抗力

竖向抗力中悬索机制提供的成分，是周边结构对梁柱节点子结构的拉结作用导致子结构在竖向大变形过程中获得的竖向抗力，近似可用梁截面轴力的竖向分力表示［参见式（2.15）］。

图 4.26 为 6 个试件梁柱节点半子结构悬索机制所提供的抗力（F_{R-C}）发展曲线。与

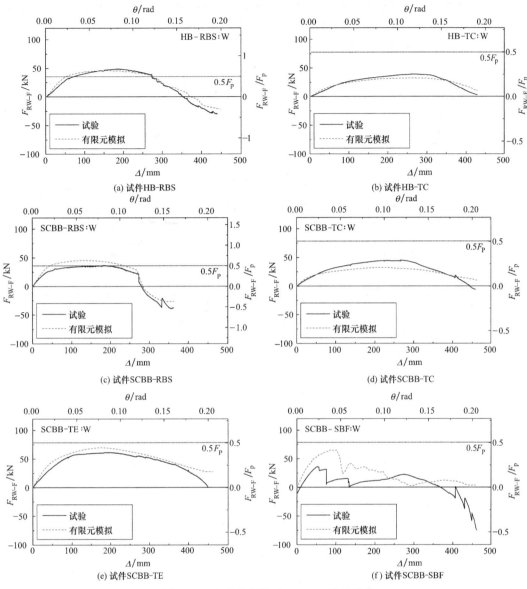

图 4.25 弯曲机制抗力（F_{R-F}）发展曲线

图 4.24 对比可知，悬索机制抗力同样可划分为第一阶段和第二阶段。悬索机制所提供的抗力发展特征与梁端轴力的发展趋势相同，但也存在一定差别，在第一阶段，梁弦转角 θ 较小时，轴力已开始发展，但由于 $\sin\theta$ 值很小，悬索机制抗力不明显，随着变形不断增大，梁弦转角 θ 变大，悬索机制表现出明显的作用；第二阶段悬索机制的抗力发展规律与梁柱节点连接构造相关。

（1）强柱弱梁节点 HB-RBS 与 SCBB-RBS：加载前期悬索机制抗力几乎不发挥作用，梁端形成塑性铰后，悬索机制抗力增长明显，并均超过 $0.5F_p$。

（2）强梁弱柱节点 SCBB-TC 与 HB-TC：悬索机制抗力开始发挥作用比较晚，但在大变形阶段，悬索机制抗力发挥重要作用，其提供的竖向抗力均接近 $0.5F_p$。

（3）优化型节点 SCBB-TE 与加固型节点 SCBB-SBF：悬索机制抗力在大变形阶段迅速增长，并且快于轴力增长速度，这是因为 $\sin\theta$ 在增大，所以轴力的竖向分量不断增大。最终半子结构悬索机制抗力高达 $1.7F_{\rm p}$。

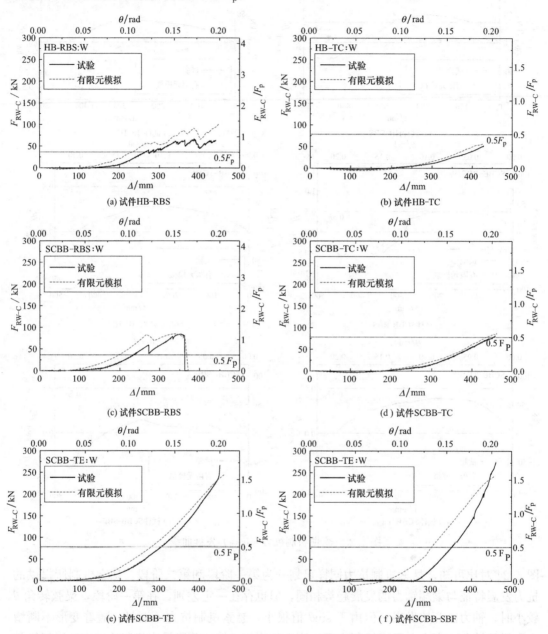

图 4.26　悬索机制抗力（$F_{\rm R-C}$）发展曲线

4.4.3.3　竖向抗力发展曲线

图 4.27 为 6 个试件梁柱节点半子结构的竖向抗力发展曲线。半子结构竖向抗力（即单侧支座竖向反力）$V_{\rm R}$ 的大小由弯曲机制提供的抗力（$F_{\rm R-F}$）和悬索机制提供的抗力（$F_{\rm R-C}$）共同决定。

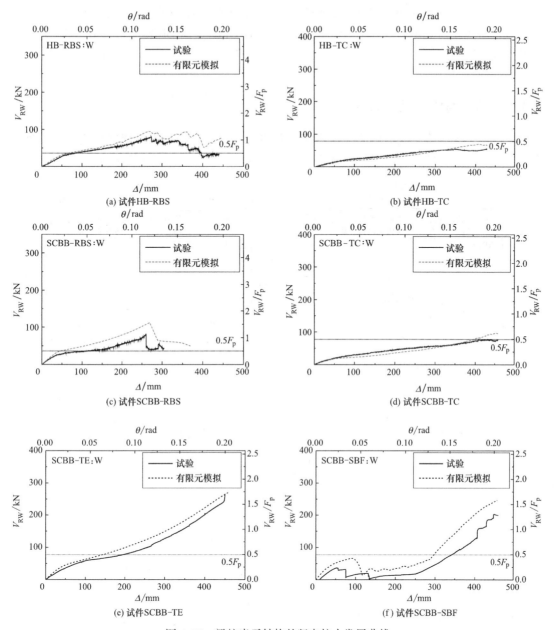

图 4.27　梁柱半子结构的竖向抗力发展曲线

（1）强柱弱梁节点 HB-RBS 与 SCBB-RBS：在第一阶段，HB-RBS 与 SCBB-RBS 竖向抗力发展基本一致，在第二阶段，HB-RBS 螺栓断裂，弯曲机制抗力下降甚至转为负值，梁柱节点半子结构主要依靠悬索机制提供抗力，而 SCBB-RBS 钢梁断裂，弯曲机制抗力迅速下降甚至转为负值，悬索机制抗力也增长不明显，梁柱节点半子结构基本丧失承载力。

（2）强梁弱柱型节点 HB-TC 与 SCBB-TC：加载前期，主要依靠弯曲机制抗力提供竖向抗力，在加载后期的大变形阶段，弯曲机制抗力下降甚至接近为 0，节点主要依靠悬索机制抗力提供竖向抗力。

（3）优化型节点 SCBB-TE 与加固型节点 SCBB-SBF：加载前期，与强柱弱梁节点的竖向抗力曲线发展类似，但随着变形的增大，SCBB-TE 与 SCBB-SBF 能够在大变形下仍然保持截面传力路径的完整，悬索机制抗力在后期迅速增长，成为节点半子结构竖向抗力的主要部分。

4.4.4 半子结构的动力响应

根据第 2.8.4 节所述的框架结构连续倒塌的简化评估方法，本节依据功能平衡原理，将试验与有限元模拟获得的梁柱子结构的静力性能转换为子结构的动力响应。

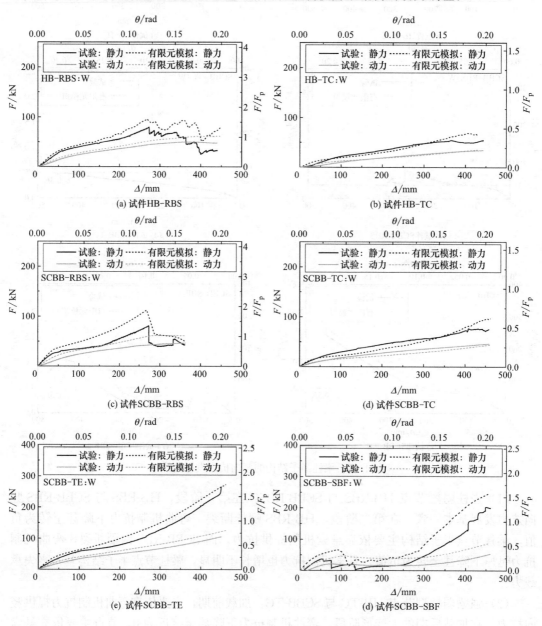

图 4.28 半子结构的静力性能曲线和动力响应曲线

　　图 4.28 为 6 个试件的梁柱节点半子结构的静力性能曲线和动力响应曲线，动力响应曲线最大值已在表 4.12 中列出。

各试件半子结构所能承受的最大荷载　　　　　　　　　　表 4.12

试件	HB-RBS	HB-TC	SCBB-RBS	SCBB-TC	SCBB-TE	SCBB-SBF
试验	49kN	34kN	53kN	46kN	105kN	88kN
有限元模拟	62kN	35kN	66kN	45kN	126kN	103kN

　　其中，试件 SCBB-TE 及 SCBB-SBF 半子结构所能承受的最大荷载均大于其余节点，证明在动力荷载作用下，改进型设计方法可提高节点子结构的承载力。

第5章
带楼板钢框架梁柱节点连续倒塌机理研究

考虑到足尺楼盖子结构试验的复杂性，在开展楼盖子结构层次的连续倒塌试验之前，有必要先在节点子结构层次开展先导试验，以探究组合楼板对梁柱刚接节点抗连续倒塌性能的影响。为此，以第3章的试件 SST-WB 为基础，本章设计了6个带不同楼板的梁柱刚接节点子结构试验，分别研究了混凝土楼板、闭口型压型钢板组合楼板和开口型压型钢板组合楼板对失效柱上方节点和失效柱相邻节点抗连续倒塌性能的影响。

5.1 试验概述

5.1.1 试件设计

假定如图5.1所示的结构发生底层中柱的突然破坏，为了分别研究在此破坏下中柱和边柱的结构反应，将中柱和边柱节点独立出来形成如下的两个梁柱子结构。假设与中柱相连的梁的反弯点在跨中，则在平面节点试件的梁端设置平面固定铰支座，即约束水平与竖向位移，但梁可绕支座发生平面内转动。在试件柱顶施加单调竖向荷载，以模拟中柱失效工况。柱底水平位移受到约束，柱身仅发生竖向位移。其力学模型如图5.1所示。

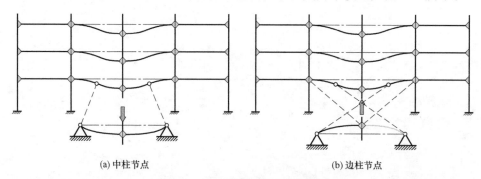

(a) 中柱节点   (b) 边柱节点

图 5.1 节点子结构试件力学模型

本试验共设计了6个节点试件，分别命名为：ST-M-RC；ST-S-RC；ST-M-R；ST-S-R；ST-M-T；ST-S-T。其设计参数见表5.1，节点的具体构造见图5.2。试件编号含义如下：ST（方钢管柱贯通式隔板），M（中柱），S（边柱），RC（钢筋混凝土楼板），R（闭口型压型钢板），T（开口型压型钢板）。试件梁柱节点构造见图5.2。

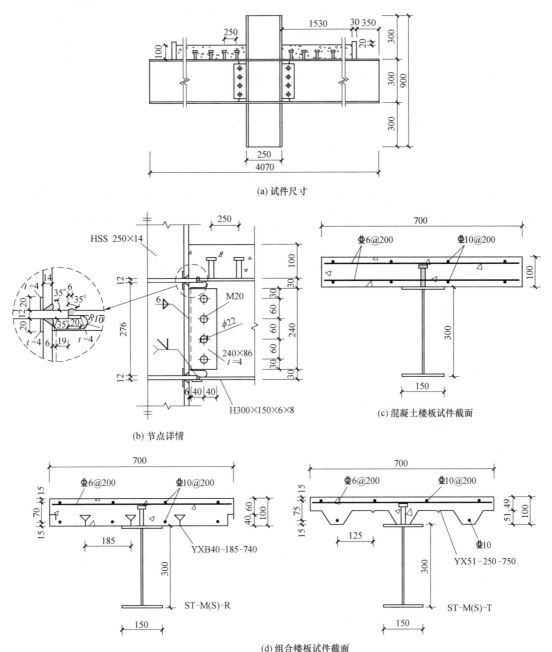

(a) 试件尺寸

(b) 节点详情

(c) 混凝土楼板试件截面

(d) 组合楼板试件截面

图 5.2 试件梁柱节点构造（单位：mm）

6 个节点试件分别为 ST-M-RC，ST-S-RC，ST-M-R，ST-S-R，ST-M-T，ST-S-T，其基本特征为：

（1）柱：采用冷成型闭合截面方管柱。

（2）梁：采用焊接 H 形截面，尺寸为 H300×150×6×8。

（3）梁柱节点：方钢管贯通式隔板节点的隔板厚度比梁翼缘大 4mm，为 12mm；梁与柱的连接方式为栓焊连接，腹板螺栓采用 10.9 级 M20 摩擦型高强度螺栓（预紧力 $P=$ 155kN）连接，单侧均采用 4 个螺栓单排布置形式；翼缘与柱隔板用对接焊缝连接。

（4）组合楼板：厚度 100mm；选用 YXB40-185-740 和 YX51-250-750 两种规格压型钢板，或钢筋混凝土楼板；栓钉单排布置，间隔 250mm，每侧 6 枚，为不完全抗剪连接；组合楼板宽 700mm，长 3310mm，组合楼板两端用厚 30mm 的钢挡板模拟连续的边界条件；纵向布置直径为 10mm 的 HRB400 钢筋作为受力筋，横向布置直径为 6mm 的 HRB400 钢筋作为分布筋。

（5）梁跨高比：梁跨度与梁高度比值为 15，即跨长 4500mm。

节点试件设计参数见表 5.1。

<table>
<tr><td colspan="7" align="center">节点试件设计参数</td><td align="right">表 5.1</td></tr>
<tr><td>试件</td><td>加载方式</td><td>楼板型式</td><td>连接方式</td><td>受力筋</td><td>分布筋</td><td colspan="2">栓钉</td></tr>
<tr><td>ST-M-RC</td><td>中柱节点</td><td>混凝土</td><td>栓焊</td><td>Φ 10 @ 200</td><td>Φ 6 @ 200</td><td colspan="2" rowspan="6">直径 19mm，高度 80mm，间距 250mm，单列布置</td></tr>
<tr><td>ST-M-R</td><td>中柱节点</td><td>闭口型</td><td>栓焊</td><td>Φ 10 @ 200</td><td>Φ 6 @ 200</td></tr>
<tr><td>ST-M-T</td><td>中柱节点</td><td>开口型</td><td>栓焊</td><td>Φ 10 @ 200</td><td>Φ 6 @ 200</td></tr>
<tr><td>ST-M-RC</td><td>边柱节点</td><td>混凝土</td><td>栓焊</td><td>Φ 10 @ 200</td><td>Φ 6 @ 200</td></tr>
<tr><td>ST-S-R</td><td>边柱节点</td><td>闭口型</td><td>栓焊</td><td>Φ 10 @ 200</td><td>Φ 6 @ 200</td></tr>
<tr><td>ST-S-T</td><td>边柱节点</td><td>开口型</td><td>栓焊</td><td>Φ 10 @ 200</td><td>Φ 6 @ 200</td></tr>
</table>

5.1.2 试验装置

试件在加载位移较大时将发挥悬链线效应以抵抗上部荷载，此时梁内产生较大的轴向力。为了在梁端提供固定铰支座约束，试验装置设计为对称的水平自平衡反力装置。如图 5.3 所示，试验装置由端部的水平反力架、底部的可拆卸地梁以及中部的柱底滑动约束装置等组成。

（1）水平反力架通过耳板及销轴与梁端相连，底部通过地锚固定于地槽里。装置下部与地梁及柱底滑动约束装置相连，整个装置在试验中基本不会产生平面内的水平变形，即可实现梁端固定铰支座约束。

（2）柱底滑动约束装置为柱底提供水平约束，阻止柱子在试验中发生面内与面外水平位移，但不约束其竖向位移。滑动约束通过地锚固定在地槽里，外箍支座与内滑动装置配合使用。

（3）试件柱顶连接作动器加载头，后者仅可沿活塞方向进行轴向运动，无法转动。作动器油缸固定于作动器反力架上，加载过程中反力架立柱不会发生失稳。

5.1.3 加载制度

本试验模拟节点子结构中柱失效后的"节点发生竖向持续位移"工况，因此在柱顶施加竖向单调荷载。

加载全程由位移控制，分级加载并观测现象。在试件节点区进入屈服之前，每级荷载采用较小的位移增量，进入屈服后采用较大位移增量。目标位移小于 200mm，加载速度速率 5mm/min；目标位移大于 200mm，加载速率 8mm/min。

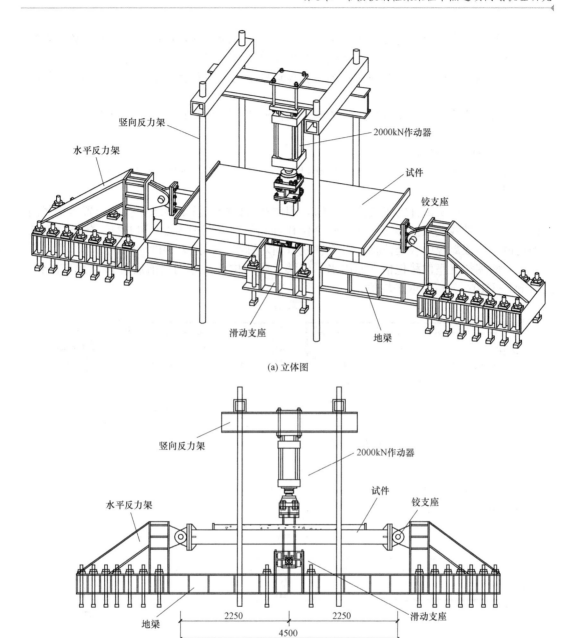

(a) 立体图

(b) 立面图

图5.3 试验装置图（单位：mm）

5.1.4 测量方案

1. 测试目标

本试验主要获取以下试验数据：

（1）柱顶荷载与位移：可由作动器系统直接获得。

（2）节点试件构形：主要指梁段和柱身在加载过程中产生的竖向位移，由此可得到梁段和柱身的整体构形，并可换算出梁截面转角。

（3）截面应变分布及内力状态：梁柱部分截面布置应变片，包括节点区和远离节点区部位，可由此了解应变分布及发展状况，并可换算各截面内力及支座反力。

（4）混凝土及钢筋应变及内力状态：在靠近柱子的截面布置，了解混凝土和钢筋的应变分布和发展状况。

（5）支座位移：对支座位移进行监测，保证试验的安全顺利进行，并可作为后续分析的依据。

2. 位移计测点布置

位移计布置旨在了解节点试件在加载过程中的构形变化，同时监测梁端铰支座位移。位移计测点布置详见图 5.4。

（1）竖向变形是试件的主要变形方向，因此在试件中点及梁翼缘中线处布置若干竖向位移计。梁柱轴线交点位移通过前后两个位移计测量（分别记为 D1 和 D2），分析时取两者平均值。梁段翼缘中线处位移计沿梁轴线方向对称布置，记为 D11～D16。

（2）两端铰支座位移包括平面内水平位移、竖向位移，分别由前后位移计测量得到，记为 D3～D10。分析时取平均值。

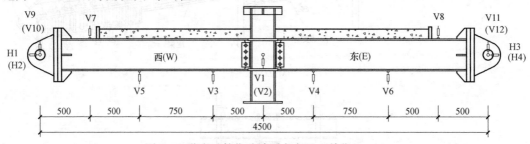

图 5.4 节点试件位移计测点布置（单位：mm）

3. 应变测点布置

梁测点截面沿柱轴线左右对称〔左侧为西（W），右侧为东（E）〕。试件的应变测量截面示意图见图 5.5。

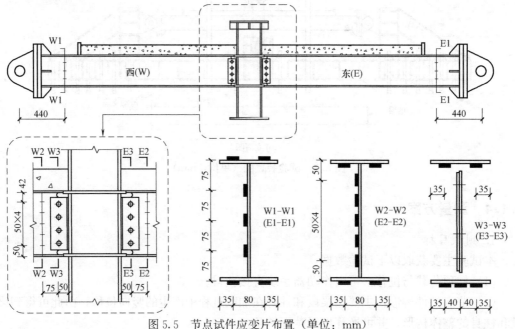

图 5.5 节点试件应变片布置（单位：mm）

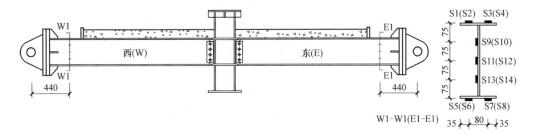

(a) 应变测量截面布置

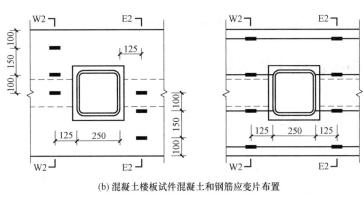

(b) 混凝土楼板试件混凝土和钢筋应变片布置

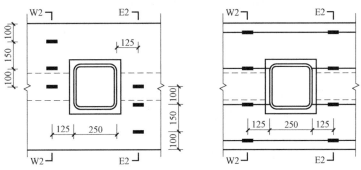

(c) 组合楼板试件混凝土和钢筋应变片布置

图 5.5 节点试件应变片布置（单位：mm）（续）

　　远离节点区域的梁端附近截面应变：距梁端铰支座一定距离的梁截面（W1/E1 截面）设置单向应变片，测量梁截面应变分布及发展情况。该截面在试验过程中一般不会进入塑性，因此可用于进行截面的内力分析，进而可反算得到梁铰支座反力。

　　节点区域梁截面应变：在梁柱节点区域距焊缝 50mm 处截面（W3/E3）布置单向片，稍远离截面（W3/E3）一定距离的截面（W2/E2）也布置单向片，测量节点区域附近截面的应变分布及发展情况，同时在 W2/E2 截面处的混凝土表面和钢筋表面布置单向片。

5.1.5　材料性能

　　节点试件所用材料为 Q345B 钢材，HRB400 钢筋和 C30 混凝土。所有钢材材性性能均列于表 5.2。在开展节点试验的当天，相应的混凝土抗压强度通过边长为 150mm 的标准立方体抗压试验测得。使用开口型和闭口型压型钢板试件对应的混凝土抗压强度为 36.33MPa 和 41.15MPa，使用混凝土楼板的试件对应的混凝土抗压强度为 37.0MPa。试件所用的螺栓均为 10.8 级高强螺栓。压型钢板和栓钉的材性采用厂家提供的名义值，其对应的屈服应力分别为 250MPa 和 320MPa。

材性试验结果汇总 表 5.2

取材位置	f_y/MPa	f_u/MPa	断裂应变
柱	482	545	24%
梁翼缘	387	441	31%
梁腹板	417	514	27%
受力筋	527	699	22%
分布筋	537	754	28%

5.2 混凝土楼板试件试验结果

5.2.1 试验曲线与破坏模式

图 5.6 给出了 ST-M-RC 试件和 ST-S-RC 试件的柱顶荷载 F-柱顶位移 δ 的关系曲线，其中横坐标（即柱顶竖向位移 δ）采用梁跨度的一半 L_b（$L_b = l_0/2 = 2250$mm）归一化得到梁弦转角 θ，用以表示节点子结构的相对变形量，即 $\theta = \delta/L_b$，δ 取位移计 D1 和 D2 的平均值。两个试件的主要试验现象的发生时刻标示于图 5.6 中，试验破坏形态与模式具体体现在图 5.7 和图 5.8 中，其中图 5.6、图 5.7 和图 5.8 中的编号相互对照统一。

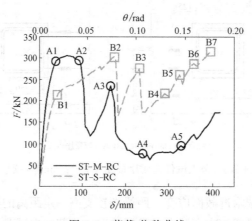

图 5.6 荷载-位移曲线

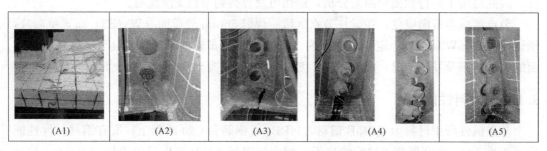

| (A1) | (A2) | (A3) | (A4) | (A5) |

图 5.7 试件 ST-M-RC 破坏过程

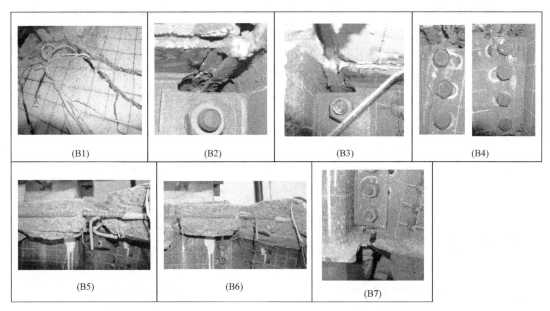

图 5.8　试件 ST-S-RC 破坏过程

5.2.1.1　ST-M-RC 试件

当加载位移达到 36mm（θ＝0.016rad，图 5.7 曲线特征点 A1）时，曲线明显进入非线性状态，混凝土楼板表面出现裂缝并不断扩展。当加载位移达到 93mm（θ＝0.041rad，图 5.7 曲线特征点 A2）时，西侧梁截面 W3 下翼缘断裂，混凝土楼板不断出现局部脱落，荷载从 294kN 下跌至 118kN。当加载位移达到 167mm（θ＝0.074rad，图 5.7 曲线特征点 A3）时，东侧梁截面 E3 下翼缘断裂，荷载从 236kN 迅速下降至 125kN。荷载持续平稳波动后逐渐上升，并观察到西侧剪切板由下至上开裂（θ＝0.109rad，图 5.7 曲线特征点 A4），东侧螺栓挤压腹板，东侧梁腹板沿螺栓孔由下至上开裂（θ＝0.147rad，图 5.7 曲线特征点 A5）。最终当加载位移达到 420mm（θ＝0.187rad）时，作动器加载行程达到最大，试验加载结束。

5.2.1.2　ST-S-RC 试件

当加载位移达到 42mm（θ＝0.019rad，图 5.8 曲线特征点 B1）时，曲线明显进入非线性状态，混凝土楼板表面出现裂缝。当加载位移达到 176mm（θ＝0.078rad，图 5.8 曲线特征点 B2），西侧梁截面 W3 上翼缘断裂，荷载从 303kN 下跌至 152kN。当加载位移达到 235mm（θ＝0.104rad，图 5.8 曲线特征点 B3）时，东侧梁截面 E3 上翼缘断裂，荷载从 276kN 迅速下降至 170kN。此后荷载再次上升，并观察到东侧梁腹板由下至上开裂（θ＝0.133rad，图 5.8 曲线特征点 B4），反面楼板上层钢筋断裂（θ＝0.149rad，图 5.8 曲线特征点 B5），正面楼板上层钢筋断裂（θ＝0.160rad，图 5.8 曲线特征点 B6）。当加载位移达到 400mm（θ＝0.178rad，图 5.8 曲线特征点 B7）时，东侧梁截面 E3 下翼缘断裂，荷载从 317kN 迅速下降并不再上升，试验加载结束。

5.2.2　试件变形形态

图 5.9 为两个试件在加载过程中的整体竖向变形图，规定位移值向上为正。从竖向变

形曲线的发展可知，两个试件在加载前期表现为受弯形态，随着加载位移不断增大表现为悬索形态。当试件 ST-M-RC 和 ST-S-RC 的竖向位移绝对值分别超过 100mm 和 200mm 时，两个试件的竖向变形形态不再对称。这是因为，当试件一侧梁翼缘断裂之后，柱底滑动约束不再对称，导致两侧竖向位移出现差异。

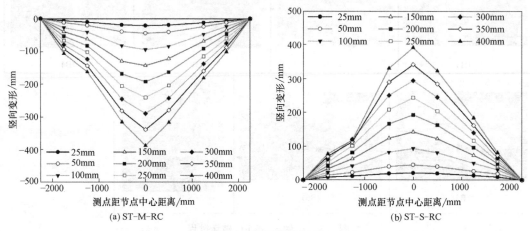

图 5.9　试件变形形态

5.2.3　应变发展与分布

考虑到两个试件各自的对称性，图 5.10 中仅给出了试件西侧部分的应变发展，包括截面 W1 的钢梁应变发展，截面 W2 的混凝土楼板和钢筋的应变发展。

从图 5.10（a）可以看出，试件 ST-M-RC 在加载位移小于 93mm 时，截面 W1/E1 均表现出明显的压弯特征，即上翼缘受压、下翼缘受拉，但下翼缘应变绝对值明显大于上翼缘应变的绝对值，梁截面的中性轴在 S13 附近。当截面 W3 梁下翼缘发生断裂（$\delta = $ 93mm）后，截面 W1 的应变均发生明显下降，此后截面 W1 进入短暂的全截面受压状态后再次恢复到受弯状态。随着加载位移的不断增加，上翼缘应变迅速增加并在试验后期超过下翼缘应变。当加载位移达到 330mm 时，上翼缘的应变由负转变为正，此后截面 W2/E2 进入全截面受拉状态，截面呈现拉弯特征。对于试件 ST-S-RC 来说，其在小变形下体现出明显的反向受弯特征，即上翼缘受拉、下翼缘受压。此阶段，上翼缘的拉应变数值和下翼缘的压应变数值基本相同，因此截面的中性轴在钢梁截面的几何中心 S11 附近。随着加载位移的不断增加，下翼缘应变迅速增加并在试验后期超过上翼缘应变。当加载位移达到 230mm 时，截面 W1/E1 的下翼缘应变均由负转变为正，此后截面 W1/E1 均进入全截面受拉状态，截面呈现拉弯特征。

从图 5.10（b）和（c）可以看出，试件 ST-M-RC 混凝土楼板的底层表面和混凝土楼板内的底层预埋钢筋在小变形下表现为压应变，而混凝土楼板的顶层表面和混凝土楼板内的顶层预埋钢筋在小变形下表现为拉应变，因此发现小变形下截面的中性轴出现于混凝土楼板中。而对于试件 ST-S-RC 来说，混凝土楼板和预埋钢筋的应变在小变形下均呈现出受拉特征，但随着加载位移的不断增加，混凝土逐渐剥落，使得大变形下混凝土楼板和预埋钢筋的应变测量值不再具有参考价值。

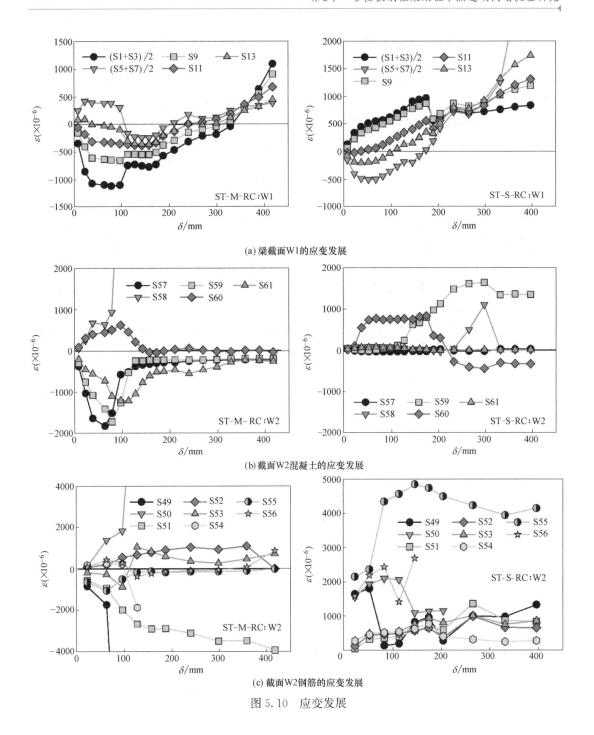

(a) 梁截面W1的应变发展

(b) 截面W2混凝土的应变发展

(c) 截面W2钢筋的应变发展

图 5.10 应变发展

5.3 组合楼板试件试验结果

5.3.1 试验曲线与破坏模式

四个带组合楼板节点试件和对应的无楼板试件的荷载-位移曲线如图 5.11 所示。δ 为柱子竖向位移的绝对值，由 V1 和 V2 两个位移计的数据平均后得到。梁的弦转角 θ 由 δ 除以试件长度的一半（2250mm）得到。竖向荷载 F 由作动器内置的力传感器测得。除了没有配置组合楼板，无楼板试件与其他四个节点试件相同。无楼板试件的一侧梁翼缘在位移为 74mm 时断裂，此时荷载为 184kN。在另一侧梁翼缘也断裂之后，梁柱连接残余截面的轴向承载力提供了此节点子结构的悬链线抗力。当竖向位移发展到 381mm 时，竖向位移达到极限承载力 218kN，然后梁柱连接完全失效，试件失去承载能力。

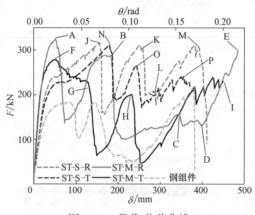

图 5.11 荷载-位移曲线

5.3.1.1 ST-M-R 试件

在加载位移达到约 23mm（$\theta=0.010$rad，$F=246.1$kN）时，荷载曲线表现出明显的非线性受力特征。当加载位移达到约 30mm（$\theta=0.013$rad）时，试件的柱四周混凝土开始开裂。当位移达到 53mm（$\theta=0.024$rad）时，作动器荷载达到极大值 324kN，此时 W3 截面梁下翼缘突然断裂，荷载急剧下降，沿着柱西侧边缘混凝土板出现一条明显的贯通裂缝，但是两侧梁的上翼缘和压型钢板都没有发现屈曲变形。此后荷载持续快速增长，混凝土板上的贯通裂缝也持续加大，当加载位移达到 171mm（$\theta=0.076$rad）时荷载达到局部极大值 288kN。当加载位移达到 185mm（$\theta=0.082$rad）时，E3 截面梁下翼缘断裂，同时西侧剪切板开裂，荷载直线下降至 100kN，柱两侧混凝土剥落露出被压弯的钢筋。此后随着加载位移的增大，西侧剪切板不断开裂，荷载缓慢爬升，直到加载位移达到 350mm（$\theta=0.156$rad）时，荷载达到 155kN 时东侧剪切板开裂并伴随着作动器荷载的缓慢下降。此后两侧剪切板不断开裂，当加载位移达到 400mm（$\theta=0.178$rad）时，荷载位移曲线快速增长，一直到试验结束。当加载位移达到 485mm（$\theta=0.216$rad）时，因试件碰到支座，试验加载结束，此时两侧剪切板都开裂到第三颗螺栓处，荷载达到 307kN。ST-M-R 试件在试验各阶段的破坏模式如图 5.12 所示。

5.3.1.2 ST-M-T 试件

在加载位移达到约 25mm（$\theta=0.011$rad，$F=246.4$kN）时，荷载曲线表现出明显的非线性受力特征。当加载位移达到约 30mm（$\theta=0.013$rad）时，试件的柱四周混凝土都开始开裂。当位移达到 52mm（$\theta=0.023$rad）时，作动器荷载达到极大值 279kN，此时 W3 截面梁下翼缘开始出现微小裂纹，W3、E3 截面梁的上翼缘都产生很大的屈曲变形同时导致与其直接接触的压型钢板发生严重屈曲变形，在板的边缘处可以明显看到压型钢板与混凝土脱开，组合楼板尽头的挡板也因为组合楼板的挤压而产生明显倾斜。在这之后荷载一直平稳下降，这个过程伴随着 W3 截面梁下翼缘裂缝的不断发展和 W3、E3 截面梁的上翼缘屈曲变形的发展，同时沿着柱西侧边缘混凝土板上出现一条横向贯通整个试件的裂缝并且越来越明显。当加载位移达到 130mm（$\theta=0.058$rad）时，W3 截面梁下翼缘完全断裂，伴随着荷载的急剧下降，同时此时在 E3 截面梁下翼缘出现微小开裂。此后，随着加载继续进行，荷载快速增长，当加载位移达到 230mm（$\theta=0.102$rad）时，荷载达到局

(a) W3 截面下翼缘断裂　　　　(b) 上翼缘 ($\theta=0.024$rad)　　　　(c) 混凝土裂缝 ($\theta=0.076$rad)
($\theta=0.024$rad)

(d) E3 截面下翼缘断裂　　　　(e) 剪切板　　　　(f) 最终状态 ($\theta=0.216$rad)
($\theta=0.082$rad)　　　　($\theta=0.216$rad)

图 5.12　ST-M-R 试件破坏现象

部最大值 200kN，此时 E3 截面梁下翼缘完全断裂，并且西侧剪切板下缘开裂，同时荷载急剧下降。而后，随着继续加大位移，两侧剪切板发展开裂的同时荷载持续缓慢增长。当加载位移达到 450mm ($\theta=0.216$rad) 时，因压型钢板碰到支座而中止试验，此时东侧剪切板开裂至第三颗螺栓处，西侧剪切板开裂至第四颗螺栓处，两侧上翼缘都被拉平，此阶段荷载最大曾达到 240kN。ST-M-T 试件在试验各阶段的破坏模式如图 5.13 所示。

5.3.1.3　ST-S-R 试件

当加载位移达到 30mm ($\theta=0.013$rad，$F=206.4$kN) 时，柱四周混凝土开始开裂。当加载位移达到 60mm ($\theta=0.027$rad，$F=240$kN) 时，节点附近梁下翼缘出现局部屈曲，其中 W3 截面较为严重。当加载位移达到 154mm ($\theta=0.068$rad) 时，作动器荷载增加至 314kN，但此时 E3 截面梁上翼缘突然断裂，导致荷载急剧下降。之后，随着加载位移继续增大，作动器荷载持续提升。当加载位移增大至 260mm ($\theta=0.116$rad，$F=310$kN) 时，W3 截面梁上翼缘开裂导致荷载突然下降。当加载位移增大至 289mm ($\theta=0.128$rad，$F=210$kN) 时，南侧上层钢筋突然断裂，而其他未断钢筋的位置也随着混凝土的剥落而向下滑动，甚至脱离了组合楼板的约束而被拉直。之后，随着加载位移持续增加，作动器荷载继续增大。当位移增大至 389mm ($\theta=0.173$rad，$F=310.4$kN) 时，W3 截面梁下翼缘开裂，导致荷载突然下降。此时，节点连接仅残存少部分梁腹板截面，试验加载终止。ST-S-R 试件在试验各阶段的破坏模式如图 5.14 所示。

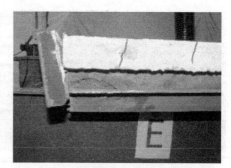

(a)W3截面翼缘断裂
($\theta=0.023$rad)
(b)压型钢板分离
($\theta=0.023$rad)
(c)端板被顶弯($\theta=0.023$rad)

(d)局部屈曲($\theta=0.045$rad)
(e)E3截面下翼缘断裂
($\theta=0.058$rad)
(f)剪切板($\theta=0.200$rad)

(g)最终状态 ($\theta=0.200$rad)

图 5.13   ST-M-T 试件破坏现象

5.3.1.4   ST-S-T 试件

ST-S-T 试件的试验特点与 ST-S-R 试件较为相似。当位移加载至 30mm（$\theta=0.013$rad，$F=191$kN）时，节点附近区域混凝土楼板上表面出现较多由节点弯矩引起的垂直于梁轴线方向的裂缝。当位移加载至 53mm（$\theta=0.024$rad，$F=225.5$kN），节点处梁下翼缘出现局部屈曲，其中 W3 截面较为严重。当位移增加至 180mm（$\theta=0.080$rad，$F=311.1$kN），E3 截面梁上翼缘突然断裂，导致荷载突然下降。此时，与 ST-S-R 试件相比，此试件的混凝土剥落更为严重，压型钢板与混凝土楼板之间也出现明显脱离。之后，作动器荷载随着位移加载逐渐增大，直至 W3 截面梁上翼缘断裂（245mm，$\theta=0.109$rad，$F=267$kN），作动器荷载突然下降。在此之后，由于剪切板的裂缝发展和混凝土的剥落，作动器荷载未有明显上升。当加载位移增大至 354mm（$\theta=0.157$rad，$F=241$kN）时，W3 截面梁下翼缘断裂，试件失去承载能力，试验终止。ST-S-T 试件在试验

  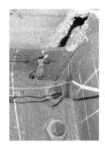

(a)梁翼缘屈曲(θ=0.027rad)   (b) E3截面翼缘断裂(θ=0.068rad)   (c) W3截面翼缘断裂
(θ=0.116rad)

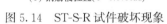

(d) 钢筋断裂(θ=0.128rad)   (e) 钢筋被拉直(θ=0.173rad)   (f)梁腹板(θ=0.173rad)

图 5.14 ST-S-R 试件破坏现象

各阶段的破坏模式如图 5.15 所示。

  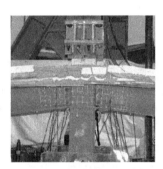

(a) 梁翼缘屈曲   (b) E3截面翼缘断裂   (c) 楼板破坏
(θ=0.024rad)   (θ=0.080rad)   (θ=0.080rad)

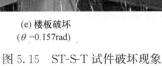

(d) W3截面翼缘断裂   (e) 楼板破坏   (f) 剪切板
(θ=0.109rad)   (θ=0.157rad)   (θ=0.157rad)

图 5.15 ST-S-T 试件破坏现象

5.3.2 试件变形形态

图 5.16 为试件 ST-M-T 和试件 ST-S-T 在加载过程中的整体竖向变形图，规定位移值向上为正。从竖向变形曲线的发展可知，两试件在加载前期表现为受弯形态，随着加载位移不断增大，试件的截面转动逐渐集中在梁柱节点处，梁被逐渐拉直，表现为悬索形态。

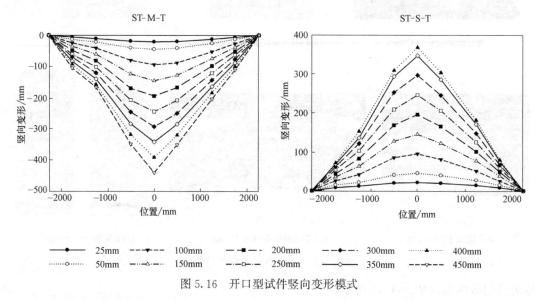

图 5.16 开口型试件竖向变形模式

5.3.3 应变发展与分布

考虑到两个试件各自的对称性，图 5.17 中仅给出了试件 W1 截面的应变发展，包括截面 W1 的钢梁应变发展，截面 W2 的混凝土楼板和钢筋的应变发展。

对于中柱试件 ST-M-R 和 ST-M-T 来说，在位移小于 50mm 时，E1 截面的表现为明显的压弯特征，即上翼缘受压、下翼缘受拉，但下翼缘应变明显大于上翼缘应变的绝对值。随着位移的增大，E1 截面的受力状态逐渐由压弯变为拉弯状态，最终，E1 截面的所有应变均变为拉应变。当 W3/E3 截面处梁下翼缘断裂时，E1 截面梁翼缘处的应变均会明显降低。之后，E1 截面处梁下翼缘应变保持稳定，而梁上翼缘处的应变迅速向拉应变转变，并在试验快要结束时超过梁下翼缘处的拉应变值。不过，值得注意的是，两试件 E1 截面上翼缘压应变转换为拉应变对应的位移差异较大：试件 ST-M-T 为 210mm，试件 ST-M-R 为 360mm。

对于边柱试件 ST-S-R 和 ST-S-T 来说，E1 截面的应变状态变化与中柱试件不同。在 E1 截面在小变形阶段表现为受弯特性，且上翼缘受拉，而下翼缘受压。当节点处梁翼缘断裂时，E1 截面梁上翼缘应变出现明显下降。随着位移增加，E1 截面的所有应变均变为拉应变，最终下翼缘处的应变值超过上翼缘处的应变值。总的来说，试件 ST-S-R 和试件 ST-S-T 在 E1 截面处的应变发展趋势大致相同。只不过，在试验结束之前，试件 ST-S-R 的总体应力状态要高于试件 ST-S-T。

对于中柱节点试件来说，组合楼板中的混凝土处于受压状态，其抗压性能可以得到充

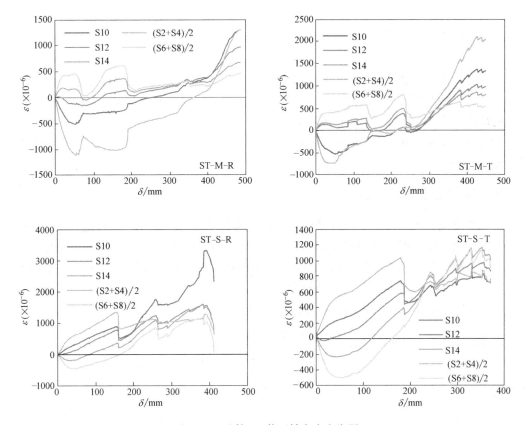

图 5.17 试件 E1 截面轴向应变发展

分发挥。图 5.18 绘出了中柱节点试件 E2 截面处混凝土的平均轴向应变发展趋势。总体来说，试件 ST-M-R 中的混凝土压应变明显高于试件 ST-M-T。在竖向位移达到 50mm（$\theta=0.022\mathrm{rad}$）时，试件 ST-M-T 中 E2 截面的混凝土压应变达到峰值，之后，迅速减小到约为 4×10^{-4}，并一直保持此值到试验结束。试件 ST-M-R 的 E2 截面混凝土压应变只在 W3 截面和 E3 截面翼缘断裂时略有下降，在整个加载过程中均保持在相对较高的水平。此现象是由两试件所采用压型钢板的截面形状不同所导致，这将会在后面的部分讨论。

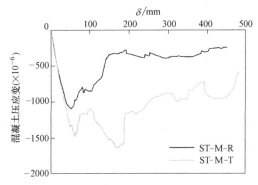

图 5.18 中柱节点试件 E2 截面混凝土平均轴向应变

5.4 试验结果分析

分别由抗弯机制和悬链线机制提供的抗力可由试件 W1/E1 截面处的弯矩和剪力计算得到，而此处的弯矩和剪力可由此截面布置的应变片测得的轴向应变推算得到。所有节点试件的荷载-位移曲线可以分为两个阶段。第一阶段称为抗弯阶段，在此阶段荷载主要由组合梁的抗弯机制承担，同时，中柱试件也发展了压力拱机制。第二阶段称为悬链线阶段，随着变形的增大，在此阶段竖向荷载主要由梁轴拉力的竖向分力承担。

5.4.1 试件变形极限状态

表 5.3 列出了各试件的变形极限状态及其对应的承载力。在竖向位移达到 300mm 之前，由于柱两侧梁翼缘开裂的时刻不同，所有试件的荷载-位移曲线都有两个峰值。对于边柱试件来说，抗弯阶段在弦转角约为 0.12rad 时结束，而对于中柱试件 ST-M-T 和 ST-M-R 来说，抗弯阶段结束时对应的弦转角分别为 0.11 和 0.08。除了无楼板试件之外，所有的带楼板试件的最大承载力均在抗弯阶段达到。

试件变形极限状态 表 5.3

试件	变形极限状态		
	第一次峰值荷载	第二次峰值荷载	极限状态
无楼板试件	184kN(0.033rad,74mm)	186kN(0.06rad,141mm)	218kN(0.17rad,381mm)
ST-M-RC	306kN(0.028rad,63.1mm)	235kN(0.074rad,166mm)	179kN(0.186rad,419mm)
ST-M-R	324kN(0.023rad,52.4mm)	288kN(0.076rad,171mm)	308kN(0.216rad,487mm)
ST-M-T	279kN(0.023rad,52.3mm)	201kN(0.103rad,231mm)	240kN(0.19rad,427mm)
ST-S-RC	302kN(0.078rad,175mm)	275kN(0.105rad,236mm)	317kN(0.178rad,400mm)
ST-S-R	314kN(0.068rad,153mm)	310kN(0.111rad,250mm)	310kN(0.17rad,382mm)
ST-S-T	311kN(0.08rad,179mm)	267kN(0.108rad,243mm)	241kN(0.157rad,353mm)

如 5.3.1 节所述，在试验结束时，两个边柱试件的梁柱连接均已完全破坏，而两个中柱试件均在试件梁柱连接完全破坏前终止了试验。因此，对于边柱试件来说，其悬链线抗力不能超过其抗弯阶段的最大承载力。而对于中柱试件来说，由于试验过早终止，后期的悬链线抗力可能并未完全发展，则此结论并不适用于中柱节点试件。试件后期的悬链线抗力发展不充分主要由两个原因导致：

（1）压型钢板在柱子处采用搭接连接，因此压型钢板不能贡献悬链线抗力；

（2）由于混凝土的严重剥落，钢筋不能充分发展悬链线抗力。因此，在此试验中，组合楼板对悬链线抗力的发展贡献较为有限。

5.4.2 荷载-位移曲线

四个试件的荷载-位移曲线如图 5.11 所示。各试件在抗弯阶段和悬链线阶段的最大承载力列于表 5.3。带组合楼板试件的承载力和初始刚度均明显大于纯钢试件。同时，纯钢试件的最大承载力在悬链线阶段达到，而四个带楼板试件的最大承载力在抗弯阶段达到。与纯钢试件相比，每个试件最大承载力的提升比例为 ST-M-T 28%，ST-M-R 48.6%，ST-S-T 42.7%，ST-S-R 44%。中柱节点试件达到最大承载力时对应的弦转角为

0.024rad，而边柱节点试件达到最大承载力时的对应弦转角为 0.068rad。

对中柱节点试件来说，如图 5.11 所示，试件 ST-M-R 和试件 ST-M-T 的荷载-位移曲线差异很大。在抗弯阶段，如图 5.13 所示，试件 ST-M-T 钢梁上翼缘和压型钢板间有限的接触面积导致其节点区梁上翼缘严重屈曲。此翼缘屈曲提升了梁柱连接的转动能力，从而使得梁下翼缘的断裂时刻推迟。对于试件 ST-M-R，闭口型压型钢板能够紧紧限制梁上翼缘，使其不能发生屈曲，从而导致梁下翼缘的过早断裂。不过，由于试件 ST-M-R 中组合楼板的横截面积大于试件 ST-M-T，因此其抗弯阶段的承载力也大于试件 ST-M-T。

在悬链线阶段，如图 5.11 所示，试件 ST-M-T 发展的悬链线抗力较小，整体趋势与纯钢试件相似。而试件 ST-M-R 发展的悬链线抗力相对较高。如图 5.19 所示，钢筋混凝土楼板被压缩导致在楼板中出现轴压力 C_c，此轴压力会抵消钢梁因拉伸产生的轴拉力 T_s。因此节点子结构的轴力 T 由钢筋混凝土楼板和钢梁两部分的轴力共同组成。

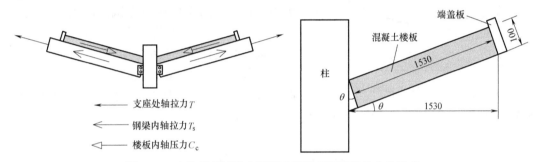

图 5.19　中柱节点试件中混凝土楼板对悬链线抗力的影响

$$T = T_s - C_c \tag{5.1}$$

$$L + d\tan\theta = \frac{L}{\cos\theta} \tag{5.2}$$

由图 5.19 所示可知，混凝土楼板内的压力主要来源于楼板和柱子之间的挤压。但随着柱子竖向位移的增大，梁会不断伸长，导致在竖向位移超过某一值后，楼板会和柱壁脱离接触，此时由楼板和柱壁互相挤压而产生的压力 C_c 就会消失。楼板和柱壁脱开时的位移可根据式（5.2）求得，其中 $L = 1530$mm 为柱壁和端盖板之间混凝土楼板的长度，$d = 100$mm 为混凝土楼板的厚度，θ 为梁的弦转角。则楼板和柱壁脱开时的弦转角 $\theta = 7.48°$，对应的竖向位移为 $\delta = 295$mm。因为试件 ST-M-T 混凝土的破坏较为严重，则 C_c 可以忽略，因此其在悬链线阶段的表现和纯钢试件相似。此外，由于试件 ST-M-T 中钢筋因混凝土的剥落而未能充分发挥其抗拉承载力，其悬链线阶段的承载力也弱于试件 ST-M-R。

对于边柱节点试件来说，如图 5.11 所示，两个带楼板试件在抗弯阶段的性能相似。这是因为混凝土楼板在边柱节点试件中受拉力，混凝土的影响就可以忽略，从而两个试件的截面性能相似。不过，试件 ST-S-R 在悬链线阶段的承载力高于试件 ST-S-T，这是由两试件组合楼板的破坏程度不同所导致的。闭口型压型钢板中的倒三角凸起可以提高压型钢板与混凝土之间的组合性能，可以减少混凝土的破坏，从而将钢筋牢牢限制在混凝土楼板中，使得其发展更多的悬链线抗力。如图 5.14 所示，试件 ST-S-R 中钢筋的断裂表明钢筋的轴拉力得以充分发展。由于试件 ST-S-T 中混凝土楼板的严重破坏，钢筋断裂并没有在试件 ST-S-T 中发现。此外，闭口型压型钢板给栓钉提供的支撑作用也比开口型压型钢板强。因此，试件 ST-S-R 中钢梁与组合楼板间较强的组合作用也有利于钢筋发展更多的轴拉力。

5.4.3 压力拱机制

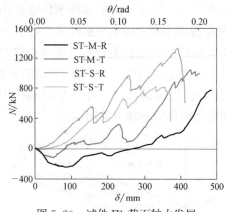

图 5.20 试件 E1 截面轴力发展

图 5.20 为试件 E1 截面的轴力发展。此截面的轴力由 E1 截面测得的轴向应变计算得到。在抗弯阶段，中柱节点试件和边柱节点试件的表现差异很大。两个边柱节点试件的轴力发展趋势较为相似，除了在梁翼缘断裂时稍有下降，其他时刻均保持为上升趋势，且在整个加载过程中轴力均为拉力。对于中柱节点试件，尤其是试件 ST-M-R，在试验前期均有明显的受压阶段。这是由试件的设计所导致的。如图 5.21 所示，组合梁在节点处的中性轴位置明显高于铰支座，因此导致了中柱节点试件中压力拱机制的出现。如图 5.22 所示，两处截面中性轴位置的差异由 δ 表示。

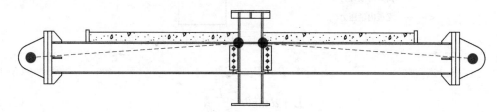

图 5.21 支座与节点处中性轴差异

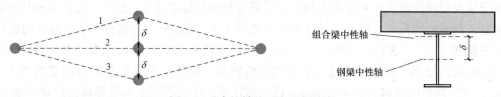

图 5.22 中性轴的三个理想状态

如图 5.22 所示，假定中柱节点试件在加载过程中保持完整，则加载过程中有三个特征状态。其中，状态 1 为加载初始状态，此时试件梁内没有任何轴力，此后随着位移的增加，梁内逐渐出现轴压力并持续增大。当加载位移达到 δ 时，即状态 2 时，节点处与制作处的梁中性轴在同一直线上，此时梁内的轴压力最大。随着继续加载梁内轴压力逐渐变小，当加载位移达到 2δ 时，即状态 3，梁内的轴压力理论上应减小为零。此后，梁轴力将变为拉力。试件 ST-M-R 和试件 ST-M-T 对应的 δ 值分别为 142.6mm 和 133mm。这意味着，试件 ST-M-R 的状态 2 和状态 3 对应的位移分别为 142.6mm 和 285.2mm，而试件 ST-M-T 的状态 2 和状态 3 对应的位移分别为 133mm 和 266mm。在图 5.20 中，试件 ST-M-R 轴压力最大值和轴压力向轴拉力的转换点所对应的位移分别为 86mm 和

268mm，而试件 ST-M-T 所对应的位移分别为 49mm 和 85mm。显然，试件 ST-M-R 比试件 ST-M-T 更接近于图 5.22 中的假设，这表明试件 ST-M-R 中的楼板破坏要轻于试件 ST-M-T，因此试件 ST-M-R 中的压力拱机制更明显。如图 5.12 和图 5.13 所示，试件 ST-M-T 中的混凝土破坏比试件 ST-M-R 中更严重，这导致试件 ST-M-T 中所能发展的轴压力小于试件 ST-M-R。此外，随着节点区混凝土的破坏，节点处组合梁的中性轴的高度也会降低，这将导致试件 ST-M-T 轴压力向轴拉力的转换点更早出现。随着加载位移的增加，轴压力逐渐变为轴拉力，压力拱效应逐渐消失，悬链线机制继而出现。

5.4.4 抗力机制

两个试件中，竖向承载力 F 主要由弯曲机制提供的承载力 F_F 和悬链线作用提供的承载力 F_A 共同组成，其中弯曲作用提供的承载力 F_F 主要由剪力（N_1，N_2）的竖向分力组成，悬链线作用提供的承载力 F_A 主要由轴力（V_1，V_2）的竖向分力组成，如式（5.3）、式（5.4）和图 5.23 所示。

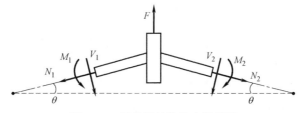

图 5.23 梁柱子结构的力学模型

$$F_A = N_1 \sin\theta + N_2 \sin\theta \tag{5.3}$$
$$F_F = F - F_A \tag{5.4}$$

图 5.24 给出了试件的竖向抗力 F、F_A 和 F_F 的发展曲线。对于中柱节点试件，在下翼缘断裂前，竖向荷载几乎全由弯曲机制承担。当柱两侧梁下翼缘均断裂后，悬链线机制逐渐发展，并最终超过弯曲机制的贡献。对于试件 ST-M-R，在位移达到 275mm 之前，由于节点处和支座处梁中性轴高度的差异，试件内出现了明显的压力拱机制。由于试件 ST-M-T 节点处混凝土的严重破坏，限制了梁轴压力的发展，导致试件没有出现明显的压力拱机制。

对于边柱节点试件，由于节点处梁中性轴高于支座处梁中性轴，自加载起始悬链线机制就开始发展。在梁上翼缘断裂前，试件 ST-S-R 和试件 ST-S-T 的内力发展几乎相同。在梁上翼缘断裂后，试件 ST-S-R 的悬链线抗力明显强于试件 ST-S-T。这是因为，与试件 ST-S-T 相比，试件 ST-S-R 内混凝土破坏较为轻微，使得钢筋能够发展更高的拉力。

5.4.5 两种压型钢板的影响

图 5.25 为中柱节点试件组合楼板破坏模式的示意图，由此图可以发现试件 ST-M-T 中压型钢板与混凝土板之间的脱离较为严重。这是因为，开口型压型钢板-混凝土组合楼板一旦发生滑移，由于容易发生垂直分离现象，很快消失组合咬合力，使得组合梁的截面性能产生明显削弱，呈现一定的脆性破坏性质。而闭口型压型钢板由于倒三角形的压型钢板上翼缘的存在，发生滑移之后可以继续咬合住混凝土，使得组合梁的截面性能不出现明

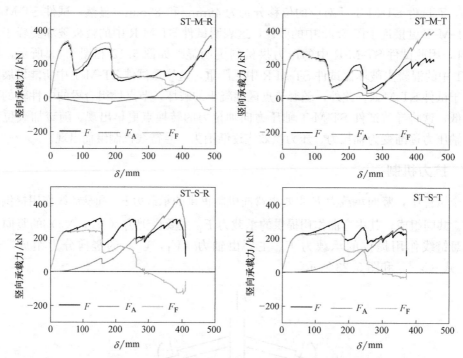

图 5.24 抗弯机制和悬链线机制对竖向承载力的贡献

显削弱,呈现一定的延性破坏性质。图 5.18 中试件 ST-M-R 的节点附近混凝土压应变明显高于试件 ST-M-T,这也得益于闭口型压型钢板可以更好地提高组合楼板的组合作用。

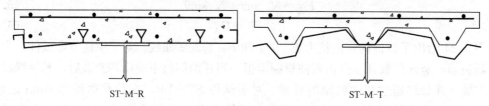

图 5.25 组合楼板破坏模式对比

第6章
单层组合楼盖系统连续倒塌机理研究

第 5 章节点子结构试验已经从节点层次说明了组合楼板对钢结构抗连续倒塌性能的有利作用，但限于其平面试件的性质，不能反映组合楼板空间效应对结构抗连续倒塌性能的影响，因此有必要进一步开展楼盖子结构层次的试验研究。为此，本章设计了两个足尺单层 2×1 跨组合楼盖子结构试验，其中梁柱节点为栓焊刚接节点，组合楼板采用前述研究中有利于节点转动性能发展的开口型压型钢板组合楼板。本章的试验结果为楼盖子结构层次和结构体系层次数值分析的模型标定提供依据，同时本章试验也是建立组合楼盖子结构理论评估模型的基础。

6.1 试验设计

6.1.1 原型结构

为了使此试验能够反映依照现行标准设计的钢结构建筑在连续倒塌工况下的真实反应，依照中国标准[29,155,166,178-180]，设计了一栋位于上海的 5 层抗弯钢框架结构。此结构的平面布置和立面布置分别表示在图 6.1（a）和图 6.1（b）中。此结构的水平荷载由钢支撑承担，支撑布置如图 6.1（c）所示。其中，G 代表主梁；B 代表次梁；IN 和 OUT 表示边柱破坏的相对位置；2G 表示有两个主梁与破坏的柱子相连；1B 代表有一个次梁与破坏的柱子相连。

此结构所处场地类别为二类，地震烈度为 7 度（0.1g），基本风压为 0.55kN/m²，地面粗糙度类别为 C 类。设计此结构所用的恒荷载（DL）为 5kN/m²，活荷载（LL）为 2kN/m²。此结构的各层层高均为 3.6m，主梁跨度为 4.2m，次梁跨度为 3.6m，其中主梁和次梁均为 4 跨。

此结构中所用的梁、柱和支撑都采用 H 型钢[181]，钢材牌号都为 Q345。设计之后的主梁截面为 HN200×100×5.5×8，次梁截面为 HN150×75×5×7，柱截面为 HW200×200×8×12，支撑截面为 HW100×100×6×8。此钢框架中钢-混凝土组合楼板的总厚度为 100mm，选用厚度为 1.2mm 的开口型压型钢板（牌号为 Q345），混凝土面层钢筋为 CRB550 等级的 φ8 焊接钢筋网片[179]（网孔为 200mm×200mm），混凝土为 C30 商品混凝土。组合楼板的截面形状与尺寸如图 6.2（d）所示。钢梁与组合楼板之间通过直径为

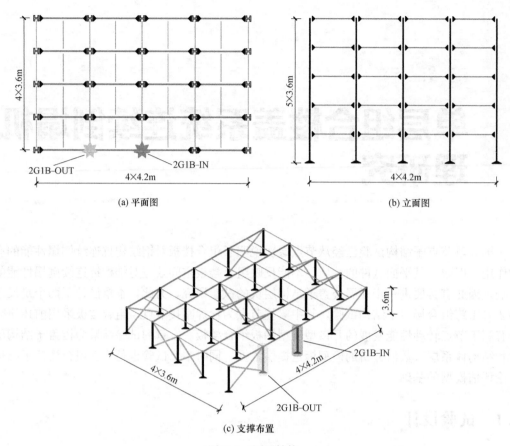

(a) 平面图   (b) 立面图

(c) 支撑布置

图 6.1 原型结构

16mm，长度为 80mm 的 5.6 级栓钉连接。为了满足完全抗剪的设计要求，栓钉沿主梁方向为每 300mm 间隔布置一个，沿次梁方向为每 350mm（每个板肋）布置一个。其中，主梁-柱节点采用栓焊刚接节点 [图 6.2（a）]，次梁-柱节点采用剪切板螺栓铰接节点 [图 6.2（b）]，次梁-主梁节点采用剪切板螺栓铰接节点 [图 6.2（c）]。此三种节点中的螺栓均采用 10.9 级 M16 高强螺栓。在主梁-柱节点中，主梁翼缘与柱翼缘之间的焊接方式为单边 V 形坡口对接焊缝，并在焊缝下加垫板。

6.1.2 试件设计

在实际情况中，相比于结构内部的柱子，位于结构外围的柱子更易于受到破坏，此外，结构外围的柱子破坏后能够用来荷载分配的途径也少于内部的柱子。因此，结构若是能够抵抗由外围柱子破坏而可能引起的连续倒塌，则认为，此结构也能够抵抗由内部柱子破坏而可能引发的连续倒塌。综上，此处仅考虑移除结构外围的柱子。

结构外围的柱子包括角柱和非角柱的边柱。对于角柱破坏的情况，由于缺少传力路径，结构不能够有效实现破坏后荷载的再分配，因此，此种情况下应着力通过增强角柱，使其不易于遭到破坏。那么，研究的内容就仅剩下非角柱的边柱，此时分为主梁侧的边柱破坏和次梁侧的边柱破坏两大类。由于条件所限，在此试验中，仅研究主梁侧边柱破坏时的两种情况。

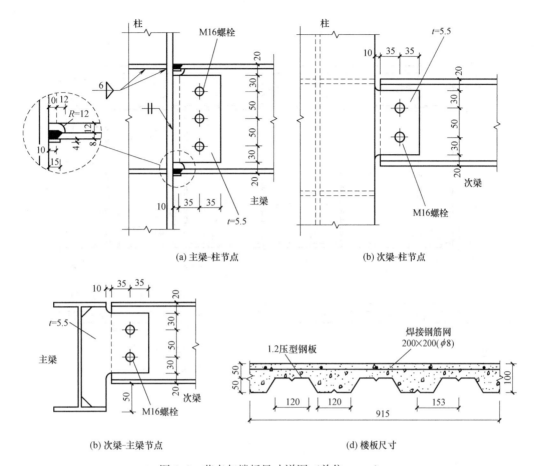

(a) 主梁-柱节点　　　　　　　　　(b) 次梁-柱节点

(b) 次梁-主梁节点　　　　　　　　(d) 楼板尺寸

图 6.2　节点与楼板尺寸详图（单位：mm）

　　此试验共设计两个试件，分别对应两种边柱破坏工况：靠近内侧的边柱（边中柱）破坏工况对应的试件为 2G1B-IN，靠近角柱的边柱（角柱侧边柱）破坏工况对应的试件为 2G1B-OUT。两个试件对应的柱子破坏位置如图 6.1 所示。两个试件均包括两个主梁跨和一个次梁跨，且周围有 900mm 宽的外伸楼板。外伸楼板内的钢筋和压型钢板与边界围梁焊接在一起，用来反映原型结构中连续的楼板边界条件。两个试件的结构布置与尺寸详情如图 6.3 所示。

　　如图 6.3（b）所示，在 2G1B-OUT 试件中，角柱侧的水平约束只由 C1 柱和 C3 柱提供。而在其对侧，考虑到相邻主梁跨可以提供充足的水平约束，故可将两个外伸主梁（G5 和 G6）末端看作固定端。同理，在 2G1B-IN 试件中［图 6.3（a）］，四个外伸主梁（G5，G6，G7，G8）也看作固定端。由于试验室空间的限制，不允许将楼板上下两层的柱子按照实际层高来设计，因此，采用如图 6.4 所示的简化方案来模拟 2G1B-OUT 试件中 C1 柱和 C3 柱处的水平约束。上下两层柱子的远端可近似认为是固定端，则上下两层柱子所能提供的水平刚度（k_{adjacent}）可以在弹性范围内由一半层高的悬壁柱的水平刚度（$k_{\text{cantilever}}$）来替代。

$$k_{\text{adjacent}} = \frac{2 \times 12EI}{l^3} = \frac{24EI}{l^3} \tag{6.1}$$

$$k_{\text{cantilever}} = \frac{4EI}{0.5l} = \frac{8EI}{l} = k_{\text{adjacent}} \tag{6.2}$$

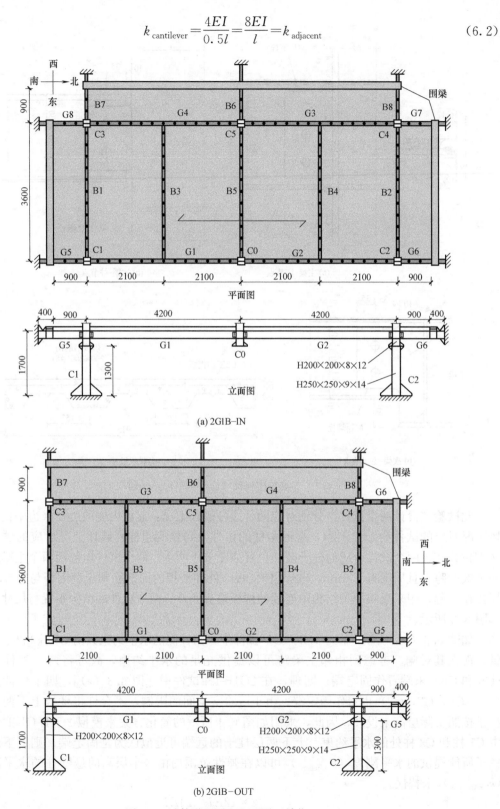

图 6.3 试件平面图和立面图（单位：mm）

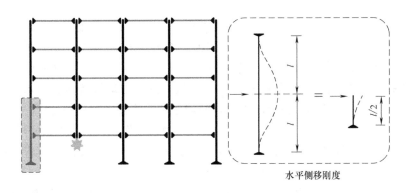

图 6.4　柱子的简化

6.1.3　试验装置

如图 6.5 所示，此试验的试验装置由试件、水平约束支座、竖向约束支座、2000kN

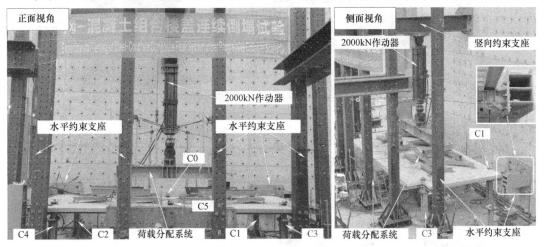

(a) 2G1B-IN 试验装置

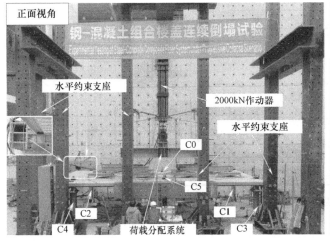

(b) 2G1B-OUT 试验装置

图 6.5　试验装置

作动器和荷载分配系统组成。水平约束支座的设计承载力远大于连接其上的外伸主梁的全截面塑性抗拉承载力,因此,可满足图 6.3 中所示的外伸主梁端水平约束的要求。作动器施加的集中力通过 4 级分配梁均匀分配到 24 个点上 [图 6.6 (a)],使其能够实现理想的均布加载效果。每个加载点下都有一块 300mm 边长的正方形板将荷载均匀施加到混凝土楼板上,避免出现冲切破坏。各级分配梁之间通过辊轴连接,仅用螺栓限位,使各级分配梁之间可以自由的转动,保证荷载分配的均匀。2000kN 作动器施加集中荷载到第一级分配梁的中点(也即试件楼板区域的中心点)。作动器两端的铰接头正交布置,使其可以实现两个方向的转动。第一级分配梁梁端的螺栓限位孔为长圆孔,以确保试验加载过程中第一与第二级荷载分配梁之间可沿主梁轴线方向出现相对滑动。在作动器中部用铰链固定,防止其在加载过程中失稳。试验过程中,作动器按 4mm/min 的速度匀速加载,直至试验结束。

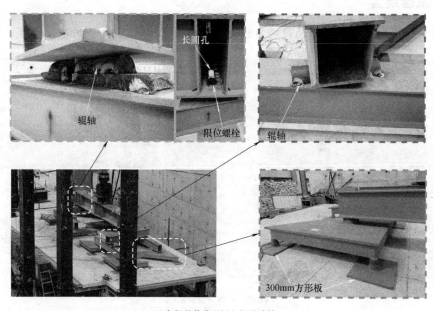

(a) 各级荷载分配梁之间的连接

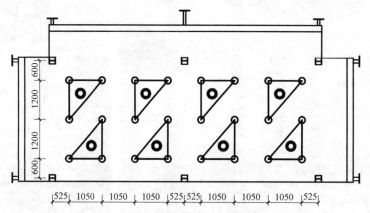

(b) 荷载分配系统加载点(单位: mm)

图 6.6 荷载分配系统

试验过程中采用位移计和应变片来测量试件的加载状态。位移计主要是用来测量试件加载区域内楼板和钢梁的竖向位移，以及试件外围可能发生的水平位移。应变片主要用来监测柱子、钢梁以及楼板中的应变变化。

6.1.4　材性试验

本试验的试件除钢筋采用 CRB550 钢材外，其余部分均采用 Q345 钢材。表 6.1 中列出了各钢材部件的材料参数。除栓钉和高强螺栓外，所有钢材部件的材性性能均由材性试件直接测得。栓钉和高强螺栓的材性性能采用的为生产厂家提供的名义值。

钢材材性　　　　　　　　　　　　　　表 6.1

构件	位置	初始厚度 /mm	f_y /MPa	f_u /MPa	初始长度 /mm	裂后长度 /mm	伸长率* /%
主梁/围梁	翼缘	7.7	390	536	80	105	31
	腹板	5.3	419	557	70	92	31
次梁	翼缘	9.3	365	517	90	118	31
	腹板	6.5	400	535	75	99	32
柱 H200×200	翼缘	11.6	373	531	100	132	32
	腹板	7.8	395	546	80	105	31
柱 H250×250	翼缘	13.4	383	536	110	142	29
	腹板	8.6	405	551	85	107	26
压型钢板	楼板	1.18	320	380	60	83	38
钢筋	楼板	Φ8	596	672	50	53.3	7
栓钉	楼板	Φ16	320	400			14
螺栓	节点	Φ16	940	1040			10

注：* 伸长率＝裂后长度/初始长度－1。

在试验当天，由三个 150mm×150mm×150mm 的标准立方体混凝土抗压强度试验测得的混凝土强度为 33.14MPa、32.44MPa 和 32.89MPa，平均之后，此试验所用混凝土标准立方体抗压强度可按 33MPa 取值。

为了得到栓钉连接的抗剪性能，设计了两个 Pushout 试件 ［图 6.7 (a)］，分别代表平行于主梁轴线方向和平行于次梁轴线方向的栓钉连接，对应的荷载-位移曲线如图 6.7 (b) 所示。

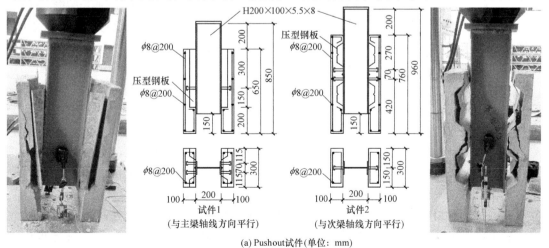

(a) Pushout试件(单位：mm)

图 6.7　栓钉 Pushout 试验

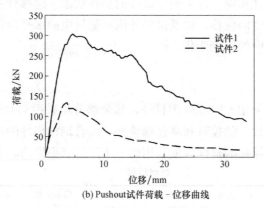

(b) Pushout试件荷载‑位移曲线

图 6.7　栓钉 Pushout 试验（续）

6.2　试验结果

6.2.1　试验现象

两个试件的荷载-位移曲线如图 6.8 所示。均布荷载 ω 由荷载 F 除以 30.24m^2（2×1 跨楼板的面积）得到，主梁弦转角 θ 由 C0 柱的竖向位移 δ 除以 4.2m（主梁跨度）得到。在 2×1 跨的楼板加载区域，试件的自重为 66.4kN，荷载分配装置重 44kN。因此，此试件加载前的初始荷载为 110.4kN（3.65kN/m^2）。

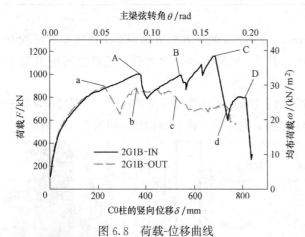

图 6.8　荷载-位移曲线

6.2.1.1　试件 2G1B-IN

试件 2G1B-IN 主要破坏现象为：

（1）当 $\delta=70\text{mm}$（$\theta=0.0167\text{rad}$）时，在楼板负弯矩区的上表面出现沿 C1-C3-C5-C4-C2 方向的通长裂缝。此现象表明，此时楼板负弯矩区的弯矩已达到屈服抗弯承载力。

（2）当 $\delta=170\text{mm}$（$\theta=0.04\text{rad}$）时，B3-G1 节点连接和 B4-G2 节点连接上部楼板出现裂缝，且 G1-C1 节点连接和 G2-C2 节点连接主梁下翼缘受压屈曲。

此阶段主要是楼板在负弯矩区的裂缝继续发展扩宽；在 C0 柱附近，主梁上部楼板因受挤压而出现裂缝；在主梁靠近 C1 柱和 C2 柱的负弯矩区，其上部的混凝土因受拉而开裂；两个东侧主梁跨中（B3-G1 节点连接和 B4-G2 节点连接处）的上部楼板都出现斜向楼板中心的弧形裂缝 [图 6.9（a）]，形成围绕 C0 柱的弧形裂缝环。此外，在东侧主梁上部楼板的侧面出现了一些较长的水平裂缝，此裂缝处于距楼板上表面 1/3～1/4 厚度处，说明此时栓钉承受了较大剪力，混凝土楼板在栓钉顶部出现水平裂缝。靠近 C1 柱和 C2

柱的主梁下翼缘都因受压而出现明显的屈曲，而C0柱两侧的主梁没有出现屈曲，原因是其上部的楼板与梁上翼缘外侧贴合紧密，限制了屈曲的出现。

（3）当$\delta=380$mm（$\theta=0.09$rad，$F=1000$kN）时，G1-C1节点连接主梁上翼缘断裂[图6.9（b）]。

此阶段关键的现象为G1-C1节点连接主梁上翼缘突然断裂[图6.9（b）]，导致承载力突然下降；楼板的破坏也更严重，在东侧主梁上的楼板的水平裂缝变宽[图6.9（c）]，说明此时栓钉承担的剪力很大，并且由于东侧主梁单侧受压，其上的楼板向西侧明显倾斜，在C1、C2柱附近的负弯矩区，楼板外侧与主梁上翼缘出现明显缝隙。此时，楼板负弯矩区的混凝土楼板上表面的裂缝也逐渐扩大。

（4）当$\delta=480$mm（$\theta=0.114$rad）时，C1、C2柱附近压型钢板开裂，B5-C5节点连接下侧螺栓剪断[图6.9（d）]。

此阶段，在东侧主梁负弯矩区，由于较大的水平拉力，C1柱和C2柱附近的压型钢板被拉裂，靠近C1柱区域的压型钢板还发生明显变形，压型钢板的波纹有被压扁的趋势；东侧主梁上部楼板的侧面水平裂缝继续发展迅速扩大；下侧螺栓被剪断[图6.9（d）]。

（5）当$\delta=550$mm（$\theta=0.131$rad）时，G2-C2节点连接主梁上翼缘开裂[图6.9（e）]，C2柱附近楼板出现冲切破坏[图6.9（f）]。

此阶段，最显著的现象是G2-C2节点连接主梁上翼缘开裂导致承载力迅速下降，这也标志着组合梁抗弯承载机制的退出。

此外，在靠近C2柱的混凝土楼板因加载点集中力的挤压而出现冲切破坏[图6.9（f）]，其下的压型钢板也因挤压而严重变形。压型钢板与两端围梁被拉开，标志着压型钢板内已经形成了较大的薄膜拉力，楼板在薄膜拉力作用下向内变形。在试件东侧的主梁负弯矩区，混凝土楼板在负弯矩区与主梁上翼缘严重分离，已经可以看到裸露的栓钉。不过，在主梁正弯矩区，混凝土楼板还保持着最初的破坏程度，并没有出现破坏继续发展的迹象。

与C1柱和C2柱相连的次梁（B1和B2）在竖向压力作用下挠度很大，并且与C1柱相连的次梁B1由于楼板向内移动而发生弯扭失稳，也从侧面印证了楼板内发展了较大的薄膜拉力。由于楼板整体向C0柱处倾斜，B5-C5节点连接处的次梁下翼缘因受挤压而出现屈曲。

（6）当$\delta=686$mm（$\theta=0.163$rad，$F=1159$kN）时，G1-C1节点连接完全失效[图6.9（g）]。

此时，试件2G1B-IN达到了它的承载力峰值，随着G1-C1节点连接彻底失效，承载力急剧下降至560kN。

在主梁的负弯矩区，东侧的混凝土楼板已经彻底破坏，栓钉已经完全裸露，并且靠近南侧的主梁的裸露栓钉已经被剪断，而靠近C0柱的混凝土楼板没有明显破坏。靠近C1柱和C2柱的楼板混凝土已经破坏退出工作，而靠近南侧围梁的组合楼板已与围梁彻底分开，标志着钢筋与围梁的连接也被拉断。

由于G1-C1节点连接处主梁全截面断裂，而南侧组合楼板也与围梁完全分离，导致与C1柱相连的次梁B1在B1-C1节点连接处被拉断，而发生90°扭转。这也标志着接下来只能完全依靠楼板自身承担荷载。

（7）当 $\delta=815mm$（$\theta=0.194rad$）时，C1 柱附近楼板被完全拉裂 [图 6.9（h）]。

随着位移继续增加，承载力提升到约 790kN 时不再继续增长，这表明剩余结构仅依靠楼板只能贡献约 790kN 的承载力。而后，随着南侧楼板在与 C1 柱相连的次梁 B1 上部彻底被拉裂，楼板薄膜传力机制被破坏，剩余结构不能再继续承载，试验停止。

楼板的最终破坏状态 [图 6.9（i）] 为整体向东侧倾倒，且因南侧主梁被拉断而略微向南侧倾斜。楼板的破坏依然是集中在与 C1 柱和 C2 柱靠近的负弯矩区，内侧的楼板负弯矩区的破坏表现为初始裂纹的扩大，而没有产生新的裂缝，靠近 C0 柱附近的楼板没有明显破坏，依然保持初始的状态。

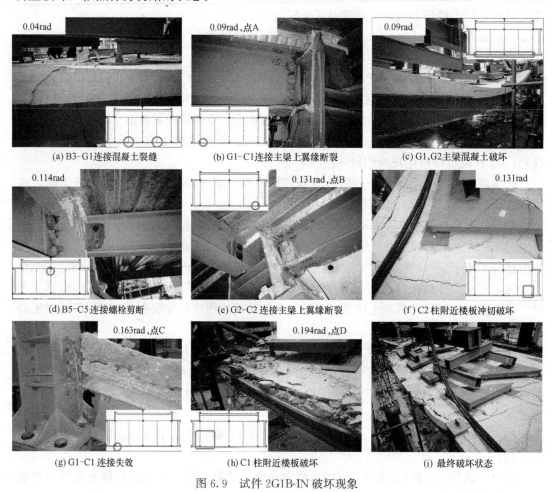

(a) B3-G1 连接混凝土裂缝　　(b) G1-C1 连接主梁上翼缘断裂　　(c) G1、G2 主梁混凝土破坏

(d) B5-C5 连接螺栓剪断　　(e) G2-C2 连接主梁上翼缘断裂　　(f) C2 柱附近楼板冲切破坏

(g) G1-C1 连接失效　　(h) C1 柱附近楼板破坏　　(i) 最终破坏状态

图 6.9　试件 2G1B-IN 破坏现象

6.2.1.2　试件 2G1B-OUT

试件 2G1B-OUT 主要破坏现象为：

（1）当 $\delta=156mm$（$\theta=0.037rad$）时，B3-G1 节点连接上部混凝土楼板出现裂缝 [图 6.10（a）]。此裂缝与 2G1B-IN 试件一致，均由次梁传递到主梁的集中力所导致。

（2）当 $\delta=226mm$（$\theta=0.054rad$，$F=893kN$）时，G2-C0 节点连接主梁下翼缘断裂 [图 6.10（b）]，导致承载力突然降低的同时，C0 柱的竖向位移也突然增大。此时，G2-C2 节点连接主梁上翼缘栓孔处出现裂纹。

在 C0 柱两侧主梁上部的混凝土因受到挤压而开裂，在 B4-G2 节点连接上部出现了与 B3-G1 节点连接上部类似的混凝土裂缝，且裂缝上部均向试件中间倾斜。

（3）当 $\delta = 362$mm（$\theta = 0.086$rad）时，G2-C2 节点连接主梁上翼缘断裂［图 6.10 (c)］。

在 G2-C0 节点连接主梁下翼缘断裂之后，承载力迅速下降；而后，随着位移的增大，承载力继续升高；当承载力升至 885kN 时，G2-C2 节点连接主梁上翼缘突然断裂，导致承载力轻微下降至 831kN。

（4）当 $\delta = 432$mm（$\theta = 0.131$rad）时，G1-C1 节点连接主梁上翼缘和 G2-C0 节点连接主梁上翼缘均断裂［图 6.10 (d) 和图 6.10 (e)］。

此阶段，楼板在负弯矩区出现明显的沿 C3-C5-C4-C2 方向的通长裂缝，且在 C0 柱到 C5 柱之间也形成了一条通长缝。次梁 B1 上部靠近 C1 柱的 5 个压型钢板板肋根部出现水平混凝土裂缝，说明此处栓钉连接抗剪性能受到破坏。

（5）当 $\delta = 527$mm（$\theta = 0.131$rad）时，G2-C0 节点连接完全失效［图 6.10 (f)］。

此阶段，最关键的现象就是 G2-C0 节点连接处主梁截面彻底断裂，使得梁对承载力的贡献消失，此后试件的承载力完全由组合楼板提供。自此，试件的承载力出现缓慢下降至 680kN。负弯矩区 G1-C1 节点连接和 G2-C2 节点连接的转动变形逐渐变大，但这两个节点连接仍仅有主梁上翼缘断裂，主梁下翼缘未被拉直，仍在压力作用下保持局部屈曲的状态，这说明此时主梁 G1 和主梁 G2 在靠近 C1 柱和 C2 柱区域以受压为主，以抵抗次梁 B1 和次梁 B2 处楼板向次梁 B5 位置处移动的趋势。G2-C0 节点连接附近的组合楼板彻底破坏，混凝土剥落，钢筋网裸露，楼板与钢梁的连接也彻底失效［图 6.10 (f)］。由于失去楼板的限制，C0 柱在次梁 B5 的变形影响下出现绕主梁 G1 轴的转动，由于同时失去了主梁 G2 的约束，C0 柱也出现绕次梁 B5 轴的转动。此外，次梁 B1 上部压型钢板板肋根部的混凝土剪切裂缝持续扩大。

（6）当 $\delta = 741$mm（$\theta = 0.176$rad）时，C0 柱附件压型钢板沿次梁 B5 方向断裂［图 6.10 (g)］。

此时，C0 柱附近的压型钢板被拉断，试件承载力随之下降到 581kN；C0 柱附近的钢筋网没有断裂，仍能提供一定的承载力，但因 C0 柱此时下部变形空间不足，故而结束试验。此时，次梁 B5 上的栓钉被从楼板内拔出［图 6.10 (g)］，组合楼板与次梁 B5 间的连接已经彻底破坏；C0 柱附近主梁 G1 和主梁 G2 上的混凝土几乎完全剥落。在 C2 柱附近，与 C2-C4 方向裂缝相交的钢筋和压型钢板被拉断［图 6.10 (h)］。

此试件的最终破坏状态如图 6.10 (i) 所示，混凝土的剥落区主要集中于靠近 C0 柱的正弯矩区，而在靠近 C1 柱和 C2 柱的负弯矩区，楼板的剥落现象较轻。对于处于负弯矩区的 G1-C1 节点连接和 G2-C0 节点连接仍只有主梁上翼缘被拉断，其主梁下翼缘依然保持受压屈曲的状态，这表明，主梁 G1 和主梁 G2 在靠近 C1 柱和 C2 柱的负弯矩区内以受压为主，没有发展出明显的悬链线拉力。此外，B5-C5 节点连接次梁下翼缘因受到挤压而出现局部屈曲。

6.2.1.3　试件现象总结与分析

（1）由图 6.8 所示，在主梁翼缘断裂前，两个试件在抗弯阶段的承载力发展趋势几乎一致。

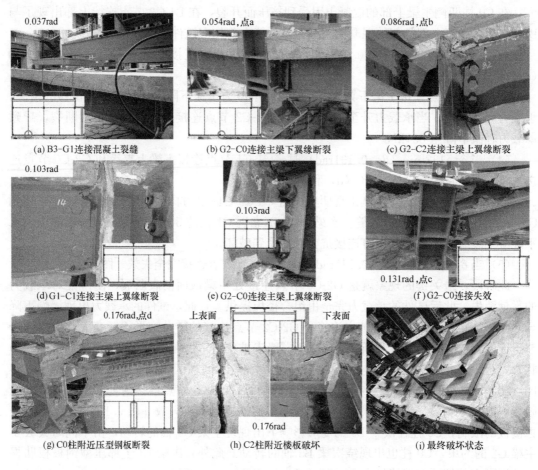

0.037rad

(a) B3-G1连接混凝土裂缝

0.054rad，点a

(b) G2-C0连接主梁下翼缘断裂

0.086rad，点b

(c) G2-C2连接主梁上翼缘断裂

0.103rad

(d) G1-C1连接主梁上翼缘断裂

0.103rad

(e) G2-C0连接主梁上翼缘断裂

0.131rad，点c

(f) G2-C0连接失效

0.176rad，点d

(g) C0柱附近压型钢板断裂

上表面　下表面

0.176rad

(h) C2柱附近楼板破坏

(i) 最终破坏状态

图 6.10　试件 2G1B-OUT 破坏现象

（2）当 δ 达到 226mm 时，试件 2G1B-OUT 达到其加载全过程中的最大承载力（约为 893kN），同时其正弯矩区 G2-C0 连接主梁下翼缘断裂，使得其抗弯承载力遭到很大削弱。在此之后，随着 δ 的增大，试件承载力开始继续增大，但当其接近之前的最大值时，负弯矩区 G1-C1 连接和 G2-C0 连接主梁上翼缘断裂阻止了试件承载力的继续增长，使得此试件的承载力保持在 850kN 左右，此阶段可看作是抗弯机制向梁悬链线机制和楼板受拉薄膜作用过渡的阶段。当 δ 发展至 500mm 时，正弯矩区 G2-C0 连接彻底失效，导致试件承载力迅速下降，随后重新稳定在 710kN 左右，此时主梁悬链线作用已失效，可认为此时的试件荷载由残余抗弯承载力和楼板受拉薄膜作用来承担。之后，试件的承载力增长至 732kN，但仍未超越之前的抗弯阶段的承载力峰值。当 δ 发展至 740mm 时，压型钢板被沿次梁 B5 方向拉断，这极大地削弱了楼板的承载力，此时剩余结构已丧失继续承载能力，试验结束。

（3）试件 2G1B-IN 在加载初期承载力稳步增长，当 δ 达到 380mm 时，试件承载力达到了抗弯阶段的极大值（约为 1000kN），同时其负弯矩区 G1-C1 连接主梁上翼缘断裂，导致试件承载力迅速下降至 770kN。之后，随着位移的增大，承载力持续爬升，直至 δ 达到 686mm 时，试件 2G1B-IN 负弯矩区 G1-C1 连接彻底失效，同时此试件的承载力也达到最大值。在 G1-C1 连接彻底失效之前，梁的悬链线机制和楼板的受拉薄膜机制同时发展，但 G1-C1 连接彻底失效，标志着梁悬链线抗力机制的消失，此后的承载力完全由剩余的楼板来承担，此时的承载力水平约为 790kN。

（4）除了在正弯矩区主梁-柱节点连接断裂时承载力稍有下降，试件 2G1B-OUT 的承载力在整个加载过程中保持在一个较为稳定的水平，此水平正弯矩区主梁-柱节点连接彻底失效前约为 850kN，在正弯矩区主梁-柱节点连接彻底失效之后约为 710kN。除了在负弯矩区主梁-柱节点连接处主梁上翼缘断裂时承载力有所降低之外，试件 2G1B-IN 的承载力一直持续爬升，直至负弯矩区主梁-柱节点连接完全失效之后，试件承载能力才不能继续增长。

（5）在主梁-柱节点连接彻底失效之后，两个试件的承载力仅由楼板系统提供，但此时仅依靠楼板提供的承载力不能超越主梁-柱节点连接彻底失效之前由梁系统和楼板系统共同作用所达到的最大承载力。这说明，对于本章所设计的组合楼盖子结构来说，在两侧水平边界均被约束的边中柱失效工况下，其最大承载力在负弯矩区主梁-柱节点连接彻底失效时的悬链线阶段达到，而在仅有一侧水平边界被约束的角柱侧边柱失效工况下，其最大承载力在正弯矩区主梁-柱节点连接下翼缘断裂时的抗弯阶段达到。

（6）在两个试件出现主梁-柱节点连接彻底失效之后，也就是在梁系统退出工作后，两个试件由剩余楼板系统所提供的承载力相差不大，试件 2G1B-IN 为 790kN，试件 2G1B-OUT 为 730kN。这说明，对于这两个试件来说，组合楼板后期承载力的发展受水平边界约束条件的影响不大，此时仅依靠楼板内的自平衡作用就能够为楼板受拉薄膜作用的发展提供足够的水平边界约束。

（7）第（6）条同时也说明，两个试件承载能力上的差别主要是由两试件主梁悬链线机制发展程度的差别所引起。对于试件 2G1B-OUT 来说，其 C1 柱只能靠柱子自身抗弯能力所提供的抗侧力来平衡主梁 G1 传递而来的悬链线拉力，使得此试件的主梁悬链线抗力发展程度相对较低；而在试件 2G1B-IN 中，主梁 G1 传递而来的悬链线拉力主要通过连接于 C1 柱的外伸主梁 G5 传递到水平约束支座，可以为悬链线抗力的发展提供充分的水平边界约束。因此，对于本章所采用的组合楼盖子结构来说，楼板受拉薄膜机制的发展受水平边界约束条件的影响较小，但主梁悬链线机制的发展明显受到水平边界约束条件的影响。

（8）在两个试件中，由组合楼板所提供的承载力较为稳定，且组合楼板直到试验接近结束才出现明显破坏，而此时的主梁弦转角 θ 已达到 0.176rad；而由梁系统所提供的承载力会因为梁柱节点连接处梁截面断裂的发展而产生明显的波动，并且梁系统的承载力也会相对较早地退出工作，试件 2G1B-OUT 和试件 2G1B-IN 的梁系统承载力退出工作的时刻分别为 0.12rad 和 0.16rad。

（9）试件 2G1B-IN 的梁柱节点失效出现在负弯矩区，其正弯矩区没有出现梁柱节点破坏；而试件 2G1B-OUT 的梁柱节点失效出现在正弯矩区，在其负弯矩区仅出现了梁柱节点连接处的梁上翼缘断裂。

（10）从试验加载的整个过程来看，无论是前期还是后期，试件 2G1B-IN 的承载力表现都优于试件 2G1B-OUT。

6.2.2 混凝土楼板上表面的裂缝发展与楼板竖向位移

如图 6.11 所示，试件 2G1B-IN 混凝土剥落区主要分布在 C1 柱和 C2 柱附近的负弯矩区，此试件的裂缝大致呈对称分布。试件 2G1B-OUT 楼板上表面的裂缝发展呈现明显的不对称性，右侧的楼板裂缝明显比左侧的楼板要多，此外，其混凝土剥落区主要集中在 C0 柱附近的正弯矩区。两个试件的混凝土剥落区都分布在发生梁柱连接失效的区域。如图 6.11 所示，在试件 2G1B-IN 以及试件 2G1B-OUT 有水平约束的一侧出现了混凝土受压环，它可以与柱子移除区域发展的水平拉力相平衡，这也表明此试件楼板发展了一定的受拉薄膜作用。在图 6.11 中，在两个试件的负弯矩区沿着梁的轴线发展了大量的裂缝，这说明两个试件在此区域发展了负塑性铰线。由于混凝土楼板的下表面被压型钢板覆盖，不能直接看到楼板下表面的裂缝发展情况。因此，混凝土楼板在正弯矩区的塑性铰线发展只能根据竖向位移图中位移等高线的曲率变化来推测。

当竖向位移达到 650mm 时，两试件的楼板竖向变形如图 6.12 所示。试件 2G1B-IN 楼板竖向位移的发展表现出明显的左右对称的特征，而试件 2G1B-OUT 无水平约束一侧的竖向位移明显大于另一侧。图 6.12（a）和图 6.12（b）中位移等高线在与直线 C0-C3 和 C0-C4 相交处曲率变化较快，因此两试件的正塑性铰线都分布在 C0-C3 和 C0-C4 两条直线上。

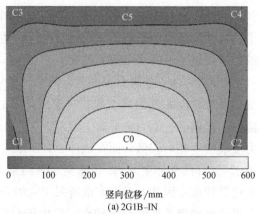

竖向位移 /mm

(a) 2G1B-IN

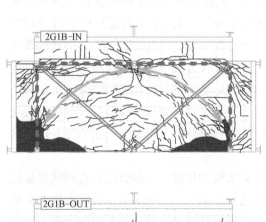

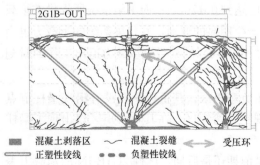

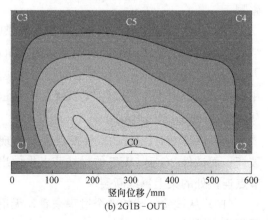

竖向位移 /mm

(b) 2G1B-OUT

🟦 混凝土剥落区　〰 混凝土裂缝　↔ 受压环
▭ 正塑性铰线　┄ 负塑性铰线

图 6.11　试件 2G1B-OUT 破坏现象　　图 6.12　C0 柱竖向位移为 650mm 时的楼板竖向位移

6.2.3　压型钢板的应变发展

6.2.3.1　试件 2G1B-IN

试件 2G1B-IN 的压型钢板应变发展如图 6.13 所示。

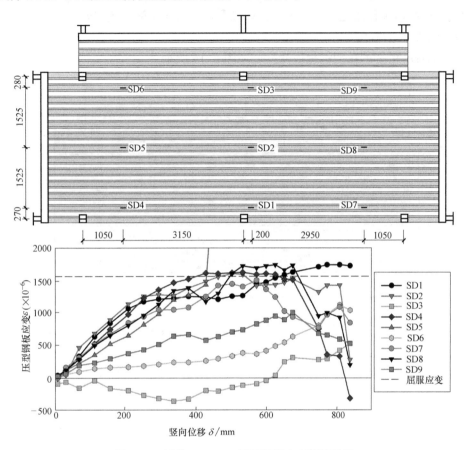

图 6.13　试件 2G1B-IN 压型钢板应变测量结果

（1）试件南北两部分压型钢板的应变发展表现出较好的对称性。SD4 和 SD7，SD5 和 SD8，SD6 和 SD9 都有着相似的发展趋势和程度。

（2）除了最内侧的 SD3，其他压型钢板应变片的应变均为拉应变，说明此试件压型钢板内拉力发展得较为充分。

（3）SD1、SD2、SD4、SD5、SD7 和 SD8 的应变发展程度较为相似，且在试验后期均达到受拉屈服应变，而较为靠近主梁 G3 和主梁 G4 的 SD3、SD6 和 SD9 的拉应变相对较小。这说明，除了靠近主梁 G3 和主梁 G4 的小范围楼板区域外，在较大的楼板区域内，压型钢板的受拉薄膜作用得到了较为充分的发展。SD3、SD6 和 SD9 的拉应变直到试验快要结束时才有所发展。

（4）在 δ 达到 250mm（$\theta=0.06$rad）之前，处于楼板中间位置的 SD1 和 SD2 的拉应变比处于楼板两侧的 SD4、SD5、SD7 和 SD8 的拉应变更大。而在 δ 达到 250mm（$\theta=0.06$rad）之后，靠近 G1-C1 节点连接的 SD4 和 SD5 的拉应变发展较快，尤其是在 G1-C1

节点连接处的主梁上翼缘断裂之后（$\delta = 380\text{mm}$，$\theta = 0.09\text{rad}$），SD4 和 SD5 的拉应变均超过了 SD1 和 SD2 的拉应变，这是因为梁柱连接翼缘断裂所释放的悬链线拉力分配到了其相邻区域的组合楼板，使得此区域内压型钢板的拉应变快速增大。这说明压型钢板的拉应力先在中间靠近次梁 B5 的楼板中间部分发展，然后再慢慢扩展到两侧靠近边界的区域，也说明受拉薄膜作用先在楼板中间区域发展，然后向两侧区域扩展。

6.2.3.2　试件 2G1B-OUT

试件 2G1B-OUT 的压型钢板应变发展如图 6.14 所示。

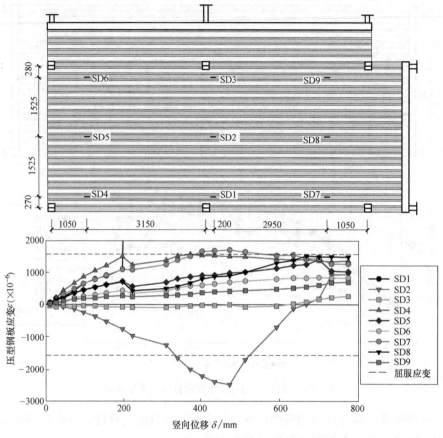

图 6.14　试件 2G1B-OUT 压型钢板应变测量结果

（1）在靠近主梁 G1 和主梁 G2 的一侧，SD1、SD4 和 SD7 的应变一直为拉应变，且其拉应变水平明显高于其他六个应变片，这说明受拉薄膜力仅在靠近主梁 G1 和主梁 G2 的有限区域内得到发展。当 δ 达到 200mm 时，SD1 处拉应变迅速增大，导致应变片失效，这是因为 G2-C0 节点连接处主梁下翼缘断裂，原先由此节点承担的拉力重分配给其相邻楼板，导致附近区域压型钢板的拉应力迅速增大，这也表明在 C0 柱附近区域内的压型钢板已经发展出较大的薄膜拉力。

（2）SD2 和 SD3 的应变在试验前期为压应变，直到后期 δ 大于 600mm 时才转变为拉应变，这说明 SD2 和 SD3 所在的区域在 δ 小于 600mm 时表现为负弯矩区，随着 δ 的增大，此区域楼板的承载机制才逐渐由抗弯机制转变为受拉薄膜作用。

（3）SD5 和 SD8 的拉应变随着 δ 的增大一直缓慢增大，但直至 δ 接近 660mm 时才得到较为充分的发展，这也说明两列主梁中间区域的压型钢板的受拉薄膜力只有在发生较大竖向变形（$\delta=660$mm，$\theta=0.16$rad）时才能得到较为充分的发展，这明显大于试件 2G1B-IN 中对应区域内压型钢板受拉薄膜力充分发展时的竖向变形（$\delta=380$mm，$\theta=0.09$rad）。

6.2.4　钢筋的应变发展

6.2.4.1　试件 2G1B-IN

试件 2G1B-IN 的焊接钢筋网应变发展如图 6.15 所示。在试验时，浇筑于混凝土内的 SR14 应变片失效。

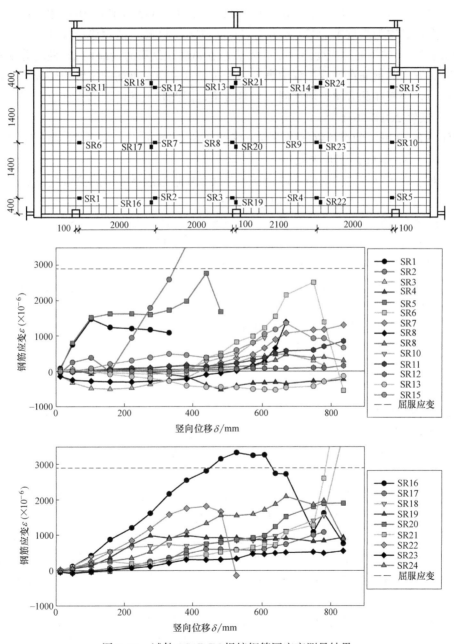

图 6.15　试件 2G1B-IN 焊接钢筋网应变测量结果

（1）对于沿主梁方向的钢筋来说，处于 C1 柱和 C2 柱附近负弯矩区的钢筋的拉应变相对较大，如 SR1 和 SR5，其余的钢筋在加载初期应变较小，随着加载进入后期（$\delta >$ 400mm）才开始发展拉应变。在 δ 大于 400mm 后，SR6 和 SR10 的拉应变开始发展，这是由于负弯矩区主梁-柱节点的破坏发展使得本该由梁系统承担的拉力分配给了其附近的楼板，使得此区域内的钢筋拉应变增大。

（2）对于次梁 B5 附近区域的钢筋应变，如 SR3、SR8 和 SR13，其在 δ 小于 400mm 时为压应变，然后才开始发展少量的拉应变，说明在次梁 B5 附近的楼板中间区域的钢筋主要用来提供抗弯承载力，起到的是受压区钢筋的作用。

（3）对于沿次梁方向的钢筋来说，在主梁 G1 和主梁 G2 跨中的 SR16 和 SR22 的钢筋拉应变最大，其次为靠近主梁 G3 和主梁 G4 的 SR18 和 SR24 的钢筋拉应变。到最后，靠近 C5 柱的 SR21 的钢筋拉应变迅速增大，表示在试验快结束时荷载向 C5 柱的分配程度增大。沿次梁方向的钢筋在加载过程中表现为受拉，这是由于钢筋的位置为楼板上表面，在加载过程中，楼板在此方向表现如同一个悬臂梁，因此其上部的钢筋为受拉状态。

6.2.4.2　试件 2G1B-OUT

试件 2G1B-OUT 的焊接钢筋网应变发展如图 6.16 所示。在试验时，浇筑于混凝土内的 SR4、SR5 和 SR11 应变片失效。

（1）对于沿主梁方向的钢筋来说，C1 柱和 C2 柱附近区域的钢筋拉应变发展较早，其余钢筋的拉应变在位移大于 400mm 时才开始发展。

（2）SR6 与 SR10 对比，初期 SR6 为压应变，而 SR10 为拉应变。SR6 靠近无水平约束的边界，此处的楼板为了抵抗向内运动的趋势，在楼板内产生了压力。而 SR10 靠近有水平约束的边界，此处的负弯矩使得 SR10 在加载初期就受拉。而靠近试件内部的 SR7 和 SR9 由于离水平边界较远，发展趋势相似，但仍是靠近有水平约束的边界的 SR9 在试验初期的拉应变较大一些。

（3）对于沿次梁方向的钢筋来说，在主梁 G1 和主梁 G2 跨中的 SR16 和 SR22 的钢筋拉应变最大，其他部分的钢筋拉应变较小。

6.2.5　试件边界的水平位移

6.2.5.1　试件 2G1B-IN

试件 2G1B-IN 的位移计布置及边界处的水平位移发展如图 6.17 所示。在图 6.17 中，向试件中心（V17 处）移动的水平位移为正，远离试件中心的水平位移为负。

（1）由 H5 和 H6 的位移曲线可知，在竖向位移小于 500mm 时，C1 柱与 C2 柱沿主梁轴向的水平位移发展趋势几乎相同。在竖向位移超过 500mm 后，因为 G1-C1 连接性能在主梁上翼缘断裂后的持续恶化，C2 柱的水平位移逐渐超过了 C1 柱。

（2）由 H7 和 H8 的位移曲线可知，在梁内轴拉力的作用下，外伸主梁 G5 与 G6 连接的两个水平支座在加载过程中出现了向试件内部运动的水平滑动。这种水平滑动是由于水平支座上的螺栓孔大于锚栓的直径，导致水平支座与混凝土反力墙之间出现了相对滑动。

（3）由 H3 和 H4 的位移曲线可知，在竖向位移小于 500mm 时，C1 柱与 C2 柱沿次梁轴向的水平位移为远离试件中心，这表明了此时次梁 B1 与次梁 B2 内出现了沿梁轴向

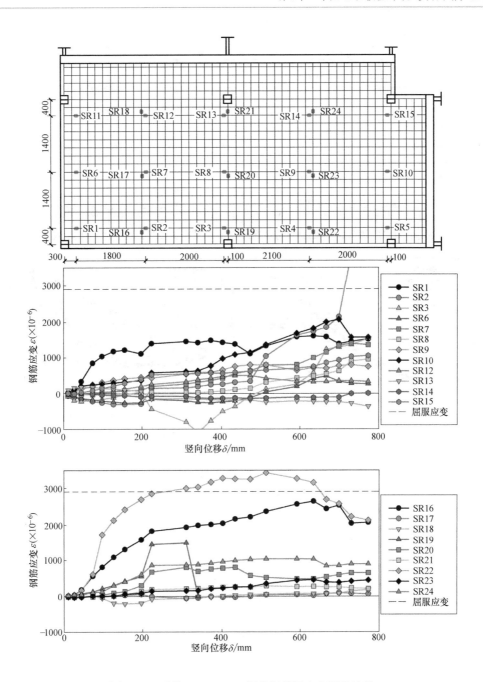

图 6.16　试件 2G1B-OUT 焊接钢筋网应变测量结果

的压力拱机制。由于 B1 和 B2 的竖向挠度持续增大（图 6.18），在竖向位移超过 560mm 后，H3 与 H4 的水平位移均变为正值。

（4）由 H11 和 H12 的位移曲线可知，柱 C3 与柱 C4 沿主梁轴向的位移并不明显，这表明此处的水平拉力比柱 C1 和柱 C2 处弱。

（5）由 H9 和 H10 的位移曲线可知，两侧围梁的跨中有向试件内部运动的趋势，这是由于焊在围梁压型钢板和焊接钢筋网传递而来的水平拉力导致的。

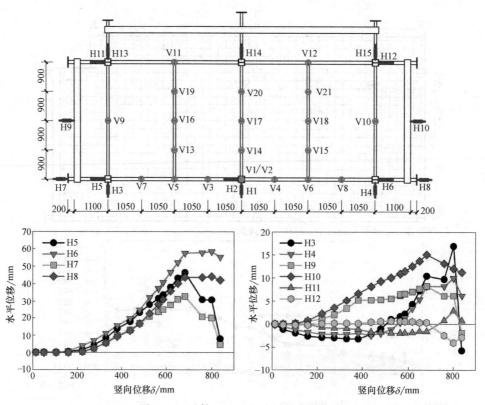

图 6.17　试件 2G1B-IN 边界的水平位移

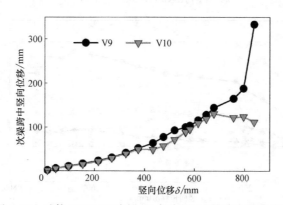

图 6.18　试件 2G1B-IN 次梁 B1 与次梁 B2 的跨中竖向位移

6.2.5.2　试件 2G1B-OUT

试件 2G1B-OUT 的位移计布置及边界处的水平位移发展如图 6.19 所示。

（1）由 H1 和 H2 的位移曲线可知，在竖向位移小于 450mm 时，柱 C1 和柱 C2 的水平位移发展趋势几乎相同。当竖向位移超过 450mm 后，柱 C1 的水平位移明显大于柱 C2。由于与外伸主梁 G5 相连的水平支座的水平位移（H7）几乎为零，则由柱 C2 的水平位移可推得外伸主梁 G5 在加载过程中受压力。

（2）柱 C1 和柱 C2 沿主梁轴向的位移趋势为向外，而柱 C3 和柱 C4 沿主梁轴向的位移运动趋势为向内，这种差异可能是由 G2-C0 连接失效及其附近的压型钢板沿次梁 B5 轴向撕裂所导致，整个试件有沿着次梁 B5 轴向一分为二的趋势。

（3）与柱 C1 和柱 C2 的情况相似，柱 C3 的水平位移明显大于柱 C4。

（4）次梁 B1 与围梁跨中的水平位移几乎为零。

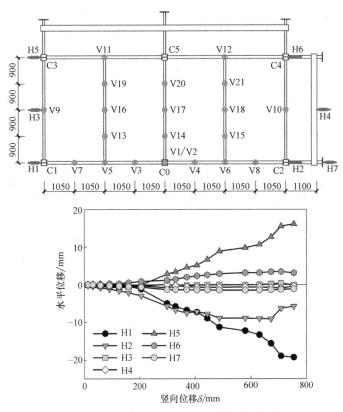

图 6.19　试件 2G1B-OUT 边界的水平位移

6.3　试验结果分析

6.3.1　承载力

ASCE 7-16 规范[182] 定义的偶然事件的荷载组合为 1.2DL＋0.5LL，在此试验中此荷载组合为 7kN/m²。试件 2G1B-IN 和试件 2G1B-OUT 的最大承载力分别为此荷载组合的 5.5 倍和 4.2 倍，均远高于 DOD 设计指南[32] 中 2.0 的动力放大系数。可以说，此试验对应的原型结构可以避免由边中柱或角柱侧边柱破坏而引起的连续倒塌。

在试验结束时，2G1B-IN 试件的破坏主要集中在 C1 柱和 C2 柱附近的负弯矩区，而 C0 柱附近的正弯矩区破坏程度相对较小；2G1B-OUT 试件的破坏主要集中在 C0 柱附近的正弯矩区，在负弯矩区，只有在受约束的边界处（C2 柱附近）才发生了钢梁断裂，而在没有边界约束的一侧（C1 柱附近），主梁没有出现断裂。

由图 6.8 可知，在主梁断裂前，两个试件的前期发展几乎一样。在抗弯阶段，试件 2G1B-OUT 的钢梁断裂位移早于试件 2G1B-IN，这可由图 6.20 所示的主梁受力图来解释。F_{C0} 表示等效施加在中柱 C0 上的竖向集中力，M_1 和 M_2 分别表示主梁在负弯矩区和正弯矩区的弯矩。那么，F_{C0} 的大小可以根据式（6.3）求得。因为在主梁翼缘断裂前，两试件的荷载-位移曲线是重合的，那么两试件在同一竖向位移 δ 时对应的 F_{C0} 也是相同的，即 M_1 与 M_2 之和相同。因为试件 2G1B-OUT 在 C1 柱位置处没有外伸主梁，则其 M_1 值较小，那么 M_2 就相对较高。相反的，试件 2G1B-IN 中 M_1 值相对较高，而 M_2 就相对较小。由于组合梁在负弯矩区混凝土板不参与抗弯，则梁的有效高度较小；而在正弯矩区，由于需要考虑混凝土板抗弯的影响，则组合梁的有效高度较大。因此，组合梁在负弯矩区可以发展相对较大的旋转角。在抗弯阶段，试件 2G1B-IN 主梁在负弯矩区弯矩较大，而试件 2G1B-OUT 主梁在正弯矩区弯矩较大，因此试件 2G1B-OUT 的主梁翼缘断裂时刻相对较早。

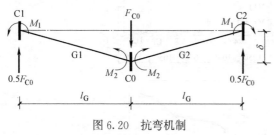

图 6.20　抗弯机制

$$F_{C0} = \frac{2(M_1 + M_2)}{l_G} \quad (6.3)$$

除了在主梁翼缘断裂时承载力有所降低，试件 2G1B-OUT 的承载力在整个加载过程中保持在一个比较平稳的水平（在梁柱连接失效前约为 850kN，在梁柱连接失效后约为 710kN）。除了在负弯矩区主梁上翼缘断裂时承载力有所降低，试件 2G1B-IN 的承载力一直持续增长，直至梁柱连接失效时，承载力达到最大值。在梁柱连接失效后，两个试件的承载能力均未能超过各自在梁柱连接失效前所达到的峰值。也就是说，本书所采用的钢-混凝土组合楼盖系统的最大抗连续倒塌能力需要梁系统和楼板系统的协作才能达到。根据试验结果可知，对于本书所采用的组合楼盖系统，当去柱部位两侧的水平边界都被约束时，其抗连续倒塌承载力的最大值将在梁柱连接失效时的悬链线阶段达到；当去柱部位两侧的水平边界没有被同时约束时，其抗连续倒塌承载力的最大值将在梁柱连接出现翼缘断裂时的抗弯阶段达到。

此外，由图 6.8 可以看出，在梁柱连接失效之后，两个试件由楼板系统所提供的承载力相差不大（试件 2G1B-IN 为 790kN，试件 2G1B-OUT 为 710kN）。也就是说，这两个试件中楼板承载力的发展受水平边界约束条件的影响不大。因此，两试件后期承载力的差别主要是由悬链线抗力发展程度的不同所导致。由于在试件 2G1B-OUT 中 C1 柱没有外伸的主梁提供水平约束，主梁 G1 的水平约束力仅由 C1 柱自身的抗弯承载力提供。因此，与试件 2G1B-IN 相比，试件 2G1B-OUT 中的主梁难以充分发展悬链线抗力。

综上可知，组合楼盖系统中楼板受拉薄膜作用的发展不易受边界约束条件的影响，但梁悬链线抗力的发展明显受边界约束条件的影响。

6.3.2　主梁方向边界处的水平力

主梁悬链线机制的发展依赖于梁端水平拉力的发展。因此，梁端水平力的发展情况可以用来反映悬链线机制在主梁内的发展情况。如图 6.21 所示，在高度为 H_1（1000mm）和 H_2（500mm）处的柱截面弯矩（M_1 和 M_2），可以由此截面布置的六个应变片测得的沿柱轴向的应变推得。通过推得的两个柱子截面的弯矩 M_1 和 M_2，可以求得主梁-柱节点处的剪力 V［式（6.4）］。再由外伸主梁处的应变片推得外伸主梁处的轴力 $F_{boundary}$，则此柱子处产生的水平拉力 F_{tension} 就可通过 V 和 F_{boundary} 共同求得 [式（6.5）]。对于试件 2G1B-OUT 试件中的柱 C1 与柱 C3 来说，由于不存在外伸主梁，则此情况下式（6.5）中的 F_{boundary} 为零。

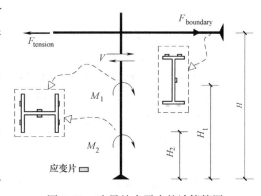

$$V=\frac{M_2-M_1}{H_1-H_2} \tag{6.4}$$

$$F_{\text{tension}}=F_{\text{boundary}}+V \tag{6.5}$$

两个试件各柱位置处沿主梁方向的水平力分别绘于图 6.22。

图 6.21　边界处水平力的计算简图

在试件 2G1B-IN 中，左右两侧的水平荷载发展保持了很好的对称性。C1 和 C2，C3 和 C4 的发展趋势一样。C1 柱和 C2 柱处的水平荷载一开始为压力，位移达到 210mm（0.05rad）后，水平荷载转为拉力，而后水平拉力持续发展，一直到两侧楼板内压型钢板和钢筋断裂为止。C3 柱和 C4 柱处的水平荷载一直保持为压力。

在试件 2G1B-OUT 中，C1 柱和 C2 柱处的水平荷载发展趋势相似，前期为压力，位移达到 410mm（≈0.1rad）后，压力转为拉力。C2 柱处前期的水平荷载大于 C1 柱，这反映了水平约束的影响，转变为拉力后两者相似。C3 柱和 C4 柱处的水平荷载一直保持为压力，其中 C4 柱大于 C3 柱。

相对于试件 2G1B-OUT 来说，试件 2G1B-IN 内的水平拉力发展较为充分，亦即只有在两侧水平边界都约束的情况下水平拉力才可以充分发展。两个试件在 C1 柱和 C2 柱处的水平力在前期都表现为压力，这说明有压力拱的抗力机制存在。两个试件的 C3 柱和 C4 柱处的水平荷载一直为压力，这是由于楼板在竖向力的作用下向西移动，使得楼板向两侧推挤 C3 柱和 C4 柱。

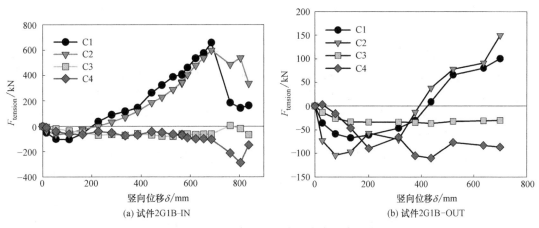

图 6.22　边界各柱处沿主梁方向的水平力

6.3.3　竖向荷载的分配

各柱处的荷载分配情况可以反映荷载的传递路径，有利于分析各种传力机制在变形过程中所起的作用。

图 6.23（a）为试件 2G1B-IN 在竖向位移分别为 100mm、300mm、500mm 和 740mm 时荷载在各柱间的分配情况。C1 柱、C2 柱和 C5 柱承担的比例大致相同，约为 0.25。C3 柱和 C4 柱承担的比例也大致相同，稍高于 0.1。这种情况一直持续到 C1 柱北侧负弯矩区主梁完全断裂前。C1 柱北侧负弯矩区主梁完全断裂后，C1 柱承担的荷载迅速降低，被释放的荷载转而由较近的 C5 柱和 C3 柱共同承担。此时 C2 柱承担的荷载没有较大变化，C4 柱承担的比例迅速下降。C4 柱最后的下降是由于其位置与 C1 柱为对角线关系，当 C1 柱处主梁完全断裂之后，C1 柱附近的楼板往下坠落，使得此处的分配梁也跟着往下降，则跟其成对角线关系的 C4 柱处的分配梁压力得到释放，亦即此时 C4 柱荷载降至接近于 0。

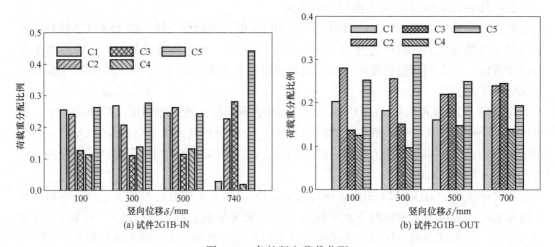

图 6.23　各柱竖向荷载分配

图 6.23（b）为试件 2G1B-OUT 在竖向位移分别为 100mm、300mm、500mm 和 700mm 时荷载在各柱间的分配情况。正弯矩区主梁下翼缘断裂前，C1 柱承担比例（0.2）小于 C2 柱（0.3）。C2 柱外有外伸的梁固定到水平支座处，因此会在水平支座处引起竖向的翘力，此翘力将会与传递到此柱子处的竖向荷载一起组成柱子的轴力，而 C1 柱外并没有外伸的主梁，因此 C2 柱的轴力会大于 C1 柱。而当 C2 柱南侧的主梁上翼缘开裂（约为 400mm 时）之后，此时额外引起的翘力消失，则此时 C2 柱的轴力变为与 C1 柱相同。C1 柱在试验全程中，承担的荷载比例一直稳定在 0.2，与其应分得的荷载比例相当。C0 柱北侧主梁断裂后，C2 柱承担荷载明显下降，其释放的荷载由次梁方向的 C5 柱承担。这表明荷载一开始沿主梁传递的部分因为主梁的断裂而变为由传力路径较近的次梁传递。C3 柱与 C4 柱一开始承担的荷载比例各为 0.1，随着试验的进行，C3 柱承担的比例一直上升，而 C4 柱承担的比例只是略有增加。C3 柱的增加，是由于 C1 柱缺乏足够的水平约束，本该由 C1 柱承担的荷载传递给了最近的 C3 柱。C4 柱荷载的增加也是在 C2 柱南侧主梁上翼缘断裂之后开始的，表示 C2 柱不能承担的承载力传递给了较近的 C4 柱。

综上所述，试件 2G1B-IN 的荷载分配表现出较好的对称性，而 2G1B-OUT 表现出明显的不对称性。试件 2G1B-IN 各柱承担的比例一直保持稳定，直到试验接近尾声，南侧主梁全截面断裂之后，这种对称性才被打破。试件 2G1B-OUT 中只有 C1 柱承担的荷载比例一直保持稳定，这与 C1 柱相连的节点没有发生破坏有关，而其他各个柱子均由于节点处主梁的先后破坏而产生波动。荷载分配表现出明显的就近分配的特征，当某一个柱子相连的节点出现破坏时，由其释放的荷载就传递到就近的两个柱子。C5 柱承担了最大的荷载重分配比例。对于 2G1B-IN 试件，C5 柱承担的比例与 C1 柱和 C2 柱相当，约为 0.25。对于 2G1B-OUT 试件，C5 柱承担的比例最大，约为 0.3。这表明 C5 柱对整体承载能力的贡献最大。

6.3.4 抗力机制分析

6.3.4.1 塑性铰线法

依据图 6.11 所示的塑性铰线发展情况，可以用塑性铰线法[183,184] 预测组合楼盖的塑性抗弯承载力（主要由梁端塑性铰和楼板塑性铰线等抗弯承载机制提供）。图 6.24 为两个试件的塑性铰线法计算图，两个计算图的区别是试件 2G1B-OUT 没有 B1 梁附近的负塑性铰线。$l_x = 8400\text{mm}$ 和 $l_y = 3600\text{mm}$ 是楼板在 x 方向和 y 方向的计算宽度，$\theta_x = 2\delta/l_x$ 和 $\theta_y = 2\delta/l_y$ 是楼板塑性铰绕 y 轴和 x 轴的转动角度，δ 是 C0 柱的竖向位移。M_g 和 M_g' 是主梁-柱连接在正弯矩区和负弯矩区的全截面塑性抗弯承载力，M_b 和 M_b' 是次梁-主梁连接（或次梁-柱连接）在正弯矩区和负弯矩区的全截面塑性抗弯承载力。m_{sx} 和 m_{sy} 是正弯矩区单位宽度组合楼板绕 y 轴和 x 轴的全截面塑性抗弯承载力，而 m_{sx}' 和 m_{sy}' 是负弯矩区单位宽度组合楼板绕 y 轴和 x 轴的全截面塑性抗弯承载力。以上各塑性抗弯承载力的计算方法参照文献[184]，相应的计算结果列于表 6.2 中。

根据图 6.24，试件 2G1B-IN 和试件 2G1B-OUT 的内功 W_{internal} 分别根据式（6.6）和式（6.7）计算，而两个试件的外功 W_{external} 根据式（6.8）计算。则，均布荷载 ω 可由式（6.9）求得。试件 2G1B-IN 和试件 2G1B-OUT 的塑性铰线承载力分别为 29.6kN/m^2（895.1kN）和 29.1kN/m^2（880.0kN）。试件 2G1B-IN 和试件 2G1B-OUT 在抗弯阶段的最大承载力分别为 1000kN 和 893.5kN，分别比各自的塑性抗弯承载力高 11.7% 和 1.5%。塑性铰线法可以较好地预测两试件在抗弯阶段的承载力。由于试件 2G1B-OUT 的最大承载力出现在抗弯阶段，因此塑性铰线法也可用于评估此种去柱工况下的组合楼盖抗连续倒塌承载力。

$$W_{\text{internal}} = (2m_{sx}'l_y + 2m_{sx}l_y + 2M_g + 2M_g')\theta_x + (m_{sy}'l_x + m_{sy}l_x + 2M_b + 3M_b')\theta_y \tag{6.6}$$

$$W_{\text{internal}} = (m_{sx}'l_y + 2m_{sx}l_y + 2M_g + 2M_g')\theta_x + (m_{sy}'l_x + m_{sy}l_x + 2M_b + 3M_b')\theta_y \tag{6.7}$$

$$W_{\text{external}} = \omega l_x l_y \delta/3 \tag{6.8}$$

$$W_{\text{internal}} = W_{\text{external}} \tag{6.9}$$

梁和楼板的塑性抗弯承载力 表 6.2

组成部分	弯矩/(kN·m)	组成部分	弯矩/(kN·m/m)
M_g	178	m_{sx}	31.1
M_g'	78.1	m_{sx}'	11.3
M_b	124.5	m_{sy}	3.7
M_b'	17.9	m_{sy}'	3.1

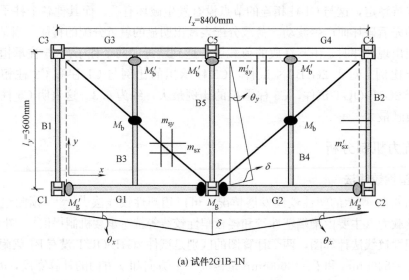

(a) 试件2G1B–IN

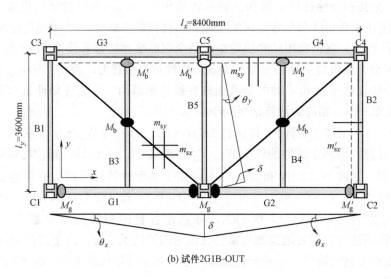

(b) 试件2G1B–OUT

图 6.24　塑性铰线形态

6.3.4.2　悬链线抗力

依据 6.3.1 节所述，试件 2G1B-IN 发展的悬链线抗力是导致两试件后期承载力差别的主要原因。悬链线抗力可以由主梁轴拉力 F_G 和主梁弦转角推算得到。在竖向位移达到 686mm 时，试件 2G1B-IN 达到最大承载力，此时 G1-C1 节点和 G2-C2 节点处的主梁截面只剩腹板和下翼缘，则 F_G 可由式（6.10）求得，为 680.7kN。$f_{y,web}$、$f_{y,flange}$、A_{web}、$A_{bottomflange}$ 分别为主梁腹板屈服应力、主梁翼缘屈服应力、主梁腹板截面积和主梁下翼缘截面积。如图 6.25 所示，由悬链线机制提供的抗力 F_{C0} 可由式（6.11）求得，为 222.4kN。那么，余下的 936.6kN 则由组合楼板承担。因此，在试件 2G1B-IN 达到最大承载力时，钢梁和组合楼板的贡献分别为 19.2% 和 80.8%。

$$F_G = f_{y,web} A_{web} + f_{y,flange} A_{bottomflange} \tag{6.10}$$

$$F_{C0} = \frac{2F_G \delta}{l_G} \qquad (6.11)$$

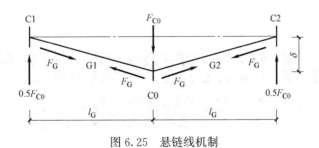

图 6.25　悬链线机制

第7章
组合楼板钢框架结构连续倒塌的多尺度数值分析

第 6 章通过足尺试验研究了组合楼盖子结构的抗连续倒塌性能，但是此类试验的难度和费用都很高，仅靠试验进行研究是不切实际的，因此需要采用数值模拟的方法来补充研究更多结构参数的影响。此外，在实际工程的抗连续倒塌设计中，需要兼顾易操作性、计算效率且满足一定精度要求的数值模型以辅助设计。

因此，本章建立了适用于分析组合楼板钢框架结构体系各结构尺度抗连续倒塌性能的数值计算方法，其间的相互关系如图 7.1 所示。

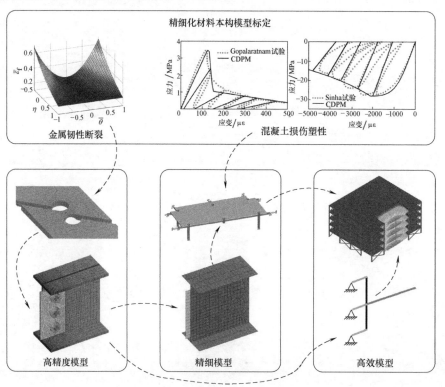

图 7.1 多尺度高效数值分析体系

首先，基于不同应力状态钢材材性试验结果，标定了同时考虑应力三轴度和罗德角的韧性金属断裂模型，并将其用于全实体单元高精度有限元模型的计算。为了提高计算效率，将全实体单元模型的计算结果结合足尺试验结果依次建立了壳-实体精细有限元模型和梁-壳高效有限元模型。其中，壳-实体精细有限元模型的主要钢构件采用壳单元，混凝土采用实体单元。用于此实体单元的混凝土损伤塑性模型需要根据实际材性试验结果标定。壳-实体精细有限元模型适用于楼盖子结构层次的数值分析，可以细致地分析压型钢板连续性、梁柱连接形式和梁板组合作用等构件参数对楼盖子结构抗连续倒塌能力的影响。梁-壳高效有限元模型的主要钢构件采用梁单元，组合楼板采用分层壳单元。此分层壳单元的材料参数需要根据壳-实体精细有限元模型的计算结果或组合楼盖子结构的试验结果进行标定。梁-壳高效有限元模型适用于钢框架整体结构层次的数值分析，可以针对层数、梁跨度和抗侧力构件布置方式等结构参数开展模拟，分析其对钢框架整体结构抗连续倒塌能力的影响。如图 7.1 所示，为了确保壳-实体精细有限元模型和梁-壳高效有限元模型计算结果的准确性，在对应结构模型中选取可能发生失效破坏的关键连接部位建立考虑金属韧性断裂行为的全实体高精度失效连接有限元模型，并将其计算结果用于标定对应的失效连接精细模型和失效连接高效模型。

7.1　材料本构

7.1.1　钢材韧性断裂模拟

7.1.1.1　钢材断裂模型

钢材的断裂是对钢结构抗连续倒塌能力影响最大的因素之一。经典的金属塑性理论认为剪切是导致材料屈服的主要原因，例如最常用的 von Mises 屈服准则（J2 屈服准则）就是由剪切应变能推导得到的，即认为金属屈服与应力三轴度 η 和罗德角 θ 无关[185]。大多数研究者都利用经典的塑性模型来模拟钢材的断裂，假定当钢材的有效塑性应变达到一个定值后就将单元删除，如 Bao[186]，Kwasniewski[130]，Sadek[69] 等。但当研究金属材料的延性断裂时，应力三轴度 η 对金属断裂性能的影响首先被发现。McClintock[187]，Rice 和 Tracey[188] 通过分析空穴在静水压力下的增长指出，随着应力三轴度 η 的增大，钢材的断裂应变 ε_f 会减小，并指出了断裂应变与应力三轴度之间有单调的指数关系 $\varepsilon_f = D_1 e^{-D_2\eta}$。Khandelwal[73] 采用 Gurson[189] 的钢材模型来模拟钢材的非线性和断裂性能。Gurson[189] 模型是一个考虑钢材晶体间空穴的多孔塑性微观材料模型。钢材中的碳化物和硫化物等杂质使晶体间出现空穴，当空穴发展到一定程度就可引起钢材的断裂。Johnson 和 Cook[190] 通过一系列光滑圆棒和缺口圆棒试验，建立了可以同时考虑应力三轴度、温度和应变率影响的金属断裂模型，其表达式与 Rice-Tracey 模型相似，都假定断裂应变与应力三轴度为单调的指数关系。但是，由于此模型是基于高应力三轴度状态下的空穴生长理论推导得出，直接将其推广到低应力三轴度状态缺乏相应的理论依据。通过一系列钢材剪切平板和受压圆柱的断裂试验，Bao[191] 发现钢材的断裂应变和应力三轴度之间并非单调的指数关系，而是有三个明显的分段：在高应力三轴度区（$\eta > 0.4$），断裂应变和应力三轴度之间表现出如 Rice-Tracey 模型表征的单调指数关系；在低应力三轴度区（$\eta < -1/3$），钢材不再发生断裂；而在二者之间的区域（$-1/3 < \eta < 0.4$），断裂应变和应力

三轴度之间的关系由剪切断裂模式控制。以上这些研究均只考虑了应力三轴度的影响。Wilkins[192] 由铝合金试件的扭转和拉伸试验结果，提出了一种可以考虑偏应力对断裂应变影响的金属损伤模型，而偏应力与罗德角参数有关。在 Wilkins 模型中，应力三轴度和罗德角参数相互独立。Xue[193] 在 Wilkins 模型基础上提出了一个应力三轴度与罗德角参数相耦合的金属断裂模型，并且此断裂模型的断裂面相对于罗德角参数对称，亦即假定钢材在受拉和受压状态下的断裂行为相同。Bai[194] 基于 Wierzbicki[195] 蝴蝶形铝合金试件的试验结果，在 Rice-Tracey 模型的基础上提出了一个相对于罗德角参数不对称的断裂模型。Bai 模型中有 6 个待定参数，因此需要设计至少 6 种能够反映不同应力状态的材性试件进行标定，这对于工程应用来说过于复杂。通过模拟 A710 钢的材性试验，Bai[196] 发现其模型在引入断裂面相对于罗德角参数对称假定后的预测结果与原模型相近，两者的误差分别为 3.0% 和 4.5%，但后者待定参数仅为 4 个，从而简化了工程应用。不过，Bai[194] 标定断裂模型参数时采用的是圆棒单调拉伸试验的结果。在实际钢结构工程中，经常会遇到比较薄（<10mm）的钢梁腹板，其断裂行为明显受到与剪切断裂相关的罗德角参数的影响。但是，由于加工圆棒过程中的磨损，这种薄板很难加工成适于标定上述断裂模型的光滑圆棒，更难做成开槽口圆棒，即便做成其有效截面也极小，难以进行精确测量。目前尚未有标定薄板剪切断裂的相应方法。因此，本节基于引入断裂面相对于罗德角参数对称假定后的简化 Bai 模型，用平板和开孔平板替代光滑圆棒和开槽口圆棒，并结合相应的有限元反演，提出一种适用于钢材薄板延性断裂预测的标定方法。

由三个主应力（σ_1，σ_2，σ_3）组成的空间直角坐标系，可以转换为由（σ_{eq}，σ_m，θ）表示的圆柱坐标系，其中，等效应力 σ_{eq} 表示圆柱坐标系的半径，平均应力 σ_m 表示圆柱坐标系的高，θ 表示方位角，也叫作罗德角（lode angle），为当前应力状态在 π 平面上与主应力的夹角，变化范围为 $0 \leqslant \theta \leqslant \pi/3$。钢材的屈服行为会同时受到等效应力 σ_{eq} 和平均应力 σ_m 的影响，但为了便于工程应用和有限元计算，此处采用表达式最简单也比较符合试验数据的 von Mises 屈服准则来描述钢材的屈服行为，亦即忽略了平均应力 σ_m 对屈服面形状的影响。对于钢材这种各向同性材料来说，其应力状态可以由三个应力不变量表示。σ_{eq} 与第二应力不变量有关，由式（7.1）、式（7.2）和式（7.4）可知，应力三轴度 η 为利用第二应力不变量无量纲化后的第一应力不变量，ξ 为归一化的第三应力张量不变量，通过式（7.5）可知，罗德角参数与 ξ 有一一对应关系，因此，钢材的应力状态可以由一组（σ_{eq}，η，$\bar{\theta}$）确定。应力三轴度 η 表征相应位置处的应力集中程度。罗德角参数 $\bar{\theta}$ 表征当前应力状态与轴向应力状态的偏移，其变化范围为 $-1 \leqslant \bar{\theta} \leqslant 1$，当时 $\bar{\theta}=1$ 为轴对称拉伸状态，$\bar{\theta}=-1$ 为轴对称压缩，$\bar{\theta}=0$ 时为纯剪状态或平面应变状态。此外，s_1、s_2 和 s_3 代表三个主偏应力。

$$\sigma_m = \frac{1}{3}(\sigma_1 + \sigma_2 + \sigma_3) \tag{7.1}$$

$$\sigma_{eq} = \sqrt{\frac{1}{2}\left[(\sigma_1-\sigma_2)^2 + (\sigma_2-\sigma_3)^2 + (\sigma_1-\sigma_3)^2\right]} \tag{7.2}$$

$$\xi = \frac{27 s_1 s_3 s_3}{2\sigma_{eq}^3} = \cos(3\theta) \tag{7.3}$$

$$\eta = \frac{\sigma_{\mathrm{m}}}{\sigma_{\mathrm{eq}}} \tag{7.4}$$

$$\bar{\theta} = 1 - \frac{2}{\pi}\arccos\xi \tag{7.5}$$

$$\varepsilon_{\mathrm{f}}(\eta,\bar{\theta}) = \left[\frac{1}{2}(\varepsilon_{\mathrm{f}}^{+} + \varepsilon_{\mathrm{f}}^{-} - \varepsilon_{\mathrm{f}}^{0})\right]\bar{\theta}^2 + \frac{1}{2}(\varepsilon_{\mathrm{f}}^{+} - \varepsilon_{\mathrm{f}}^{-})\bar{\theta} + \varepsilon_{\mathrm{f}}^{0}$$

$$= \left[\frac{1}{2}(D_1 \mathrm{e}^{-D_2\eta} + D_5 \mathrm{e}^{-D_6\eta}) - D_3 \mathrm{e}^{-D_4\eta}\right]\bar{\theta}^2 + \frac{1}{2}(D_1 \mathrm{e}^{-D_2\eta} - D_5 \mathrm{e}^{-D_6\eta})\bar{\theta} + D_3 \mathrm{e}^{-D_4\eta}$$

$$\tag{7.6}$$

$$\varepsilon_{\mathrm{f}}(\eta,\bar{\theta}) = [\varepsilon_{\mathrm{f}}^{\mathrm{ax}} - \varepsilon_{\mathrm{f}}^{0}]\bar{\theta}^2 + \varepsilon_{\mathrm{f}}^{0} = [D_1 \mathrm{e}^{-D_2\eta} - D_3 \mathrm{e}^{-D_4\eta}]\bar{\theta}^2 + D_3 \mathrm{e}^{-D_4\eta} \tag{7.7}$$

Bai 提出的相对于罗德角参数不对称的断裂模型表达式如式（7.6）所示，断裂面如图 7.2（a）所示。此断裂模型共有 6 个待定参数：D_1，D_2，D_3，D_4，D_5，D_6。式里的 $\varepsilon_{\mathrm{f}}^{+} = D_1 \mathrm{e}^{-D_2\eta}$，$\varepsilon_{\mathrm{f}}^{-} = D_5 \mathrm{e}^{-D_6\eta}$，$\varepsilon_{\mathrm{f}}^{0} = D_3 \mathrm{e}^{-D_4\eta}$ 分别为罗德角参数 $\bar{\theta}$ 为 1，-1 和 0 的平面与断裂面的交线。

当引入断裂面相对于罗德角参数对称假定后 [图 7.2（b）]，对于钢材来说，$\varepsilon_{\mathrm{f}}^{+} = \varepsilon_{\mathrm{f}}^{-} = \varepsilon_{\mathrm{f}}^{\mathrm{ax}}$，则式（7.6）可简化为式（7.7）。同时，模型的待定参数减少为 4 个，即 D_1，D_2，D_3，D_4。因此，若要标定上述模型，只需要提供 4 组不同应力状态下的（ε_{f}，η，$\bar{\theta}$）即可，其中 ε_{f} 为等效塑性断裂应变。本章采用了此对称假定，并在后文中将此模型称为 Bai 模型。

除了 Bai 模型，本章还将其结果与 Rice-Tracey（RT）模型做了对比。若把式（7.7）中与罗德角参数相关项去掉，则其变为式（7.8），也就是 RT 模型。图 7.2（b）中的两个边界线 $\varepsilon_{\mathrm{f}}^{\mathrm{ax}}$ 和 $\varepsilon_{\mathrm{f}}^{0}$ 分别代表了 RT 模型在 $\bar{\theta} = 1$ 和 $\bar{\theta} = 0$ 时的情况，在本章中分别命名为 RT1 模型和 RT0 模型。除此之外，本章还对比了工程中常用的模拟钢材断裂的方法，亦即假定钢材在所有应力状态下的断裂应变为定值，并将其称之为 CFS 模型（恒定断裂应变模型），其表达式为式（7.9）。

$$\varepsilon_{\mathrm{f}}(\eta) = \varepsilon_{\mathrm{f}}^{0} = D_3 \mathrm{e}^{-D_4\eta} \tag{7.8}$$

$$\varepsilon_{\mathrm{f}} = D_0 \tag{7.9}$$

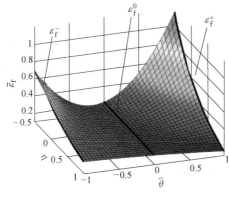

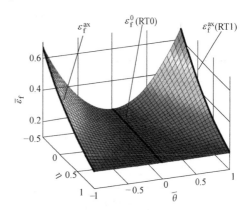

(a) 非对称Bai模型　　　　　　　　　　　　　(b) 对称Bai模型

图 7.2　Bai 模型断裂面示意图

7.1.1.2 钢材断裂材性试件设计

在本章中，取自主梁翼缘和主梁腹板的钢材材性试件分别用 GF 和 GW 指代。GF 和 GW 钢材材性试件的厚度分别为 5.8mm 和 5.3mm。如表 7.1 和图 7.3 所示，共设计了 5 组试件，各组试件所对应的应力三轴度 η 和罗德角参数 $\bar{\theta}$ 状态列于表 7.1 中。此 5 组试件包括平板试件（No.1），开孔平板试件（No.2），开槽平板试件（No.3），90°剪切平板试件（No.4），45°剪切平板试件（No.5）。同时，图 7.3 给出了各试件的加工详图。其中，Bai 模型的标定用到（No.1、No.2、No.3、No.4）四组试件，RT1 模型的标定用到（No.1、No.2）两组试件，RT0 模型的标定用到（No.3、No.4）两组试件，CFS 模型仅用到 No.1 一组试件。No.5 组试件将用来验证上述断裂模型的准确性。

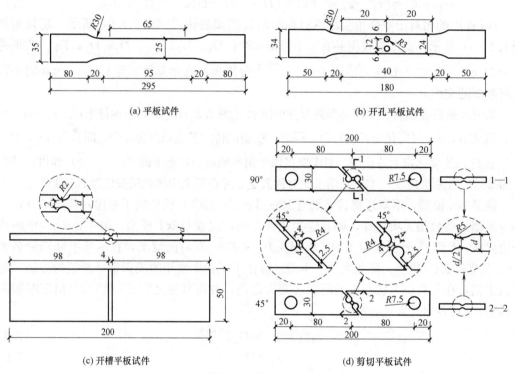

图 7.3 钢材材性试件详图（单位：mm）

钢材材性试件　　　　表 7.1

试件类型	试件名称	η	$\bar{\theta}$
No.1	平板试件	≈ 0.33	≈ 1
No.2	开孔平板试件	> 0.33	≈ 1
No.3	开槽平板试件	$> 1/\sqrt{3}$	≈ 0
No.4	90°剪切平板试件	≈ 0	≈ 0
No.5	45°剪切平板试件	> 0	$0 < \bar{\theta} < 1$

试验采用 50mm 引伸计测量试件标距段的变形，测量过程中的加载速率为 0.002/s。

7.1.1.3 真实应力-真实应变关系

应变的计算可以以材性试件标距段初始长度 L_0 为基准计算，通过式（7.10），得到

名义应变 ε_{nom}。本试验的标距段选取的为引伸计的初始测量长度，即 50mm。同样，应力的计算可以以材性试棒初始截面面积 A_0 为基准，通过式（7.11），得到名义应力 σ_{nom}。

$$\varepsilon_{nom}=\frac{\Delta L}{L_0} \tag{7.10}$$

$$\sigma_{nom}=\frac{F}{A_0} \tag{7.11}$$

然后，利用式（7.12）和式（7.13）可以将名义应力 σ_{nom} 和名义应变 ε_{nom} 转化为材料的真实应力 σ 和真实应变 ε。

$$\sigma=\sigma_{nom}(1+\varepsilon_{nom}) \tag{7.12}$$

$$\varepsilon=\ln(1+\varepsilon_{nom}) \tag{7.13}$$

然而，当材料发生颈缩后，由于变形局部化，通过测量标距段得到的平均值不能真实反映颈缩区的真实应力和真实应变。通常，将试棒力-位移曲线或者工程应力-工程应变曲线斜率为零的点看作颈缩的起始点。

颈缩出现后，颈缩区的真实应力和真实应变可以通过式（7.14）和式（7.15）求得，其中 F 和 A 为同一时刻测得的加载力和真实截面面积。

$$\sigma=\frac{F}{A} \tag{7.14}$$

$$\varepsilon=\ln\left(\frac{A_0}{A}\right) \tag{7.15}$$

颈缩后的真实应力-真实应变曲线可以看作是一条直线[197,198]。这说明要想确定颈缩后的真实应力-真实应变曲线只需要一组确定的 F 和 A。先做三根单轴拉伸平板试件，将其一直拉至断裂，测量三根试件的平均断裂变形，而后，将一根试件拉伸到之前三根试件平均断裂位移的 90% 时停机。通过此停机试件得到的 F 和 A 可以得到颈缩后对应停机点处的（σ，ε），也就可以确定试件颈缩后的真实应力-真实应变曲线（如图 7.4 所示）。

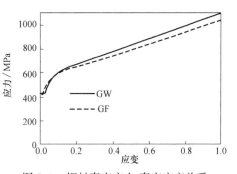

图 7.4　钢材真实应力-真实应变关系

7.1.1.4　材性试件断裂参数校核

各试件有限元模型的几何尺寸根据其实际测量尺寸建立，单元选用 8 节点一阶减缩积分单元，核心区单元尺寸为 0.5mm，通过 LS-DYNA 显式动力求解器计算[199]。各试件的有限元模型如图 7.5 所示。为了提高计算效率，No.1～No.3 材性试件模型均采用 1/8 模型，而 No.4 材性试件模型采用 1/2 模型。将之前得到的真实应力应变关系代入到各试件的有限元模型中，并与试验结果对比，对比结果如图 7.6 所示。将与试验起裂点对应的有限元模型核心点的等效塑性应变定为此种试件的等效断裂应变 ε_f。如图 7.6 所示，各试件在圆圈对应的位移处承载力突然开始降低，那么此处就可看作各试件的起裂点。图 7.6 所示的有限元模型都没有加入断裂参数，这会导致模拟结果与试验在下降段误差较大。各试件的等效断裂应变 ε_f 列于表 7.2 中。

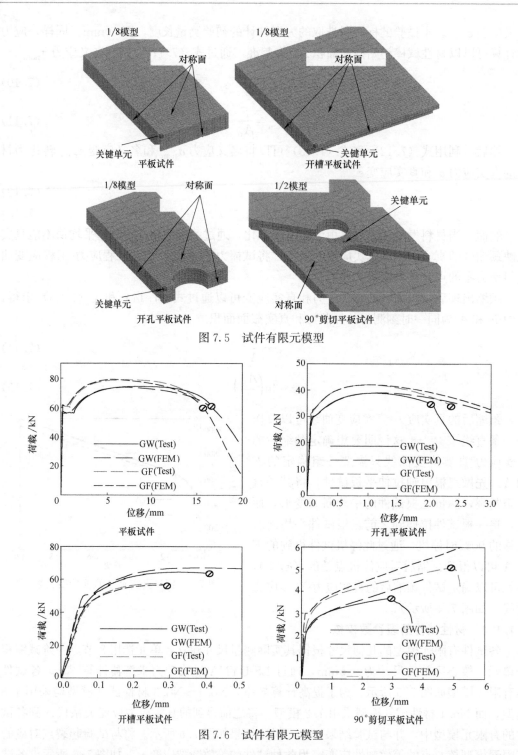

图 7.5　试件有限元模型

图 7.6　试件有限元模型

　　提取各试件有限元模型核心点处起裂前的静水压力、Mises 应力、第三应力不变量 J_3 和等效塑性应变，并计算出相应的应力三轴度 η 和罗德角参数 $\bar{\theta}$，如图 7.7 所示。从图 7.7 可以看出，随着等效塑性应变的增加，各试件的应力三轴度和罗德角参数会不断变化，为了能够反映加载全过程的状态变化，故将应力三轴度 η 和罗德角参数 $\bar{\theta}$ 在断裂应变

钢材材性试验结果　　　　　　　　　　表 7.2

试件	GF			GW		
	ε_f	η_{avg}	$\overline{\theta}_{avg}$	ε_f	η_{avg}	$\overline{\theta}_{avg}$
平板	1.1764	0.4567	0.6834	1.1064	0.4329	0.7262
开孔平板	0.7837	0.7229	0.8754	0.6373	0.6773	0.7766
开槽平板	0.1793	0.8295	0.0162	0.2488	0.8517	0.0145
90°剪切平板	0.9267	0.1228	0.1509	0.6943	0.0853	0.1546

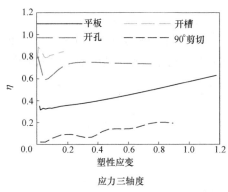 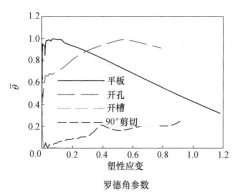

图 7.7　应力三轴度与罗德角参数

上积分得到各试件的等效应力三轴度 η_{avg} 和等效罗德角参数 $\overline{\theta}_{avg}$。等效应力三轴度和等效罗德角参数的计算方法可参照公式（7.16）和公式（7.17）。各试件的等效应力三轴度 η_{avg} 和等效罗德角参数 $\overline{\theta}_{avg}$ 列于表 7.2 中。图 7.8 为 No.1～No.4 试件对应的（η_{avg}，$\overline{\theta}_{avg}$）点在 η-$\overline{\theta}$ 平面上的分布，可见各试件在 η-$\overline{\theta}$ 平面上分布的相当分散，这将有利于保证断裂面标定的准确性。

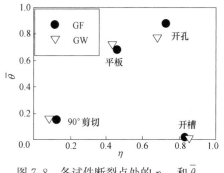

图 7.8　各试件断裂点处的 η_{avg} 和 $\overline{\theta}_{avg}$

借助 Matlab 中的优化工具箱，可以用表 7.2 中的四组（ε_f，η_{avg}，$\overline{\theta}_{avg}$）和式（7.16）来标定 Bai 模型。式（7.16）是用来计算最小均方差，其中 N 代表钢材断裂标定时所选用的断裂点（ε_f，η_{avg}，$\overline{\theta}_{avg}$）的组数。表 7.3 列出了各标定后的钢材断裂模型参数。

$$\text{Min}_{D_1,D_2,D_3,D_4}(\text{Error}) = \text{Min}\left[\frac{1}{N}\sum_{i=1}^{N}|\varepsilon_f(\eta_i,\theta_i) - \varepsilon_{f,i}|\right] \tag{7.16}$$

钢材断裂模型标定结果　　　　　　　表 7.3

断裂模型	钢材	D_1	D_2	D_3	D_4
Bai 模型	GF	7.7400	2.8960	1.0710	2.1560
	GW	6.0890	2.8950	0.6550	1.1380
RT1 模型	GF	—	—	2.362	1.526
	GW	—	—	2.939	2.257

断裂模型	钢材	D_1	D_2	D_3	D_4
RT0 模型	GF	—	—	1.233	2.324
	GW	—	—	0.778	1.339
CFS 模型	GF	$D_0 = 1.176$			
	GW	$D_0 = 1.106$			

将上述各断裂模型标定的断裂面代入图 7.5 的有限元模型中并重新计算。其中，钢材材性选用 LS-DYNA 中的 224 号材料模型（Tabulated Johnson-Cook material），此模型可以将断裂面按照表格方式输入，每组应力三轴度与罗德角参数均对应一个断裂应变值。图 7.9 为考虑断裂模型后的钢材模拟与试验曲线的对比。此外，各断裂模型也用来预测 No.5

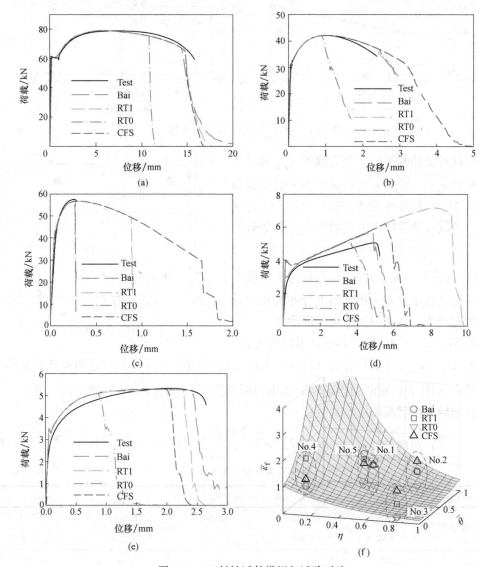

图 7.9　GF 材性试件模拟与试验对比

材性试件的断裂行为。Bai 模型可以准确预测五组试件的断裂行为。而 RT1 模型、RT0 模型和 CFS 模型仅能够准确模拟标定其模型的材性试件的断裂行为，却与其他材性的试验曲线相差很大。图 7.9（f）用来解释 RT1 模型、RT0 模型和 CFS 模型在模拟钢材断裂时的偏差。RT0 模型是用 No.3 和 No.4 两组材性试件标定的，其对应的 $\bar{\theta}$ 值更接近 0，而 No.1、No.2，和 No.5 材性试件的 $\bar{\theta}$ 值更接近 1。对于同样的 η 值，$\bar{\theta}=1$ 处的断裂应变明显高于 $\bar{\theta}=1$ 处的断裂应变值。因此，RT0 预测的 No.1、No.2，和 No.5 材性试件的断裂应变明显低于 Bai 模型。相反的，RT1 模型是用 No.1 和 No.2 两组材性试件标定的，因此其预测断裂应变值会明显高于 No.3 和 No.4 两组材性试件的实测断裂应变值。同理，CFS 模型使用 No.1 材性试件标定的，因此它倾向于高估 No.2～No.4 四组材性试件的断裂应变值。

7.1.1.5　消除网格尺寸效应

LS-DYNA 中 224 号材料的塑性断裂应变可由方程式（7.17）表示。

$$\varepsilon_f = f(\eta,\bar{\theta})g(\dot{\varepsilon}_p)h(T)i(l_c) \tag{7.17}$$

其中，$f(\eta,\bar{\theta})$ 是应力三轴度 η 和罗德角参数 $\bar{\theta}$ 的方程。如表 7.3 所示，此方程已在前述章节中标定完成。$g(\dot{\varepsilon}_p)$、$h(T)$ 和 $i(l_c)$ 分别是塑性应变率 $\dot{\varepsilon}_p$、温度 T 和初始单元尺寸 l_c 的方程。尽管建筑结构的连续倒塌是一个动态过程，但现有研究表明，应变率效应对去柱工况下的结构响应无明显影响[21,94]。此外，此试验是在室温情况下开展，试验时温度改变因素可以忽略。因此，本研究没有考虑应变率效应和温度的影响。

因此，断裂模型的最后一步就是确定单元尺寸调整系数 $i(l_c)$。$i(l_c)$ 定义了塑性断裂应变与初始单元尺寸的相关关系。初始单元尺寸定义为六面体体积与表面积最大的面之间的比值。对一个正方体来说，初始单元尺寸等于单元的边长。单元尺寸为 0.5mm、1.0mm、1.5mm、2.0mm 和 3.0mm 的平板试件有限元模型用来确定网格尺寸调整系数。经过多次模拟迭代，若数值模拟的断裂位移与试验值相吻合，则可确定此单元尺寸对应的网格尺寸调整系数，并列于表 7.4 中。借助于这种调整系数，所有的五个模拟结果都与试验结果吻合良好（图 7.10）。

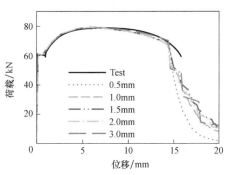

图 7.10　不同单元尺寸的 GF 平板试件模拟与试验对比

Bai 模型网格尺寸调整系数　　表 7.4

网格尺寸（mm）	比例因子 $i(l_c)$	
	GF	GW
0.5	1	1
1.0	0.775	0.8
1.5	0.625	0.7
2.0	0.505	0.55
3.0	0.33	0.33

　　此外，如图 7.11 所示，采用不同网格尺寸的螺栓剪切模型用来验证上述网格尺寸调整系数的准确性。其中，0.5mm 网格尺寸的情况为基准，分别对比了是否考虑网格尺寸调整系数对 1.0mm 和 2.0mm 网格尺寸螺栓剪切模型的影响。如图 7.11 所示，若不考虑网格尺寸调整系数，则 1.0mm 和 2.0mm 网格尺寸模型的结果与 0.5mm 网格尺寸模型的误差越来越大。然而，若是考虑网格尺寸调整系数，三种网格尺寸的螺栓剪切模型的荷载-位移曲线良好吻合。图 7.12 为螺栓剪切模型中应力三轴度和罗德角参数的分布情况，在起裂点时两者分别约等于 0.1 和 0.2，其与表 7.2 中平板试件起裂点的应力三轴度和罗德角参数值差异很大。因此，此网格尺寸调整系数不受应力三轴度和罗德角参数的影响。

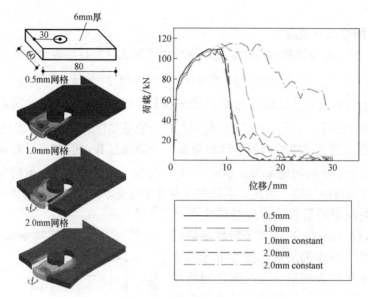

图 7.11　不同单元尺寸螺栓剪切模型模拟结果对比

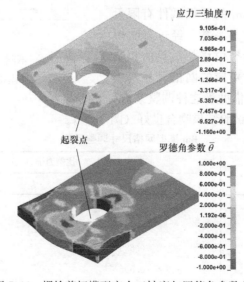

图 7.12　螺栓剪切模型应力三轴度与罗德角参数分布

7.1.1.6　主梁-柱连接模拟

如图 7.13 所示，如果不考虑楼板的影响，且主梁 G1 和 G2 的梁端均为完全约束，则主梁 G1 和 G2 的反弯点应位于各自跨中。由于此试验中所用的柱截面比主梁截面要强，因此节点区柱子的变形可以忽略。再考虑到模型的对称性，则上述主梁-柱节点模型可简化为如图 7.13 所示的半跨主梁模型。为了提高计算效率，柱子的影响替代为完全约束主梁和剪切板与其相连节点的所有自由度。考虑到结构对称性，C0 柱的向下的竖向位移效果代替为在半跨主梁模型梁端施加向上的竖向位移。此模型的网格划分方式如图 7.13 所示。在靠近连接处的 300mm 长度内，模型采用实体单元，其尺寸为 1.0～2.0mm。为了节省计算资源，在其他区域采用壳单元。为了实现壳单元和实体单元间的扭矩传递，在两者相接处设置了 40mm 长的单元节点重合区域。实体单元间的接触为单面接触，且考虑了单元删除后接触面的更新。实体单元应用了本章介绍的钢材材性和断裂模型，而模型中的壳单元没有设置断裂参数。

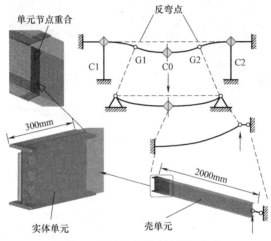

图 7.13　半跨主梁-柱连接模型

图 7.14 为主梁-柱连接模型分别采用 Bai，RT1，RT0 和 CFS 断裂模型后的荷载-位移曲线。这四种情况分别命名为 W(Bai)_F(Bai)、W(RT1)_F(RT1)、W(RT0)_F(RT0) 和 W(CFS)_F(CFS)。其中，W 和 F 分别代表腹板和翼缘。与 W(Bai)_F(Bai) 工况对比，W(RT0)_F(RT0) 工况开裂较早，而 W(RT1)_F(RT1) 和 W(CFS)_F(CFS) 工况开裂较晚。此外，W(RT0)_F(RT0) 工况和 W(Bai)_F(Bai) 工况的破坏模式和荷载-位移响应较为相似。图 7.14 中每个曲线都有两个明显的峰值，这对应了连接处主梁下翼缘和上翼缘的先后断裂。图 7.15（a）和（b）为各工况在竖向位移分别为 200mm 和 400mm 时刻的连接断裂模式。图 7.15（c）为 W(Bai)_F(Bai) 工况出现下翼缘断裂和腹板断裂时的罗德角参数分布，可见在起裂点处罗德角参数更接近于 0，而不是 1。这也解释了图 7.14 中 W(Bai)_F(Bai) 工况和 W(RT0)_F(RT0) 工况较为相似的原因。相反的，因为 RT1 模型和 CFS 模型的标定试件的罗德角参数约等于 1，所以 W(RT1)_F(RT1) 工况和 W(CFS)_F(CFS) 工况的模拟结果与 W(Bai)_F(Bai) 工况相去甚远。图 7.14 中各曲线间的显著差异说明在梁柱节点模拟时，断裂模型的选择对有限元模拟结果的准确性影响很大。

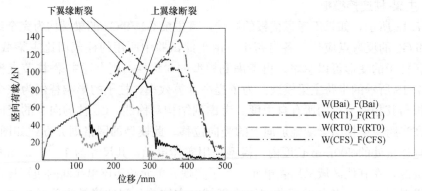

图 7.14　不同断裂模型主梁-柱连接荷载位移曲线

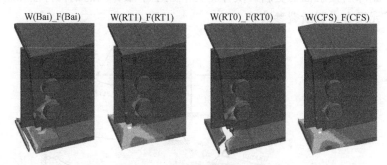

(a) 200mm位移时连接断裂模式

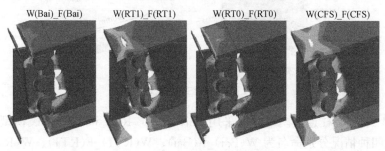

(b) 400mm位移时连接断裂模式

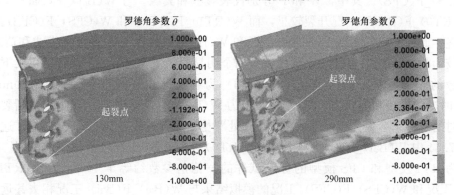

(c) W(Bai)_F(Bai)罗德角参数分布

图 7.15　失效模式对比

在结构尺度的模拟中，模型中选用实体单元且考虑 Bai 模型固然可以保证结果的准确性，但计算效率会大打折扣。为了提高计算效率和模拟结果的准确性，结构尺度的模拟中需要采用壳单元。因此，下面将会引入一种通过调整壳单元材性参数来准确反映钢材断裂影响的方法。通过与考虑断裂的实体单元模型的结果相对比，分别标定了主梁腹板和主梁翼缘处的壳单元材性参数。

图 7.16 为分别用实体单元和壳单元建立的剪切板连接模型。此剪切板连接模型在梁端受拉沿梁轴向的位移控制荷载，同时约束了剪切板端部节点的自由度。本章前述钢材材性和断裂模型应用于此模型中的实体单元中。在连接核心区域的单元尺寸为 1.0～2.0mm。壳单元中的钢材材性本构选用分段线性

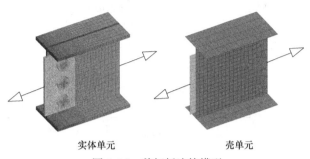

实体单元　　　　　　壳单元

图 7.16　剪切板连接模型

塑性模型，亦即 LS-DYNA 中的 24 号材料模型。连接处壳单元的尺寸约为 10mm。图 7.17 给出了壳单元模型中所用的钢材真实应力-真实应变曲线。当壳单元的塑性应变达到了所设定的断裂应变，对应的壳单元将会被从模型中删除。压型钢板的断裂应变由图 7.18 所示的模型标定，其单元尺寸为 25mm，对应的断裂应变等于 0.32。

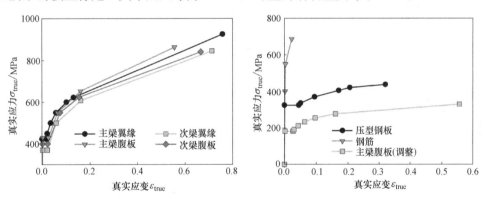

图 7.17　壳单元真实应力-真实应变曲线

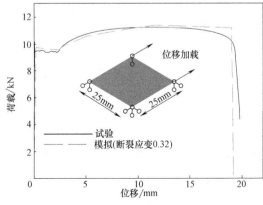

图 7.18　压型钢板模拟与试验对比

最终，剪切板连接模型的模拟采用了图 7.17 所示的真实应力-真实应变曲线。如图 7.19（a）所示，壳单元模型的荷载-位移曲线远高于对应的实体单元模型，因为实体单元螺栓连接处的截面被螺栓孔所削弱。为了在壳单元模型中反映螺栓孔的削弱影响，调整了剪切板处壳单元所用的应力-应变关系。经过多次迭代，直至壳单元模型和实体单元模型的荷载-

位移曲线重合，此时调整后的剪切板处壳单元的应力-应变关系如图 7.17 所示。图 7.19（b）和图 7.19（c）分别为根据 Bai 模型、RT0 模型、RT1 模型和 CFS 模型调整后的壳单元模型，其对应的剪切板壳单元断裂应变分别为 0.83、0.78、1.17 和 1.11。

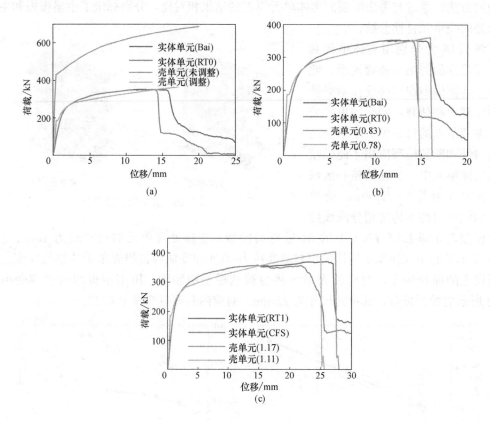

图 7.19　剪切板连接模拟

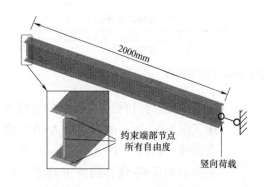

图 7.20　主梁-柱连接壳单元模型

在上述标定好的壳单元剪切板连接模型的基础上，建立了如图 7.20 所示的半跨主梁-柱连接壳单元模型。经过与采用 Bai 模型、RT0 模型、RT1 模型和 CFS 模型的半跨主梁-柱连接实体单元模型对比，壳单元模型中主梁翼缘壳单元的断裂应变分别为 0.10、0.074、0.16 和 0.17 时，如图 7.21 所示，其荷载-位移曲线与 W(Bai)_F(Bai)、W(RT0)_F(RT0)、W(RT1)_F(RT1) 和 W(CFS)_F(CFS) 工况吻合良好。

图 7.21 表明经过调整后的主梁-柱连接壳单元模型可以与采用各种断裂模型的实体单元模型的荷载-位移曲线良好吻合。综上所述，主梁-柱连接壳单元模型的准确性主要依赖于三个参数：剪切板壳单元的应力-应变关系和断裂应变，以及翼缘壳单元的断裂应变。此三个参数的标定流程如图 7.22 所示。

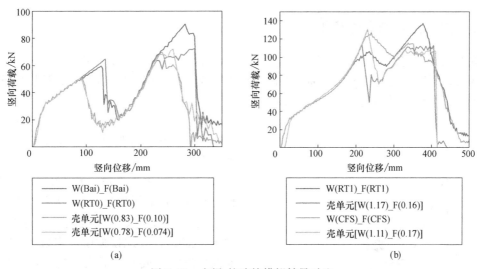

图 7.21　主梁-柱连接模拟结果对比

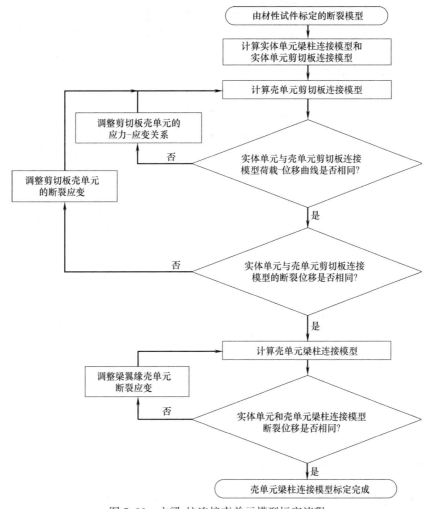

图 7.22　主梁-柱连接壳单元模型标定流程

7.1.2　混凝土损伤塑性模拟

混凝土的本构模型选为 LS-DYNA 中的 273 号材料，亦即 CDPM 模型[200,201]。此模型可以反映混凝土的刚度退化、滞回性能和约束效应。此模型中拉压损伤的模拟与网格尺寸无关，其本构关系如式（7.18）所示。

$$\sigma = (1-\omega_t)\sigma_t + (1-\omega_c)\sigma_c \tag{7.18}$$

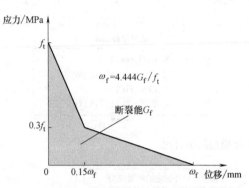

σ 是有效应力张量，σ_t 和 σ_c 分别为 σ 的正负部分。标量 ω_t 和 ω_c 分别为受拉损伤系数和受压损伤系数，其范围为 0（无损伤）到 1（完全损伤）。混凝土的脆性行为通常用应力-裂缝宽度曲线表示，而不是应力-应变曲线。在此模型中，应力-裂缝宽度曲线可以定义成三种形式：线性、双线性、指数型。在本节中，采用了如图 7.23 所示的双线性损伤关系，其中 f_t 为极限拉应力，G_f 为混凝土断裂能，由阴影部分的面积表示。断裂能 G_f 依赖于混凝土的性能，

图 7.23　混凝土单轴拉应力-裂缝宽度曲线

如式（7.19）所示，其值根据 CEB-FIP Model Code 2010 规范[202] 确定。

$$G_f = 73 f_c^{0.18} \tag{7.19}$$

其中，f_c 为混凝土极限抗压强度。根据规范 CEB-FIP Model Code 2010，立方体强度 33MPa 转换成了圆柱体强度 26MPa。模型中所定义的抗拉强度、断裂能和弹性模量分别为 2.65MPa、0.131N/mm 和 29664MPa。模型中的其他参数采用默认值。如图 7.24 所示，CDMP 模型与已有的混凝土材性试验（Gopalaratnam[203]，Sinha[204]）的结果吻合良好。

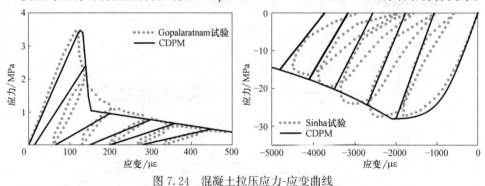

图 7.24　混凝土拉压应力-应变曲线

7.2　组合楼盖子结构数值模拟

7.2.1　组合楼盖子结构建模方法

7.2.1.1　单元选择

主梁、次梁、柱和压型钢板采用 4 节点 Belytschko-Lin-Tsay 壳单元，其广泛应用于

高效率显式计算。钢筋采用桁架单元，只承担轴向力。栓钉采用 Hughes-Liu 梁单元，其与实体单元有较好的兼容性，且计算效率高。除了钢筋外，所有的钢构件的材性均采用分段线性塑性模型，即 LS-DYNA 的 24 号材料。钢筋采用双线性塑性模型，即 LS-DYNA 的 3 号材料。

混凝土采用 8 节点一阶减缩积分实体单元，其沙漏性能采用 Flanagan-Belytschko 刚度模式控制。混凝土材料模型选用前述 CDPM 模型，即 LS-DYNA 的 273 号材料。

7.2.1.2 接触选择

混凝土楼板与钢梁、钢柱、压型钢板之间的接触，以及钢梁与压型钢板之间的接触，均采用自动面对面接触，且摩擦系数为 0.5[205]。梁柱以及梁梁间的接触选为绑定约束。忽略钢筋和栓钉与混凝土间的滑移，定义其间的接触为完全绑定。如图 7.25 所示，栓钉与梁之间通过一个弹簧单元相连，其双向剪切性能根据 Pushout 试验获得的荷载-位移关系定义。如图 7.25 所示，栓钉沿主梁和次梁方向的剪切性能定义为双线性曲线，其荷载降为峰值荷载的 90% 时所对应的位移定义为失效位移[206]。当弹簧变形达到失效位移时，弹簧单元将会从模型中删除，表示栓钉被剪断。为了保证栓钉只会沿主梁或次梁方向被剪坏，弹簧单元在其他方向的刚度都被特意增强。

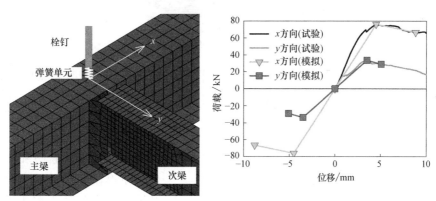

图 7.25 栓钉模拟

7.2.1.3 边界条件及加载方式

单层楼盖系统的有限元模型如图 7.26 所示。外伸梁 G7、G8、B6、B7 和 B8 的端部节点所有自由度都被约束。外伸梁 G5 和 G6 沿梁轴向的平移自由度由一个刚度为 10kN/mm 的水平弹簧所约束，而梁端的其他自由度都被完全约束。

在模型中，荷载分配系统所施加的 24 个点荷载由楼板上的均布荷载所代替，其施加范围为如图 7.26（a）所示的 2×1 跨区域内。

图 7.26（b）为模型的网格划分。梁-柱节点和梁-梁节点区域的壳单元尺寸为 10mm，在其他区域的单元尺寸为 25mm。

7.2.1.4 模拟结果

图 7.27 表明，基于 Bai 模型的单层楼盖有限元模型的结果与试验曲线吻合良好，其中几处主梁-柱连接的断裂均被准确预测［图 7.28（a）］。此外，楼板上混凝土的裂缝和剥落情况也与试验观测结果吻合［图 7.28（b）］。这表明上述基于 Bai 模型的模拟方法可以用于钢-混凝土组合楼盖系统在连续倒塌工况下的高效精确模拟。应用 RT 模型的单层楼

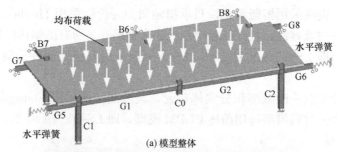

(a) 模型整体

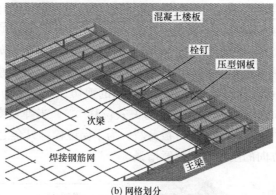

(b) 网格划分

图 7.26 单层楼盖有限元模型

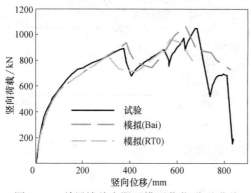

图 7.27 单层楼盖有限元模型荷载-位移曲线

盖模拟结果的断裂点早于采用 Bai 模型的单层楼盖模型。如图 7.29 所示，基于此单层楼盖模型，也研究了钢材断裂和混凝土损伤的影响。忽略钢材断裂和混凝土损伤会使得模拟结果极大偏离正确结果，因此在钢-混凝土组合结构的模拟中必须要准确考虑钢材断裂和混凝土损伤。

(a) 主梁-柱连接破坏

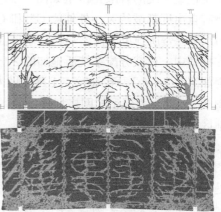

(b) 混凝土裂缝

图 7.28 单层楼盖有限元模型破坏模式

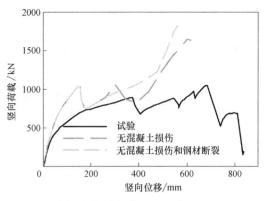

图 7.29　混凝土损伤和钢材断裂的影响

7.2.2　组合楼盖子结构参数分析

接下来，上述标定的单层钢-混凝土组合楼盖模型将被用来开展参数分析，找出对结构抗连续倒塌性能影响较大的结构参数。本节研究的结构参数包括：混凝土强度、水平边界条件、压型钢板厚度和连续性、楼板配筋率和钢筋间距、栓钉间距。

7.2.2.1　混凝土强度的影响

为了研究混凝土强度的影响，设置了三组采用不同混凝土抗压强度的单层楼盖模拟，分别为 26MPa（与试验相同）、40MPa 和 60MPa。混凝土材料的参数列于表 7.5，模拟结果在图 7.30 中。与 26MPa 工况相比，提升混凝土抗压强度到 40MPa 可以提高 5% 的竖向承载力，同时初始刚度有轻微提高，但 G1-C1 连接的断裂时刻也随着混凝土强度的提高而提前。继续提高混凝土强度至 60MPa，其结果与 40MPa 工况相差无几。通过以上对比可知，混凝土强度对结构抗连续倒塌性能的影响不明显，这是由于混凝土的抗拉强度太低而不能对楼板的受拉薄膜作用产生明显贡献。不过，根据 Fu[129] 的数值研究，即便提升混凝土强度对提高楼板拉结力贡献有限，但它能够减小结构在移除柱子后的动力响应。

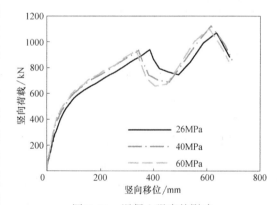

图 7.30　混凝土强度的影响

混凝土材料参数　　　　　　　　　　　表 7.5

抗压强度/MPa	抗拉强度/MPa	断裂能/(N/mm)	弹性模量/MPa
26	2.7	0.131	29664
40	3.5	0.142	34129
60	4.6	0.153	39068

7.2.2.2　水平边界条件的影响

1. 主梁端部水平边界条件

主梁端部水平边界条件的影响通过改变 G5 和 G6 这两个外伸主梁的端部约束来对比

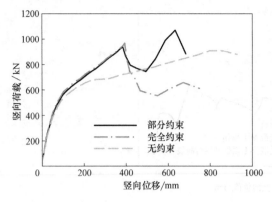

图 7.31　外伸梁 G5 和 G6 端部水平约束的影响

研究。一共对比了三种情况：梁端被完全约束，梁端水平约束被释放，梁端约束与试验相同（部分约束）。模拟结果的荷载-位移曲线如图 7.31 所示。各工况的极限承载力及对应竖向位移列于表 7.6 中。当梁端水平约束被完全释放时，荷载-位移曲线表现为连续上升的趋势。随着承载力的提高，两侧的柱子 C1 和 C2 也在主梁轴拉力的作用下逐渐向试件内侧倾斜。如果此水平侧倾过大的话，在实际结构中，柱子可能会在 P-Δ 二阶效应作用下过早失稳破坏[114]。当竖向位移达到 799mm 时，靠近 C1 柱和 C2 柱附近的压型钢板和钢筋受拉断裂，承载力也达到最大值。如果梁端被完全约束时，极限承载力所对应的位移明显变小，为 396mm，在此时，G1-C1 连接和 G2-C2 连接彻底失效。由于主梁-柱连接的彻底失效，此工况的承载力在大变形阶段也没能再次增长。对于部分约束的工况，与试验相同，楼盖的极限承载力在后期大变形阶段达到，且其界限承载力为三种工况中的最大值。如表 7.6 所示，提升梁端水平约束并不能够保证竖向承载力的增长，甚至可能制约承载力的增长。

不同水平约束条件极限承载力对比　　　　　　　　　　　　　　　　　　　　表 7.6

约束条件	完全约束	部分约束	无约束
极限承载力/kN	946	1070	908
对应竖向位移/mm	396	635	799

　　图 7.31 的模拟结果表明，提升梁端的水平约束可能会导致梁柱连接的过早断裂。梁内悬链线作用的发展依赖于梁内轴拉力和梁弦转角两个条件。如果梁柱连接失效过早，就会限制梁内悬链线作用的发展。如果能够保证梁柱连接的失效晚于楼板受拉薄膜作用的失效，就可以使得楼盖的竖向承载力得到最好的发挥。在无约束工况中，由于梁内轴拉力发展程度有限，尽管其荷载-位移曲线一直持续增长，但始终未能超越另外两种工况。但其梁柱连接失效晚的特点却非常有利于悬链线效应的发展。此外，因为连续倒塌是个动态过程，梁柱连接的过早失效可能会加剧结构整体承载力的恶化。

　　在完全约束工况中，竖向承载力的发展被梁柱连接处采用的栓焊连接（WFBW）的变形性能所限制。为了提升此处梁柱节点的变形性能，WFBW 连接被替换成了狗骨式连接（RBS），如图 7.32（a）所示。Lew 等人的试验研究表明，在连续倒塌工况下，相对于 WFBW 连接，RBS 连接的变形能力和承载力都有所提升。但遗憾的是，在试验中 RBS 连接中的主梁截面大于 WFBW 连接的主梁截面。在本节中，RBS 连接和 WFBW 连接所用的主梁截面相同。两者的性能首先通过图 7.32（b）中的半跨梁模型来对比，且其荷载-位移曲线和破坏模式如图 7.32（c）所示。WFBW 连接的破坏有两个明显阶段：第一峰值对应的下翼缘断裂，以及第二峰值所对应的上翼缘和腹板断裂。而对于 RBS 连接，裂缝在梁下翼缘出现后便迅速扩展至全截面，因此其荷载-位移曲线只有一个阶段。但是，

RBS连接初次断裂时的竖向位移为WFBW连接下翼缘断裂时竖向位移的2.4倍,且约等于WFBW连接第二峰值所对应的竖向位移。RBS连接的极限承载力为WFBW连接的1.8倍。

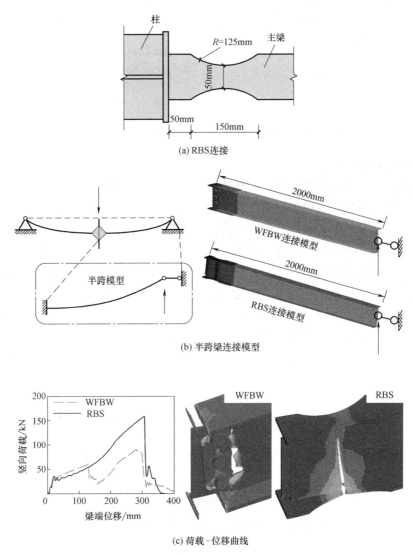

(a) RBS连接

(b) 半跨梁连接模型

(c) 荷载-位移曲线

图7.32　WFBW连接和RBS连接对比

　　图7.31中的完全约束工况内的主梁-柱连接被替换为RBS连接(图7.33),其模拟结果如图7.33所示。相比于采用WFBW连接的楼盖,RBS连接使得楼盖系统的变形能力和承载力分别提升了19.2%和17.0%。因此,如果去柱位置两侧主梁的边界约束较强的话,推荐楼盖刚接节点选用RBS连接型式,以提高楼盖系统的抗连续倒塌能力。

　　基于以上讨论,以下的策略可以用于提高组合楼盖系统的抗连续倒塌能力:(1)与破坏柱子相连的梁的水平位移被相邻跨所约束,则与此梁有关的梁柱节点推荐选用变形能力和承载能力较好的改进型节点,以提高梁的悬链线抗力;(2)如果与破坏柱子相连的梁的水平位移没有被约束,则应该增大梁截面以提升其抗弯承载力。

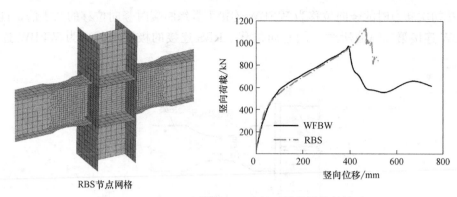

RBS节点网格

图 7.33　WFBW 连接和 RBS 连接对楼盖性能的影响

2. 压型钢板水平边界条件

在楼板受拉薄膜作用的发展中，压型钢板起主要作用。如图 7.34（a）所示，在工程建设中，常常将压型钢板在梁上部断开并采用搭接连接形式连接在一起，通过栓钉熔透将其焊于钢梁上翼缘之上。本节中，称此搭接连接形式为不连续。在试验中，压型钢板在梁上部没有断开，是一整块板，因此称之为连续。如图 7.34（b）所示，在有限元模型中，通过删除梁上不与栓钉相连的压型钢板单元，同时保留栓钉处的压型钢板单元的做法来模拟此搭接连接。梁上保留的壳单元的荷载-位移曲线根据图 7.34（b）所示的精细化模拟的结果调整，使其两者的荷载-位移曲线一致。在试验中，压型钢板与边界围梁之间的焊接并不可靠，这也限制了试验中压型钢板对受拉薄膜作用的贡献。为了研究此性能，压型钢板的边界水平位移被完全约束，并称之为约束压型钢板。此外，同时约束压型钢板和钢

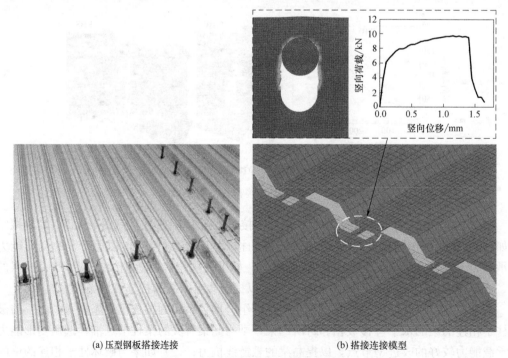

(a) 压型钢板搭接连接　　　　　　　　　(b) 搭接连接模型

图 7.34　不连续布置的压型钢板模拟

筋边界水平位移的情况称之为约束压型钢板和钢筋。这四种工况的对比如图7.35所示。连续工况比不连续工况的承载力提高了10.4％，而约束压型钢板工况比约束压型钢板和钢筋工况的承载力分别提升了大概40％。对比约束压型钢板工况与约束压型钢板和钢筋工况，约束钢筋的边界位移对楼盖承载力的提升没有明显贡献。这是因为钢筋嵌固于混凝土中，外伸的混凝土楼板可为钢筋提供充足的水平约束。

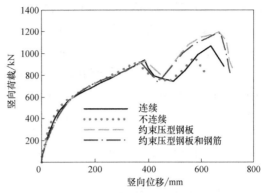

图 7.35　压型钢板连续性的影响

基于图 7.35 的模拟结果，约束压型钢板水平位移和提高压型钢板连续性可以明显提升压型钢板在大变形阶段的受拉薄膜力，从而提升了组合楼盖系统在大变形阶段的承载力。Hadjioannou[102] 的研究也强调了压型钢板连续性的重要性。与约束压型钢板水平位移的显著效果相比，约束钢筋水平位移的效果并不明显。这是由于钢筋楼板中主要受压力，或者拉力水平较低，因此钢筋对受拉薄膜作用的贡献有限。所以，压型钢板是组合楼盖系统受拉薄膜作用的主要贡献者。

7.2.2.3　压型钢板厚度和连续性的影响

通常情况下，组合楼盖系统所采用的压型钢板厚度范围为 0.75～1.5mm。因此，为了研究压型钢板厚度的影响，压型钢板厚度选择了 0.9mm、1.2mm 和 1.5mm 三种常用情况。其中，1.2mm 压型钢板为对比的基准工况，且与试验情形相同。

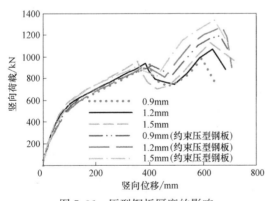

图 7.36　压型钢板厚度的影响

图 7.36 为三种工况的荷载-位移曲线。1.2mm 工况和 1.5mm 工况的极限承载力分别比 0.9mm 工况提升了 8.7％ 和 14.6％。约束压型钢板水平位移后，0.9mm 工况、1.2mm 工况和 1.5mm 工况的极限承载力分别提升了 21.1％、19.1％ 和 18.6％。在约束压型钢板水平位移后，1.2mm 工况和 1.5mm 工况的极限承载力分别比 0.9mm 工况提升了 6.9％ 和 12.3％。提高压型钢板连续性和增加压型钢板厚度都能通过贡献更多的薄膜拉力来提升楼盖系统的承载力。

基于上述讨论，受拉薄膜作用主要由压型钢板提供，因此，提高压型钢板厚度就可以显著提高楼盖系统在大变形阶段的竖向承载力，这也被 Alashker[108] 的数值研究所印证。但是，与 Alashker[108] 的研究不同的是，前期抗弯阶段的承载力并没有随着压型钢板厚度的增加而提高。这是因为，在本节的模拟中，楼盖系统前期的抗弯承载力主要由刚接的主梁-柱连接提供，而 Alashker[108] 的模拟研究中所采用的铰接节点所能提供的抗弯承载力相对较小。

7.2.2.4　楼板配筋率和钢筋间距的影响

在其他参数不变的情况下，通过在楼板中布置不同直径的钢筋来研究配筋率对楼盖抗连续倒塌性能的影响。如图 7.37 所示，选用了 6mm、8mm 和 10mm 这三种不同直径的钢筋，其中，以 6mm 工况作为基准。与 6mm 工况相比，8mm 工况和 10mm 工况的极限承载力分别提高了 6.8％ 和 10.8％。在约束了压型钢板边界水平位移后，三种工况的极限承载力提高了 12.9％～21.1％。不过，在约束了压型钢板边界水平位移后，8mm 工况和 10mm 工况的极限承载力仅比 6mm 工况提高了 3.4％和 5.0％。

在保持楼板配筋率不变的情况下，通过改变焊接钢筋网的网孔尺寸研究了钢筋间距的影响。如图 7.38 所示，选用了 100mm×100mm、200mm×200mm 和 300mm×300mm 三种不同的网孔尺寸，其中 200mm×200mm 工况作为基准。三种工况的钢筋配筋率均为 0.25mm²/mm。如图 7.38 所示，与 200mm×200mm 工况对比，将网孔尺寸减小到 100mm×100mm 可以将承载力提高 3.8％，但将网孔尺寸扩大为 300mm×300mm 却会使承载力降低 8.0％。不过，在约束了压型钢板边界水平位移后，三种工况的竖向承载力几乎相同。

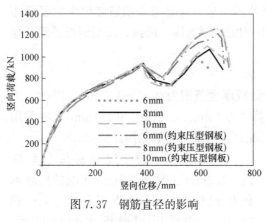

图 7.37　钢筋直径的影响　　　　图 7.38　焊接钢筋网网孔尺寸的影响

基于本节的分析可知，增大配筋率和配筋率不变的情况下减小钢筋间距都能够提高组合楼盖在大变形时的承载力。其中，将钢筋直径由 6mm 增大为 8mm 和将网孔尺寸从 300mm×300mm 减小为 200mm×200mm 两种情况的承载力提升效果最显著，但这两种情况的承载力提升的机制却并不相同。将钢筋直径由 6mm 增大为 8mm 时的承载力提升主要归功于钢筋提供的受拉薄膜力的增加。不过，在继续将钢筋直径由 8mm 增大为 10mm 时，由于钢筋的拉应变并没有充分发展，导致承载力提升效果较小。将网孔尺寸从 300mm×300mm 减小为 200mm×200mm 时的承载力提升主要归功于楼板的冲切破坏被阻止了。在 300mm×300mm 工况下，网孔内的混凝土单元在大变形时因发生冲切破坏而失效，但此现象在 200mm×200mm 和 100mm×100mm 工况时均未出现。由于，这三种工况的配筋率相同，则 200mm×200mm 和 100mm×100mm 工况的承载力也大致相同。

根据 JGJ 114 —2014[179] 的规定，在楼板厚度小于 150mm 时，焊接钢筋网的网孔尺寸不得超过 200mm，而当楼板厚度超过 150mm 时，焊接钢筋网的网孔尺寸不得超过 300mm。因此，如果组合楼板参照规范设计，楼板的冲切破坏就可被避免，那么焊接钢筋网的网孔尺寸变化便不会影响楼盖系统的抗连续倒塌承载力。当压型钢板边界水平位移被约束时，增加配筋率和减小焊接钢筋网网孔尺寸均不能明显提升楼盖系统在大变形时的承载力。这是因为与压型钢板相比，钢筋所能提供的薄膜拉力较为有限，并且在约束压型钢板边界水平位移时楼板的冲切破坏也被阻止了。

7.2.2.5　栓钉间距的影响

栓钉在连接楼板和钢梁时起到了至关重要的作用，借助于栓钉连接，楼板和钢梁两个部分才能协同工作发挥组合作用。在试验中，栓钉沿主梁轴线方向的间距为 300mm，沿此梁轴线方向的间距为 305mm，即每个板肋处布置一个栓钉。在模拟中，此种工况命名为 300mm。将模型中两个方向的栓钉数量同时加倍，并将此工况命名为 150mm，亦即沿主梁轴线方向的栓钉间距为 150mm，而沿此梁轴线方向每个板肋布置两个栓钉。模拟结果如图 7.39 所示。150mm 工况的承载力比 300mm 工况提高了 7.1%，同时其 G1-C1 连接梁上翼缘的断裂时对应的位移减小为 300mm 工况时的 86.7%。在约束了压型钢板边界水平位移后，两个工况的承载力均提高了约 12%。此时，150mm 工况的承载力比 300mm 工况提高了 7.9%。

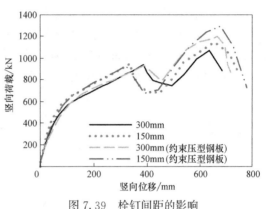

图 7.39　栓钉间距的影响

梁柱连接翼缘开裂前抗弯刚度的提升归因于在栓钉间距缩小后组合梁组合性能的提升。在梁柱连接翼缘开裂后，楼盖系统的竖向承载力主要依赖于主梁悬链线作用和组合楼板的受拉薄膜作用。其中，主梁悬链线作用的发展依赖于主梁内轴拉力的发展程度，而主梁内轴拉力来自于两部分：（1）翼缘开裂后的梁柱连接的残余截面所承担的拉力；（2）由组合楼板向钢梁传递的拉力。随着栓钉间距的减小，组合楼板与钢梁间的组合作用增强，使得组合楼板可以将更大的拉力传递至钢梁，从而提升主梁的悬链线作用。因此，栓钉间距减小后的承载力提升应归功于悬链线作用的提升。

7.2.2.6　提升楼盖系统抗连续倒塌承载力的方法

基于上述参数分析可以得出，增强组合楼盖系统抗连续倒塌承载力的方法包括提高压型钢板的连续性、增加压型钢板厚度、增加栓钉数量、增加配筋率、减小钢筋间距。提高混凝土强度对组合楼盖系统的抗连续倒塌性能提升效果有限。

在保持组合楼盖系统用钢量不变的前提下，提升压型钢板连续性和减小钢筋间距是较好的选择。然而，根据之前的讨论可知，如果组合楼板参照规范设计，那么减小钢筋间距便不会影响楼盖系统的抗连续倒塌承载力。因此，提升压型钢板连续性是上述选项里的最优选择。遗憾的是，在实际工程中，压型钢板连续性的重要性并没有得到重视。通常，压型钢板在纵向方向只是简单地搭接于梁上，并通过栓钉将两块压型钢板和钢梁连接在一起，然而这会严重浪费组合楼盖系统的抗连续倒塌能力。因此，推荐在压型钢板连接处采取有效措施增强其连续性。此外，还应该保证压型钢板和结构边缘梁的连接性能。

7.3 组合楼板钢框架整体结构数值模型

7.3.1 组合楼板钢框架结构简化模型

在本节中，将会给出钢-混凝土组合楼盖系统的简化模拟方法，模型通过 LS-DYNA 建立，并基于第 6 章 2G1B-IN 试件的试验结果对其进行标定。

7.3.1.1 梁柱连接

图 7.40 给出了试件 2G1B-IN 中梁柱连接所对应的简化建模方法。其中主梁、次梁和柱都为 Hughes-Liu 梁单元。梁柱连接的螺栓位置处设置对应的弹簧单元。螺栓弹簧单元轴向的荷载-位移关系采用如图 7.41 所示的多折线本构关系。基于螺栓连接的实际破坏模式，在螺栓弹簧单元的荷载-位移关系中仅定义在受拉情况下会出现断裂。

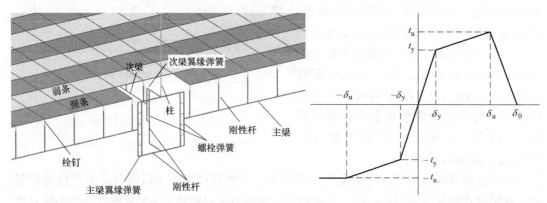

图 7.40　组合楼盖梁柱连接简化模型细节　　　图 7.41　螺栓弹簧单元的轴向荷载-位移关系

基于第 7.2 节中采用 Bai 模型的剪切板连接实体单元模型的计算结果，标定剪切板处螺栓弹簧的多折线本构关系。经过多次迭代，直至简化模型的结果与实体单元模型较为接近时为止，如图 7.42 所示。弹簧单元标定后的本构关系列于表 7.7 中。接下来，将此标定后的弹簧单元应用于图 7.43（a）的主梁-柱连接模型中，用来标定主梁翼缘弹簧的本构关系。经过多次迭代，如图 7.43（b）所示，简化模型的结果与实体单元模型基本吻合，可以认为标定完成，标定后的结果列于表 7.7 中。由于 2G1B-IN 试件中，次梁-柱连接处剪切板的材性及尺寸与主梁-柱连接相同，则认为次梁-柱连接处螺栓弹簧的参数与主梁-柱

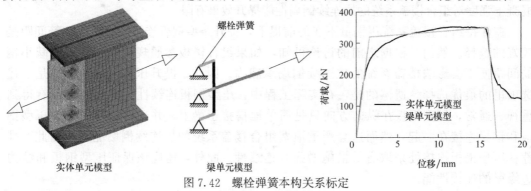

图 7.42　螺栓弹簧本构关系标定

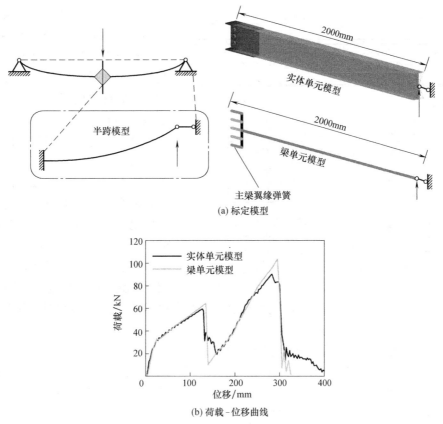

(a) 标定模型

(b) 荷载-位移曲线

图 7.43 主梁翼缘弹簧单元标定

连接螺栓弹簧参数相同。

2G1B-IN 试件梁柱连接弹簧参数 表 7.7

弹簧	δ_y/mm	t_y/kN	δ_u/mm	t_u/kN	δ_0/mm
螺栓弹簧	1.6	107	16	117	17
主梁翼缘弹簧	0.02	300	1.7	400	2

7.3.1.2 组合楼板

如图 7.44 所示，在简化模型中压型钢板被分成了强条和弱条两种交错分布的壳单元，两部分都平行于压型钢板板肋的方向。其中强条对应压型钢板板肋位置处，此处组合楼板的厚度为 100mm，而弱条对应组合楼板的翼缘，其厚度为 50mm。每个强条壳单元沿厚度方向有七个积分点，其中混凝土楼板有四个积分点，钢筋对应两个积分点，压型钢板对应一个积分点。压型钢板只在板肋底面通过栓钉与钢梁上翼缘相连，从而只有此处的压型钢板才能发展受拉薄膜力；此外，板肋处组合楼板具有较高的截面高度，使得板肋底面的压型钢板对截面抗弯承载力的贡献明显高于楼板翼缘底面的压型钢板。而在弱条壳单元中没有考虑压型钢板的贡献，在其厚度方向只有六个积分点，每个壳单元的边长为 300mm。为了保持壳单元模型的连续性，两种壳单元均设置在了楼板厚度方向一半高度处，即强条壳单元位于其对应几何形状的高度方向的中面，而弱条壳单元则处于其对应几何形状的底面。

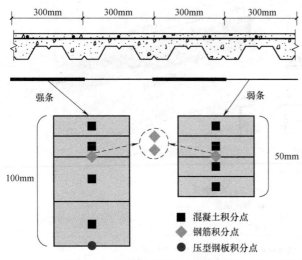

图 7.44 组合楼板分层壳单元模型

组合楼板内混凝土、钢筋和压型钢板均采用 LS-DYNA 中的 172 号材料模拟，其可以模拟混凝土的受拉开裂和受压压溃，以及钢材的断裂。此材料模型可以通过改变钢筋截面面积比例来表征素混凝土、钢筋或同时包含二者的钢筋混凝土。为了避免两个垂直方向钢筋断裂行为的互相影响，如图 7.44 所示，两个方向的钢筋分别用两个独立的钢筋积分点表示。壳单元底部的压型钢板积分点仅定义了其沿板肋方向的应力-应变关系，以反映其仅能在此方向发展受拉薄膜力的受力特征。为了避免因过大的单元扭曲变形而导致的计算收敛问题，强条和弱条处壳单元在塑性应变达到 30% 时会被强制删除。

如图 7.45 所示，采用第 4 章所述的建模方法建立了边长为 2400mm 的正方形压型钢板组合楼板精细化数值模型，并分别计算此模型在平行于板肋拉伸、垂直于板肋拉伸和垂直于板肋弯曲三种工况下的性能。为了验证前述组合楼板壳单元简化模型的准确性，如图 7.45 所示，建立了与精细化数值模型相同平面尺寸的壳单元模型，并将其模拟结果与精细化模型的模拟结果进行对比。如图 7.46 所示，在将压型钢板和钢筋的断裂应变定为 0.078 和 0.008 时，壳单元模型的模拟结果与精细化模型结果吻合较好，证明了前述组合楼板壳单元简化建模方法的可靠性。

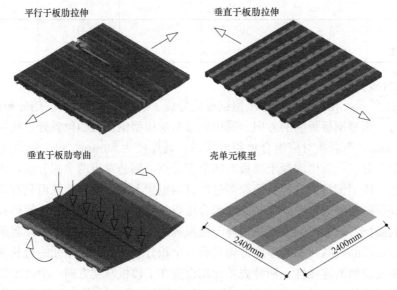

图 7.45 组合楼板标定模型

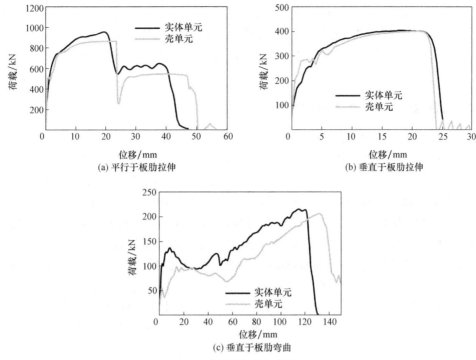

图 7.46 组合楼板壳单元标定结果

7.3.1.3 栓钉

如图 7.40 所示，栓钉由 LS-DYNA 中的离散梁单元建立，对应的材料为 119 号，栓钉单元沿主梁轴向和此梁轴向的荷载-位移关系与 7.2.1 节一致。在模型中，仅允许栓钉单元在此两个自由度上发生剪切断裂，在剩余四个自由度上通过设置较大的弹性刚度来避免破坏。模型中栓钉在每个梁上的数目会随着梁网格划分的疏密而变化，同时也会随着变化的程度缩放模型中栓钉的抗剪承载力。为了保证模型的准确性，在栓钉数量改变处，图 7.25 中栓钉的荷载-位移曲线会乘以实际栓钉数量与模型栓钉数量之间的比值。

7.3.1.4 模拟结果

如图 7.47 所示，简化模型与试验的荷载-位移曲线吻合较好，此简化模型的标定工作

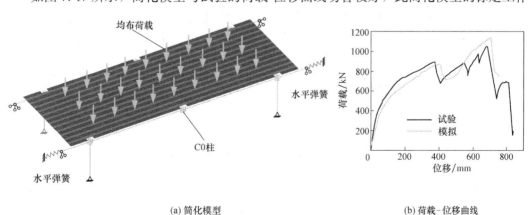

(a) 简化模型   (b) 荷载-位移曲线

图 7.47 2G1B-IN 试件简化模拟

完成。在梁翼缘断裂前，此简化模型的承载力发展趋势与试验大致一致。在梁翼缘断裂后，剩余结构继续承担去柱部位的荷载，尽管简化模型预测值稍高于试验结果，但仍在合理范围内。在本章接下来的部分，将会基于此简化模型的建模方法来开展整体结构的参数分析。

7.3.2 组合楼板钢框架结构参数分析

7.3.2.1 组合楼板钢框架原型结构

组合楼板钢框架结构的经济跨度为 $6\sim12\text{m}$，因此第 2 章所采用的原型结构所设计的跨度相对较小。此外，由于受限于规范构造要求，第 2 章试验所采用的楼板厚度为 100mm，而此厚度组合楼板的承载能力远大于此原型结构的设计荷载组合。因此，第 2 章中两个试件的抗倒塌承载力都远大于连续倒塌条件下所对应的荷载组合。为了更好地揭示现今大规模建造的钢框架结构的抗连续倒塌性能，依照中国规范[29,155,166,178-181,207]，重新设计了一栋 5 层组合楼板钢框架结构，即原型结构 A。此结构的平面布置和立面布置分别表示在图 7.48（a）和图 7.48（b）中，其平面尺寸为 $36\text{m}\times24\text{m}$，主梁跨度为 9m，次梁跨度为 6m，各层层高均为 4.5m。此结构所处场地类别为二类，地震烈度为 6 度（$0.05g$），基本风压为 0.55kN/m^2，地面粗糙度类别为 C 类。设计此结构所用的恒荷载（DL）为 5kN/m^2，活荷载（LL）为 2kN/m^2。次梁间距为 3m，开口型压型钢板沿东西方向布置，压型钢板规格尺寸均与第 2 章相同。如图 7.49 所示，主梁-柱节点和次梁-柱节点均采用栓焊刚接节点，次梁-主梁节点为剪切板铰接节点。此结构的详细信息如表 7.8 所示。结构中方钢管柱子的截面尺寸为 $\square400\times400\times12$，H 型钢主梁截面尺寸为 $\text{H}500\times200\times10\times16$，H 型钢次梁截面尺寸为 $\text{H}300\times150\times6.5\times9$。结构中所用的压型钢板组合楼板与实际 2G1B-IN 相同。组合楼板与钢梁间通过直径为 19mm 的栓钉连接。此原型结构中压型钢板、钢筋、栓钉及混凝土的材性性能假定均与试件 2G1B-IN 相同，而其他部件的钢材材性及断裂性能假定与 2G1B-IN 试件中主梁翼缘相同。

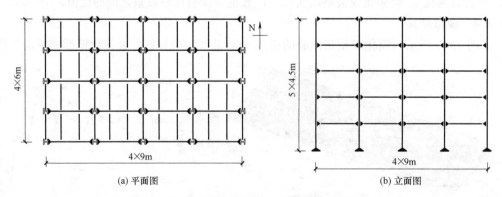

(a) 平面图   (b) 立面图

图 7.48 组合楼板钢框架原型结构（原型结构 A）

采用第 7.3.1 节的节点弹簧标定方法，如图 7.50 和图 7.51 所示，标定了原型结构 A 主梁-柱节点和次梁-柱节点的弹簧参数，列于表 7.9 中。原型结构 A 中次梁-主梁节点处的螺栓弹簧性能与次梁-柱节点螺栓弹簧相同。

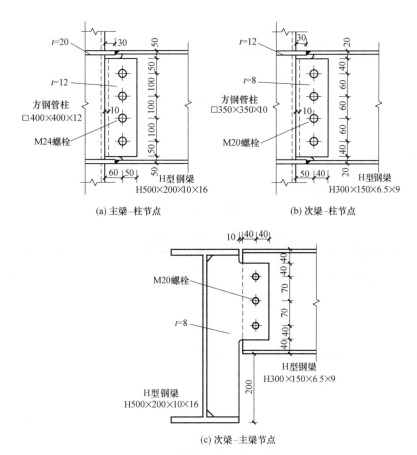

图 7.49 原型结构 A 节点图（单位：mm）

原型结构 A 参数   表 7.8

方向	跨度/m	梁截面	栓钉数量	螺栓
N-S	6	H300×150×6.5×9	59	4 个 M20 高强度螺栓，$D=60\text{mm}$
E-W	9	H500×200×10×16	89	4 个 M24 高强度螺栓，$D=100\text{mm}$

注：D 为螺栓间距。

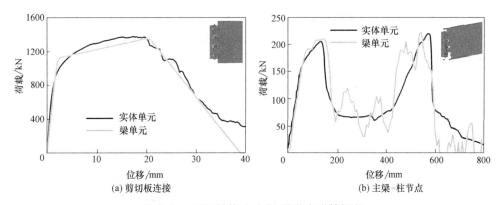

图 7.50 原型结构 A 主梁-柱节点弹簧标定

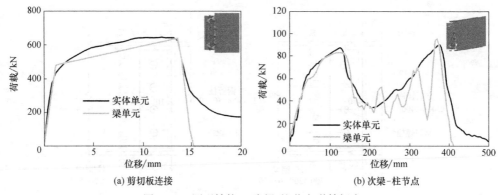

(a) 剪切板连接   (b) 次梁-柱节点

图 7.51 原型结构 A 次梁-柱节点弹簧标定

原型结构 A 梁柱连接弹簧参数   表 7.9

节点	弹簧	δ_y/mm	t_y/kN	δ_u/mm	t_u/kN	δ_0/mm
主梁-柱节点	螺栓弹簧	1.5	280	20	340	39
	梁翼缘弹簧	0.02	1354	2.05	1818	2.55
次梁-柱节点	螺栓弹簧	1	125	13.5	160	16
	梁翼缘弹簧	0.02	571	2	760	2.5

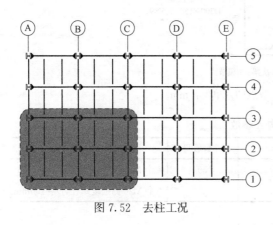

图 7.52 去柱工况

如图 7.52 所示，由于原型结构的对称特性，其底层柱的单柱失效工况一共有九种，即 A1、A2、A3、B1、B2、B3、C1、C2、C3。在整体结构去柱工况的 Pushdown 分析时，失效柱子在竖向均布荷载施加之前移除。在与移除柱子相邻跨度内的楼板上，施加逐渐增大的均布竖向荷载，直至整个结构达到极限承载力。此竖向均布荷载也同样施加在上部各层对应位置的楼板位置。在整体结构的 Pushdown 分析中，此均布荷载由零开始逐渐增大，直至整体建筑丧失承载力。

原型结构 A 各去柱工况的竖向变形模式及荷载-位移曲线如图 7.53 所示。其中，图 7.53（b）中的竖向荷载转换为单位面积受荷楼板上的等效均布荷载。表 7.10 归纳了原型结构 A 各去柱工况的极限承载力 R_A，并将其与规范 ASCE 7-16[182] 规定的结构连续倒塌荷载组合 R_d（1.2 DL＋0.5 LL）进行对比。对于原型结构 A，R_d 为 7kN（1.2×5kN＋0.5×2kN）。如表 7.10 所示，原型结构 A 的所有去柱工况的极限承载力 R_A 均远远超过了对应的荷载组合 R_d，其中 C1 去柱工况的极限承载力最高，为对应荷载组合的 4.90 倍，而 B2 去柱工况的极限承载力最低，为对应荷载组合的 3.27 倍。这表明原型结构 A 能够成功避免由去除单个柱子所导致的连续倒塌。在原型结构 A 中，A1、B1 和 C1 三种去柱工况的极限承载力至少为荷载组合的 4.27 倍，而其他六种去柱工况除了 C3 工况的极限承载力为荷载组合的 3.62 倍外，其余五种工况的极限承载力约为荷载组合的 3.3 倍左右。A1、

B1 和 C1 三种工况的极限承载力较高是因为相较于其他六种工况，这三种去柱工况主梁所承担的楼板面积较小，仅为其他六种工况主梁所承担楼板面积的一半。C3 去柱工况的极限承载力稍高于除 A1、B1 和 C1 三种工况外的其他去柱工况，这得益于 C3 去柱工况的楼板在四周水平边界被约束后所发展的双向空间拉结力。

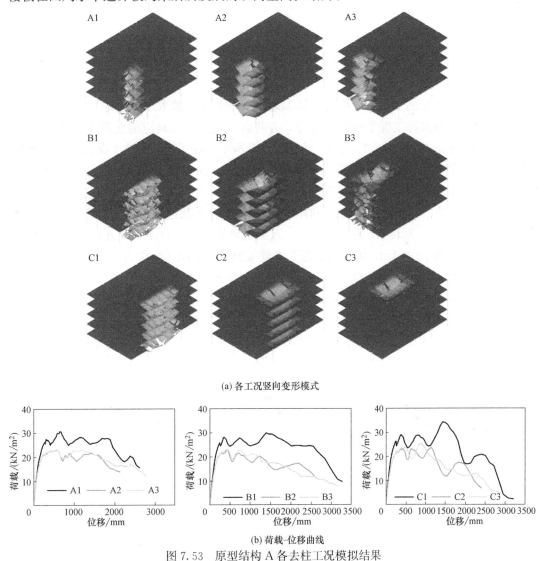

(a) 各工况竖向变形模式

(b) 荷载-位移曲线

图 7.53 原型结构 A 各去柱工况模拟结果

原型结构 A 极限承载力　　　　　　　　　　　　　　　　表 7.10

工况	1.2DL＋0.5LL	原型结构 A	
	$R_d/(\text{kN/m}^2)$	$R_A/(\text{kN/m}^2)$	R_A/R_d
A1	7	30.61	4.37
A2	7	23.07	3.30
A3	7	23.12	3.30
B1	7	29.88	4.27
B2	7	22.87	3.27

| 工况 | 1.2DL+0.5LL | 原型结构 A | |
	$R_d/(kN/m^2)$	$R_A/(kN/m^2)$	R_A/R_d
B3	7	23.11	3.30
C1	7	34.29	4.90
C2	7	23.70	3.39
C3	7	25.36	3.62

7.3.2.2 层数的影响

为了研究楼层数的变化对结构抗连续倒塌性能的影响，抽取了原型结构 A 中的第一层，研究其在各柱移除工况下的结构响应，并将各去柱工况所对应的变形模式和荷载-位移曲线分别示于图 7.54 和图 7.55 中。如图 7.55 所示，除了 A1 去柱工况外，五层和单层原型结构其他各去柱工况的荷载-位移曲线大致相同。表 7.11 归纳了单层原型结构 A 各去柱工况的极限承载力 R_{A1}，并将其与五层原型结构 A 的极限承载力 R_A 进行对比。除了 A1 去柱工况外，五层原型结构 A 和单层原型结构 A 在其他各去柱工况下的极限承载力差别均小于 10%。而在 A1 去柱工况下，五层原型结构 A 的极限承载力 R_A 为单层原型结构极限承载力 R_{A1} 的 1.15 倍，这是因为在此工况下五层原型结构 A 的各层之间依托于连接各层的角柱发展了桁架承载机制，而单层原型结构 A 缺乏此抗力机制。但对于不是移除角柱的去柱工况，桁架抗力机制对五层原型结构承载力的影响可以忽略。这表明，在原型结构中每层所承担的荷载是相同的，也就是说结构的竖向荷载并没有向某一层集中。因此，如果结构中每层的结构布置和尺寸都相同，则每层倾向于只承担施加在其上的竖向荷载，因此楼层数不会明显改变结构的连续倒塌工况下的性能。

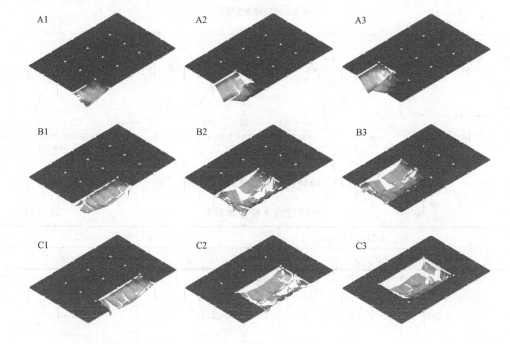

图 7.54　单层原型结构 A 竖向位移图

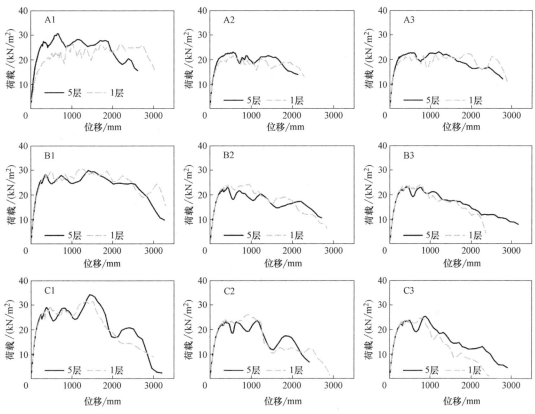

图 7.55　不同层数原型结构 A 的荷载-位移曲线对比

不同层数原型结构 A 的极限承载力对比　　　　　　　　表 7.11

工况	五层原型结构 A	单层原型结构 A	
	$R_A/(kN/m^2)$	$R_{A1}/(kN/m^2)$	R_A/R_{A1}
A1	30.61	26.51	1.15
A2	23.07	21.62	1.07
A3	23.12	22.51	1.03
B1	29.88	30.45	0.98
B2	22.87	24.22	0.94
B3	23.11	24.04	0.96
C1	34.29	31.54	1.09
C2	23.70	26.13	0.91
C3	25.36	24.77	1.02

7.3.2.3　组合楼板的影响

为了研究组合楼板对结构抗连续倒塌性能的影响，移除了单层原型结构 A 中的组合楼板，使其变成单层纯框架，通过在去柱位置处施加竖向位移荷载，研究其在各柱移除工况下的结构响应，并将其各去柱工况所对应的变形模式和荷载-位移曲线分别示于图 7.56 和图 7.57 中。

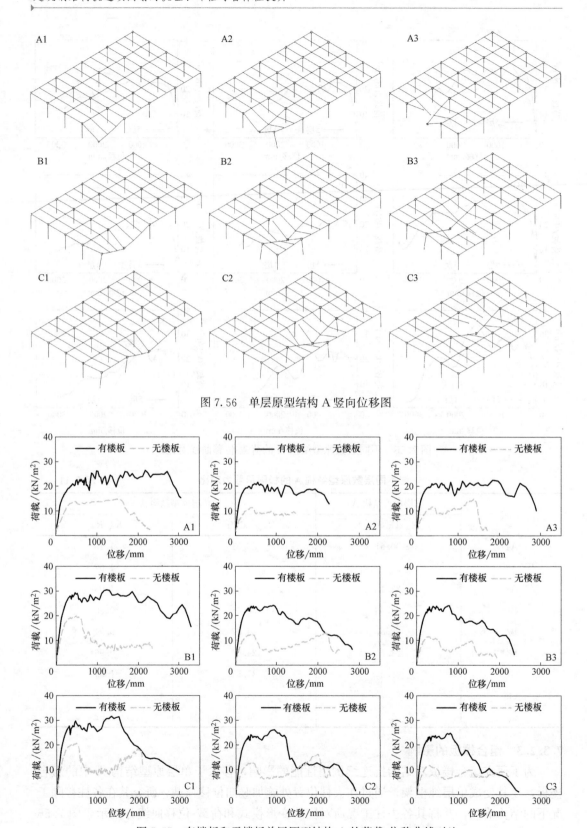

图 7.56　单层原型结构 A 竖向位移图

图 7.57　有楼板和无楼板单层原型结构 A 的荷载-位移曲线对比

表7.12归纳了无楼板单层原型结构A各去柱工况的极限承载力 R_{A1f}，并将其与有楼板单层原型结构A的极限承载力 R_{A1} 进行对比。由表7.12可知，组合楼板可以至少将无楼板的单层原型结构A的抗连续倒塌承载力提高51%，在C3去柱工况下甚至可以提高114%。这表明，组合楼板可以极大地提高钢框架结构的抗连续倒塌承载力，因此在钢框架结构抗连续倒塌分析中不能忽略组合楼板的贡献。

楼板对单层原型结构A极限承载力的影响　　　　　　　　　　　　　表7.12

工况	有楼板	无楼板	
	$R_{\text{A1}}/(\text{kN/m}^2)$	$R_{\text{A1f}}/(\text{kN/m}^2)$	$R_{\text{A1}}/R_{\text{A1f}}$
A1	26.51	14.82	1.79
A2	21.62	11.43	1.89
A3	22.51	14.92	1.51
B1	30.45	19.86	1.53
B2	24.22	12.98	1.87
B3	24.04	11.54	2.08
C1	31.54	20.61	1.53
C2	26.13	16.18	1.62
C3	24.77	11.57	2.14

7.3.2.4　梁柱连接形式的影响

在本节中，如图7.58所示，研究了栓焊连接（WFBW）和全焊连接（WFWW）这两种常用的梁柱刚接连接形式对原型结构A抗连续倒塌性能的影响。

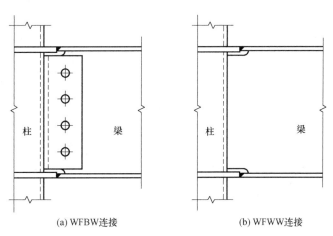

(a) WFBW连接　　　　　　　　　(b) WFWW连接

图7.58　梁柱连接形式

首先在构件层次对比了这两种连接形式的变形能力和承载力。如图7.59为分别采用两种连接形式的半跨梁模型的次梁-柱节点和主梁-柱节点的模拟结果。在此半跨梁模型中，靠近节点的部分为实体单元，远离节点的部分为壳单元。与柱相连的节点的自由度被完全约束，单调的位移控制荷载施加在梁端。如图7.59所示，对于次梁-柱节点来说，WFBW连接极限承载力所对应的竖向位移比WFWW连接极限承载力所对应的位移提高了144%，但其极限承载力却比WFWW连接减小了8.2%。对于主梁-柱节点来说，WF-BW连接极限承载力所对应的竖向位移比WFWW连接极限承载力所对应的位移提高了

147%，但其极限承载力却比 WFWW 连接减小了 6.8%。

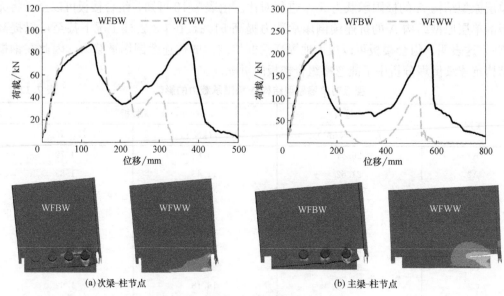

（a）次梁-柱节点　　　　　　　　　　（b）主梁-柱节点

图 7.59　两种梁柱连接承载力发展对比

将五层原型结构 A 简化模型中的 WFBW 连接替换为上述 WFWW 连接后，其各去柱工况所对应的荷载-位移曲线如图 7.60 所示。表 7.13 归纳了采用 WFWW 连接的原型结

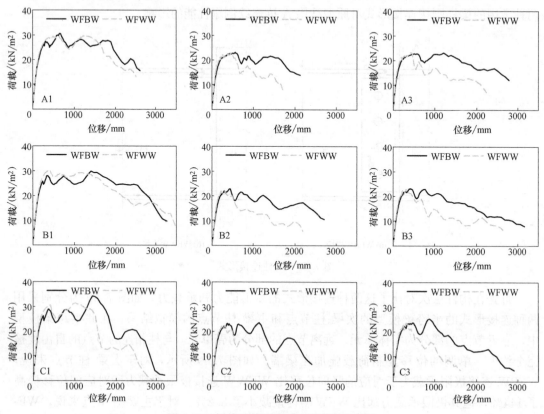

图 7.60　梁柱连接形式对原型结构的影响

构 A 各去柱工况的极限承载力 R_{AW}，并将其与采用 WFBW 连接的原型结构 A 的极限承载力 R_A 进行对比。由表 7.13 可知，除了 C1、C2 和 C3 三种去柱工况，梁柱节点分别为 WFBW 连接和 WFWW 连接的原型结构的极限承载力大致相等。对于 C1、C2 和 C3 三种工况，采用 WFBW 连接的原型结构的极限承载力分别比采用 WFWW 连接的原型结构的极限承载力提升了 9%、5% 和 8%，这是因为这三种工况下的主梁梁端的水平位移均被相邻结构所约束，有利于发挥出 WFBW 连接在大变形时的高承载力优势。此外，如图 7.60 所示，除了 A1 和 B1 去柱工况，采用 WFBW 连接的原型结构 A 的后期承载力明显优于采用 WFWW 连接的原型结构 A 的后期承载力。因此，对于钢框架结构来说，WFBW 连接的抗连续倒塌性能明显优于 WFWW 连接。

节点连接形式对原型结构 A 极限承载力的影响　　　　表 7.13

工况	有楼板	无楼板	
	$R_A/(kN/m^2)$	$R_{AW}/(kN/m^2)$	R_A/R_{AW}
A1	30.61	29.64	1.03
A2	23.07	22.84	1.01
A3	23.12	23.24	0.99
B1	29.88	30.33	0.99
B2	22.87	22.11	1.03
B3	23.11	22.82	1.01
C1	34.29	31.46	1.09
C2	23.70	22.54	1.05
C3	25.36	23.52	1.08

7.3.2.5　相邻跨的影响

如图 7.53 所示，去柱工况 C1 和 B1 的承载力发展非常不同，这说明边界约束可以极大地改变原型结构在去柱后的性能。通常，在实际建筑中，水平边界约束的差别主要来自于相邻跨的数目。如图 7.61 所示，C1 和 C3 去柱工况被看作研究的目标工况，相邻跨的数目是将要研究的参数，共对比分析了四种工况：无相邻跨、一个相邻跨、两个相邻跨和三个相邻跨。这几种工况所对应的变形模式和荷载-位移曲线分别示于图 7.62 和图 7.63。

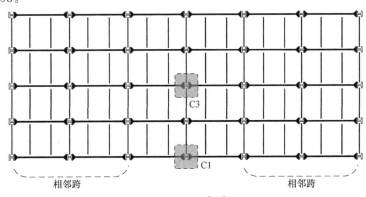

图 7.61　相邻跨

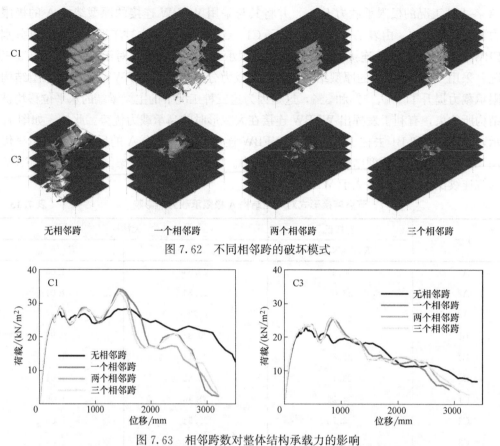

图 7.62　不同相邻跨的破坏模式

图 7.63　相邻跨数对整体结构承载力的影响

从图 7.63 可以看出，相邻跨的存在可以极大地改变去柱后原型结构的响应。对于 C1 去柱工况，一个相邻跨的情况比无相邻跨情况的极限承载力提高了 21%，且一个相邻跨的情况在后期大变形的结构中发展了较为明显的悬链线承载力，而无相邻跨的情况的加载曲线较为平缓，后期承载力没有明显提升。将 C1 工况相邻跨的数目增加至两个和三个，原型结构 A 的荷载-位移响应与一个相邻跨情况近似。对于 C3 去柱工况，一个相邻跨、两个相邻跨和三个相邻跨情况的荷载-位移曲线几乎相同，它们的极限承载力约比无相邻跨情况提高了 12%。但是，一个相邻跨、两个相邻跨和三个相邻跨达到极限承载力时的竖向位移分别为无相邻跨情况时的 124%、113% 和 122%。基于上述讨论，与无相邻跨工况对比，相邻跨的存在可以提高悬链线机制和受拉薄膜作用的发展程度，且不会削弱原型结构的变形能力。对于原型结构来说，一个相邻跨就足以使得主梁的悬链线机制和楼板的受拉薄膜作用得到充分发展。

7.3.2.6　跨度的影响

在本节中，梁跨度的影响通过改变主梁的跨度来研究。如图 7.64 所示，共选择了三种在钢结构建筑中常见的梁跨度，分别为 6m、9m、12m。其中，主梁跨度为 9m 的即为 6.2 节的原型结构 A。除了主梁截面和柱截面不同外，主梁为 6m 跨度和 12m 跨度的原型结构的所有的结构构件尺寸均与 9m 跨度的原型结构 A 相同。并且，这些结构所处场地类别均为二类，地震烈度为 6 度（0.05g），基本风压为 0.55kN/m²，地面粗糙度类别为 C 类。设计这些结构所用的恒荷载（DL）均为 5kN/m²，活荷载（LL）均为 2kN/m²。不同主梁跨度原型结构所采用的材料性能均与原型结构 A 相同。其中，6m 跨度和 12m 跨度选择的主梁截面分别为 H300×150×6.5×9 和 H700×300×13×24，柱截面分别为 □350×350×10 和 □450×450×14，其节点连接形式分别如图 7.65 和图 7.66 所示。这三种主梁跨度的原型结构 A 的每层层高均为 4.5m。6m 主梁跨度原型结构 A 的主梁-柱节点弹簧和次梁-柱节点弹簧的参数均与 9m 主梁跨度的原型结构 A 中次梁-柱节点弹簧参数相同，并列于表 7.14 中。主梁跨度为 12m 的原型结构 A 中的主梁-主节点弹簧的参数按照图 7.67 所示的标定方式而确定，并将其列于表 7.15 中。考虑到主梁上部 100mm 厚的压型钢板组合楼板，则这三个建筑中主梁的跨高比均为 15。主梁与楼板间通过 19mm 直

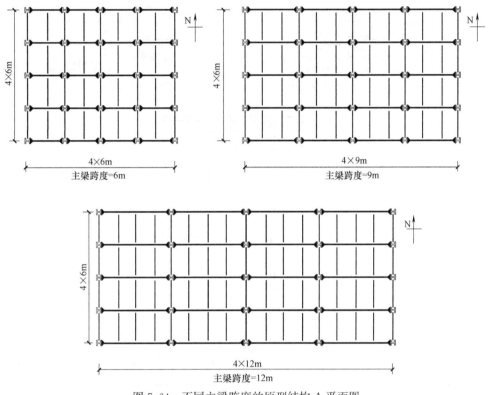

图 7.64　不同主梁跨度的原型结构 A 平面图

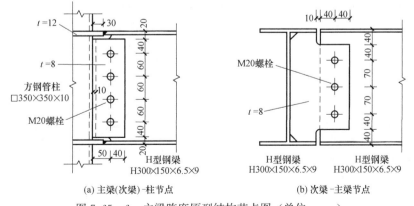

(a) 主梁(次梁)-柱节点　　　　　　(b) 次梁-主梁节点

图 7.65　6m 主梁跨度原型结构节点图（单位：mm）

径的栓钉连接，6m 跨度和 12m 跨度主梁上的栓钉数量分别为 59 和 119。在这三个结构中，次梁间距都是 3m。因此，跨度为 6m、9m 和 12m 的每个主梁上分别布置了 1 条、2 条和 3 条次梁。图 7.68 和图 7.69 为三个结构变形模式与荷载-位移曲线的对比。

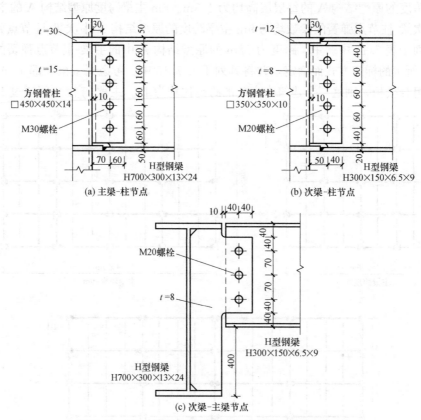

图 7.66　12m 主梁跨度原型结构节点图（单位：mm）

6m 主梁跨度原型结构 A 梁柱连接弹簧参数　　　　　　表 7.14

弹簧	δ_y/mm	t_y/kN	δ_u/mm	t_u/kN	δ_0/mm
螺栓弹簧	1	125	13.5	160	16
梁翼缘弹簧	0.02	571	2	760	2.5

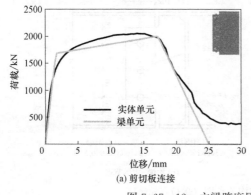

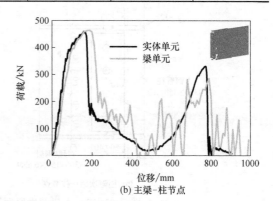

图 7.67　12m 主梁跨度原型结构主梁-柱节点弹簧标定

12m 主梁跨度原型结构 A 梁柱连接弹簧参数　　　　　　表 7.15

节点	弹簧	δ_y/mm	t_y/kN	δ_u/mm	t_u/kN	δ_0/mm
主梁-柱节点	螺栓弹簧	1.5	420	17	500	25
	梁翼缘弹簧	0.02	3046	2	4065	2.5
次梁-柱节点	螺栓弹簧	1	125	13.5	160	16
	梁翼缘弹簧	0.02	571	2	760	2.5

　　表 7.16 归纳了主梁跨度对原型结构 A 各去柱工况的极限承载力的影响，其中 6m 主梁跨度原型结构 A 的极限承载力为 R_{A6}，12m 主梁跨度原型结构 A 的极限承载力为 R_{A12}，并分别将其与 9m 主梁跨度的原型结构 A 的极限承载力 R_A 和荷载组合 R_d（1.2DL+0.5LL）进行对比。将主梁跨度由 9m 减小到 6m 后，最不利去柱工况依旧为 B2，但此工况对应的 R_{A6} 仍远大于 R_d，为 R_d 的 3.23 倍。对于主梁跨度为 12m 的原型结构 A，其最不利去柱位置为 A3，此工况对应的 R_{A12} 为 R_d 的 3.39 倍。如图 7.69 和表 7.16 所示，在 B1、B2、C1 和 C2 工况下，R_{A12} 均明显高于其对应的 R_{A6} 和 R_A。如图 7.68（b）所示，在这四个去柱工况（B1、B2、C1 和 C2 工况）下，主梁跨度为 12m 的原型结构 A 的楼盖破坏只由楼板开裂引起，而次梁-柱连接和次梁-主梁连接均未失效。与此相反，主梁跨度为 9m 和 6m 的原型结构 A 在此四个去柱工况下的楼盖破坏均出现了次

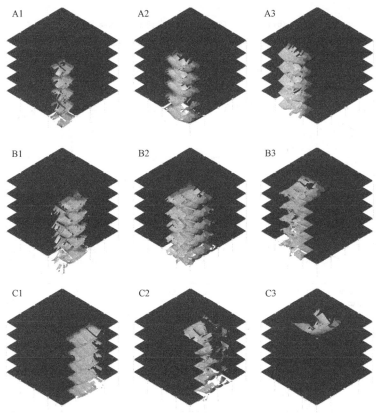

(a) 6m 主梁跨度原型结构 A 的竖向位移变形模式

图 7.68　不同主梁跨度原型结构 A 的竖向位移变形模式

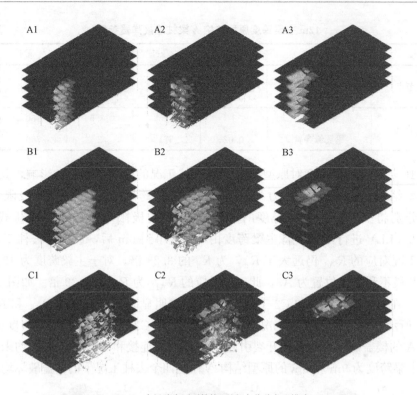

(b) 12m主梁跨度原型结构A的竖向位移变形模式

图 7.68　不同主梁跨度原型结构 A 的竖向位移变形模式（续）

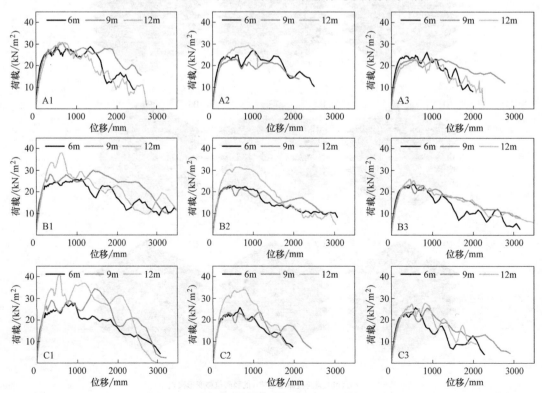

图 7.69　不同主梁跨度原型结构 A 的荷载-位移曲线

梁-柱连接和次梁-主梁连接的失效。B1、B2、C1 和 C2 这四个去柱工况的共同点是，失效柱所影响的楼盖区域内均有处于建筑外围的主梁。与主梁跨度为 9m 和 6m 的原型结构 A 相比，主梁跨度为 12m 的原型结构 A 中外围跨度相对较长的主梁不能为连于其上的次梁提供足够的水平约束，这有利于推迟沿次梁方向连接的失效。

对于这三个不同主梁跨度的原型结构 A 来说，在所有的柱子移除工况中，移除主梁侧边柱（B1 和 C1），以及移除角柱工况（A1）都有较高的抗连续倒塌承载力。而最不利的柱子移除工况倾向于出现在结构内柱（B2、B3、C2 和 C3）和次梁侧边柱（A2 和 A3）等位置处。此外，这三个主梁跨度的原型结构 A 在各种去柱工况下的极限承载力均至少为设计组合 R_d 的 3.23 倍，这表明原型结构 A 所采用的组合楼板钢框架结构形式有较好的抗连续倒塌能力，而这主要得益于现行的结构设计方法。在对钢框架结构进行抗震设计时，通常会忽略组合楼板对梁截面抗弯能力的贡献，但这种较为保守的设计方法会显著提高钢框架结构的抗连续倒塌能力。

不同主梁跨度原型结构 A 的极限承载力　　　　　　　　表 7.16

工况	9m 主梁跨度		6m 主梁跨度			12m 主梁跨度		
	$R_A/(\text{kN/m}^2)$	R_A/R_d	$R_{A6}/(\text{kN/m}^2)$	R_{A6}/R_A	R_{A6}/R_d	$R_{A12}/(\text{kN/m}^2)$	R_{A12}/R_A	R_{A12}/R_A
A1	30.61	4.37	28.99	0.95	4.14	30.75	1.00	4.39
A2	23.07	3.30	27.05	1.17	3.86	29.36	1.27	4.19
A3	23.12	3.30	26.24	1.14	3.75	23.72	1.03	3.39
B1	29.88	4.27	26.10	0.87	3.73	38.00	1.27	5.43
B2	22.87	3.27	22.62	0.99	3.23	31.45	1.38	4.49
B3	23.11	3.30	23.42	1.01	3.35	25.84	1.12	3.69
C1	34.29	4.90	27.63	0.81	3.95	40.67	1.19	5.81
C2	23.70	3.39	25.57	1.08	3.65	33.93	1.43	4.85
C3	25.36	3.62	25.62	1.01	3.66	27.68	1.09	3.95

7.3.2.7　支撑的影响

为了研究支撑对组合楼板钢框架结构抗连续倒塌性能的影响，设计了如图 7.70 所示的原型结构 B。除了布置有支撑外，原型结构 B 的所有结构布置和尺寸均与原型结构 A 一致。原型结构 A 和原型结构 B 分别按照 6 度（0.05g）和 8 度（0.20g）设计，原型结构 B 比原型结构 A 中多出的地震作用将由钢支撑承载。原型结构 B 中的钢支撑截面尺寸为 H175×175×7.5×11，与梁柱节点刚接连接，如图 7.71 所示。

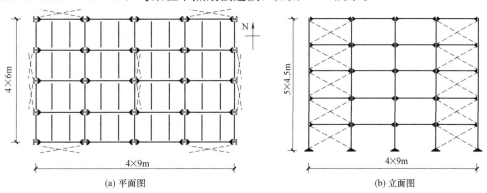

(a) 平面图　　　　　　　　　　　　(b) 立面图

图 7.70　有支撑原型结构（原型结构 B）

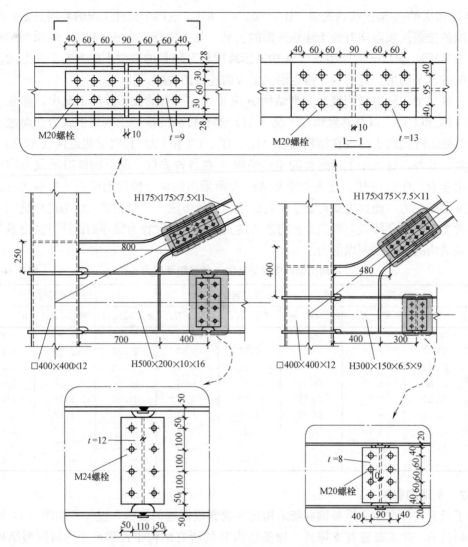

图 7.71 原型结构 B 支撑节点图（单位：mm）

原型结构 B 的简化模型如图 7.72 所示，除了布置支撑外，其余部分的建模方法均与原型结构 A 相同。支撑通过 Hughes-Liu 梁单元模拟，支撑与梁柱节点之间通过刚性杆相连。

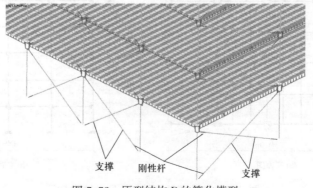

图 7.72 原型结构 B 的简化模型

通过对比原型结构 A 和原型结构 B 在不同去柱工况下的破坏模式和荷载-位移关系研究支撑对钢框架-组合楼板结构抗连续倒塌的影响。图 7.73 为原型结构 B 在达到极限承载力时对应的竖向变形模式。其破坏模式可大致归为两类：（1）由于梁柱连接失效和楼板开裂引起的楼盖破坏；（2）由于过大的重分配荷载而引起的底层柱受压失稳破坏。如图 7.73 所示，原型结构 B 的 C1 和 C3 工况分别为楼盖破坏和柱破坏。原型结构 A 和原型结构 B 的荷载-位移曲线见图 7.74。

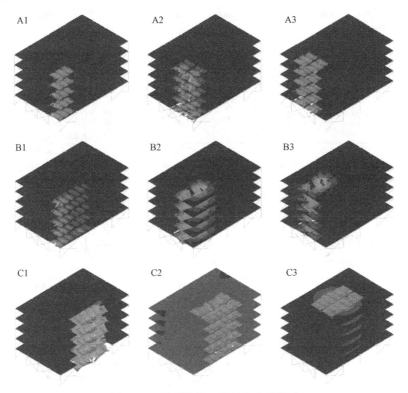

图 7.73 原型结构 B 的竖向变形模式

表 7.17 归纳了原型结构 A 和原型结构 B 的主要模拟结果。除了 B2、B3 和 C1 柱子移除工况，原型结构 B 的极限承载力 R_B 均明显高于原型结构 A 的极限承载力 R_A，其中 C2 去柱工况提升比例最大，为 70%，B1 去柱工况提升比例最少，为 29%。原型结构 A 和原型结构 B 在 B2、B3 和 C1 三种柱子移除工况下的极限承载力和荷载-位移曲线没有发生明显变化。如图 7.70 所示，原型结构 B 在 B2、B3 和 C1 柱子相连的跨度内没有布置支撑，使得原型结构 B 在这三种去柱工况下抗连续倒塌能力与原型结构 A 相同。在除了 B2、B3 和 C1 之外的六种去柱工况下，都有支撑布置在与移除柱子相连的跨度内，这不仅使得这些去柱工况的极限承载力得到大幅提升，更显著增强了这些去柱工况的前期竖向承载刚度。在设置了钢支撑后，C2 和 C3 工况的破坏模式由楼盖破坏转变为柱破坏，余下的去柱工况的破坏模式没有发生变化。柱破坏模式表明结构已达到此去柱工况下可能达到的最大竖向承载力，而结构发生楼盖破坏则说明此时结构的竖向荷载尚不足以导致柱子破坏。基于上述讨论可知，如果钢支撑设置在了与移除柱子相邻的跨度内，则原型结构在此种工况下的抗连续倒塌承载力至少会提升 29%。此外，如图 7.70 所示，如果钢支撑设置在了与

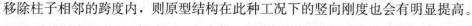

移除柱子相邻的跨度内，则原型结构在此种工况下的竖向刚度也会有明显提高。

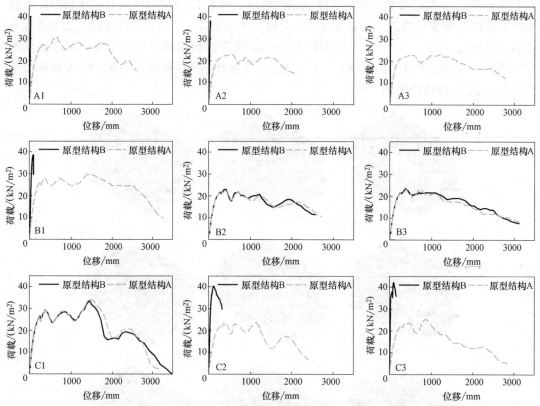

图 7.74 原型结构 A 和原型结构 B 的荷载-位移曲线对比

原型结构 A 和原型结构 B 的极限承载力对比   表 7.17

工况	原型结构 A(无支撑)	原型结构 B(有支撑)	
	R_A(kN/m^2)	R_B(kN/m^2)	R_B/R_A
A1	30.61	40.07	1.31
A2	23.07	38.42	1.67
A3	23.12	36.05	1.56
B1	29.88	38.64	1.29
B2	22.87	22.92	1.00
B3	23.11	23.51	1.02
C1	34.29	33.62	0.98
C2	23.70	40.37	1.70
C3	25.36	42.11	1.66

7.3.2.8 影响组合楼板钢框架结构体系抗连续倒塌承载力发展的因素

基于上述参数分析可以得出，组合楼板的存在可以显著提高钢框架结构的抗连续倒塌承载力，这既包括前期组合楼板通过发展塑性铰线而提供的抗弯承载力，也包括在后期发挥的不同程度的受拉薄膜作用。如图 7.57 所示，除了 A1、A2 和 B1 这三个明显缺乏边界水平约束的去柱工况，纯框架结构的其他各去柱工况的荷载-位移曲线均有前后两个明显的承载力峰值，一个对应梁翼缘开裂，一个对应于梁柱连接彻底失效。钢框架在设置了组合楼板之后，荷载-位移曲线变得较为平缓，并未表现出有明显的峰值。这是因为组合楼板在由抗弯机制向后期受拉薄膜作用过渡时组合楼板内的钢筋和压型钢板不会因前期的弯曲变形而断裂，这保证了组合楼板在大变形时有足够的截面完整性来发展薄膜拉力。此外，钢框架结构的荷载-位移曲线因设置组合楼板变得平稳，这有利于提高钢框架结构在动力荷载下的可靠性，不会因为突然的荷载下降而引起过度振荡。

在本节中，对比了栓焊混合节点和全焊节点对组合楼板钢框架结构抗连续倒塌性能的影响。虽然，在各去柱工况下，两种节点对组合楼板钢框架结构极限承载力的影响不大，但是，与全焊节点相比，栓焊混合节点会显著改善结构在后期的承载力性能。如图 7.60 所示，在 A2、A3、B2、B3、C2 和 C3 工况下，设置全焊节点的结构在达到极限承载力后，其荷载-位移曲线会迅速下降，进而丧失承载力。这是因为，在梁翼缘弹簧断裂后，全焊接节点的腹板弹簧和剩余的翼缘弹簧会迅速断裂，使得结构丧失发展悬链线机制的能力。在这 6 个工况下，得益于栓焊混合节点腹板剪切板螺栓弹簧具有很好的变形能力，不会在翼缘弹簧断裂后立即丧失承载力，设置栓焊混合节点的结构在达到峰值荷载后，其荷载-位移曲线不会立即下降，而是进入一个平台期。这个平台期将会使得设置栓焊混合节点的结构在动力荷载下的表现要比设置全焊节点的结构可靠。

水平边界约束会明显改变梁的悬链线机制的发展。如图 7.57 所示，B2、B3、C1、C2 和 C3 工况下纯框架的失效位移明显大于设置组合楼板后的钢框架的失效位移。这是因为，在加载过程中，楼板可以像加劲肋一样阻止模型外围的柱子向模型内部移动，从而约束了与失效柱连接的梁的远端的水平位移，因此会使得梁柱节点的失效位移减小，从而使得有楼板框架比无楼板框架的失效位移要小。

通过对原型结构 A 的各去柱工况的模拟，和对相邻跨的研究表明，只有在约束主梁梁端和组合楼板沿板肋方向的水平位移后，结构的后期承载力才能超越其前期的荷载峰值。但是，与一个相邻跨相比，增加相邻跨的数量并不能提高边界水平约束能力，也不能改变目标去柱工况的抗连续倒塌性能。

支撑不仅能够有效提升结构抵抗水平荷载的能力，也能够极大地提升其所在位置的抗连续倒塌能力。支撑可以斜向地将竖向荷载直接传至柱底。而抗弯机制、悬链线机制或楼板薄膜作用等传力机制需要先将竖向荷载水平地传至相邻柱，再由相邻柱传至柱底，在此过程中，传力路径发生两次垂直改变，必然会在传力路径改变处引起弯矩，导致额外的材料消耗。因此，在连续倒塌情况下，支撑的传力路径明显优于抗弯机制、悬链线机制或楼板薄膜作用等传力机制。但是，由于建筑功能的要求，支撑并不能够布置在每一个跨度内。因此，应该综合考虑建筑的功能和抗震设计的要求，将支撑尽量设置在抗连续倒塌能力较弱的位置。

第 **8** 章

组合楼板钢框架结构抗连续倒塌性能理论评估方法

第 6 章的楼盖子结构试验与第 7 章的数值模拟方法都不便于在实际工程中快速评估组合楼盖系统的抗连续倒塌性能，但现有分析带楼板框架结构抗连续倒塌性能的理论模型[109,142-144]都较为复杂，很难实际应用于压型钢板组合楼板钢框架结构系统。因此，本章基于第 6 章的试验研究，提出了一种将楼板和钢框架系统解耦的简化理论模型，并将其推广至结构体系层次。

8.1 理论模型推导

如图 8.1 所示，连续倒塌条件下的柱子移除工况可以按照水平边界条件的不同分为九种，即 A1、A2、A3、B1、B2、B3、C1、C2、C3。因为梁端位移和楼板钢筋及压型钢板在边界处被水平约束约束住，A3、B3、C1、C2、C3 五种工况可以较为充分地发展悬链线机制和受拉薄膜作用等后期抗力机制，而其他四种工况（A1、A2、B1、B2）因为缺乏边界水平约束，则假定只能发展抗弯作用。本章理论公式的推导均依照图 8.1 所示的结构

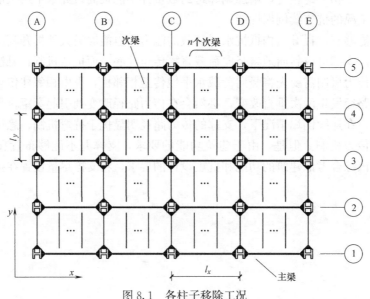

图 8.1 各柱子移除工况

进行，其主梁沿 x 方向布置，跨度为 l_x，次梁沿 y 方向布置，跨度为 l_y。每个主梁跨内均有 n 个次梁连接其上，且各次梁的间距均相等。主梁-柱节点与次梁-柱节点为刚接节点，次梁-主梁节点为铰接节点。

图 8.2（a）为适用于 A1、A2、B1、B2 工况的理论模型，而图 8.2（b）为适用于 A3、B3、C1、C2、C3 工况的理论模型。ω 和 δ 分别代表楼板均布荷载和移除柱子处的竖向位移。图 8.2（b）所对应的理论模型的荷载-位移曲线分成了三个阶段：弹性阶段、塑性阶段和悬链线阶段。这三个阶段分别由三个特征位移所划分，亦即 δ_y、δ_t 和 δ_u。δ_y 代表钢梁和组合楼板达到全截面塑性承载力时对应的位移，参考欧洲规范[208]，此处 δ_y 对应的梁弦转角为 0.013rad。在钢梁和组合楼板达到全截面塑性承载力时，整个结构的承载力为 ω_y。之后，承载力机制逐渐由抗弯机制向悬链线作用和受拉薄膜作用转变。在位移为 δ_t 时，悬链线机制和受拉薄膜作用的合力超过了 ω_y，此后，结构荷载假定完全由悬链线作用和受拉薄膜作用承担。在位移为 δ_u 时，整体结构失效，丧失承载力。对于 A1、A2、B1、B2 工况来说，如图 8.2（a）所示，其理论模型的荷载-位移曲线仅包括两个阶段，即弹性阶段和塑性阶段，其中，δ_y、δ_u 和 ω_y 的含义与图 8.2（b）相同。

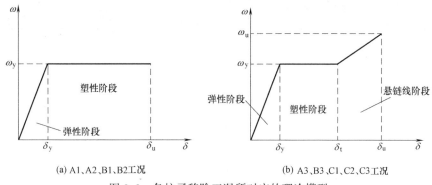

(a) A1、A2、B1、B2工况　　　　　(b) A3、B3、C1、C2、C3工况

图 8.2　各柱子移除工况所对应的理论模型

8.1.1　弹性阶段

在弹性阶段，结构荷载由梁系统和组合楼板系统的抗弯机制来承担。因此，ω_y 可由塑性铰线法计算得出。如图 8.3 所示，各柱子移除工况所对应的塑性铰线法计算图可分为 Ⅰ、Ⅱ、Ⅲ、Ⅳ 四种类型。塑性铰线法计算图中的实线对应正塑性铰线，而虚线对应负塑性铰线。$\theta_x = \delta/l_x$ 和 $\theta_y = \delta/l_y$ 是楼板塑性铰绕 y 轴和 x 轴的转动角度。M_g 和 M_g' 是主梁在正弯矩区和负弯矩区的全截面塑性抗弯承载力，M_b 和 M_b' 是次梁在正弯矩区和负弯矩区的全截面塑性抗弯承载力。此处，主梁和次梁的全截面塑性抗弯承载力仅考虑钢材截面。m_{sx} 和 m_{sy} 是正弯矩区单位宽度组合楼板绕 y 轴和 x 轴的全截面塑性抗弯承载力，而 m_{sx}' 和 m_{sy}' 是负弯矩区单位宽度组合楼板绕 y 轴和 x 轴的全截面塑性抗弯承载力。

类型 Ⅰ、类型 Ⅱ、类型 Ⅲ 和类型 Ⅳ 所对应的内功 $W_{internal}$ 分别根据式（8.1）、式（8.2）、式（8.3）和式（8.4）计算。

$$W_{internal} = (M_g' + m_{sx}'l_y)\theta_x + [(1+n)M_b' + m_{sy}'l_x]\theta_y \tag{8.1}$$

$$W_{internal} = (M_g' + 2m_{sx}l_y + 2m_{sx}'l_y)\theta_x + [2(1+n)M_b + 2M_b' + 2m_{sy}l_x + 2m_{sy}'l_x]\theta_y \tag{8.2}$$

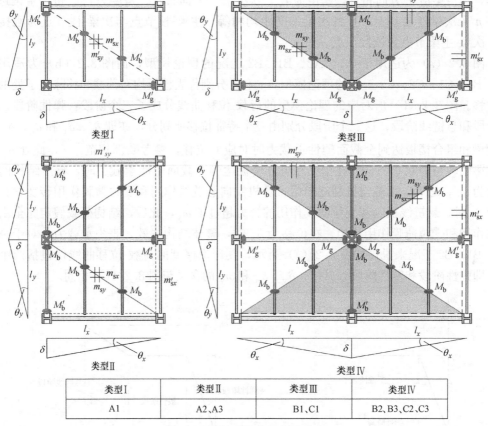

类型Ⅰ	类型Ⅱ	类型Ⅲ	类型Ⅳ
A1	A2、A3	B1、C1	B2、B3、C2、C3

图 8.3　楼盖系统的抗弯承载力

$$W_{\text{internal}} = (2M_g + 2M'_g + 2m_{sx}l_y + 2m'_{sx}l_y)\theta_x + (2nM_b + M'_b + 2m_{sy}l_x + 2m'_{sy}l_x)\theta_y \tag{8.3}$$

$$W_{\text{internal}} = (2M_g + 2M'_g + 4m_{sx}l_y + 4m'_{sx}l_y)\theta_x + [2(1+2n)M_b + 2M'_b + 4m_{sy}l_x + 4m'_{sy}l_x]\theta_y \tag{8.4}$$

类型Ⅰ所对应的外功 W_{external} 根据式（8.5）计算，类型Ⅱ和类型Ⅲ对应的 W_{external} 根据式（8.6）计算，而类型Ⅳ对应的 W_{external} 根据式（8.7）计算。

$$W_{\text{external}} = \omega_y l_x l_y \delta/6 \tag{8.5}$$

$$W_{\text{external}} = 2\omega_y l_x l_y \delta/3 \tag{8.6}$$

$$W_{\text{external}} = 4\omega_y l_x l_y \delta/3 \tag{8.7}$$

则各柱子失效工况所对应的 ω_y 可由式（8.8）求得。

$$W_{\text{internal}} = W_{\text{external}} \tag{8.8}$$

如图 8.2 所示，在竖向位移达到 δ_y 之前，理论模型的荷载-位移曲线假定为直线。

8.1.2　塑性阶段

因为在图 8.2（a）对应的工况（A1、A2、B1、B2 工况）中悬链线机制和受拉薄膜作用不能充分发展，因此假定在此情况下理论模型的荷载-位移曲线在位移超过 δ_y 之后直至 δ_u 之前为一条水平线。Fu[142] 的研究发现，当竖向位移 δ 超过两倍的组合梁截面高度后，结构的承载力将会下降，因此，将 δ_u 定义为两倍的组合梁截面高度。

对于图 8.2（b）对应的工况（A3、B3、C1、C2、C3 工况）来说，在弹性阶段后有另外两个阶段，分别为塑性阶段和悬链线阶段。这两个阶段由竖向位移 δ_t 所界定，在此位移处，结构的悬链线机制和受拉薄膜作用所提供的承载力之和超过了由抗弯机制所提供的承载力。式（8.9）给出了这两个阶段的荷载-位移曲线。

$$\omega = \begin{cases} \omega_y & \text{（塑性阶段）} \\ \omega_c + \omega_m & \text{（悬链线阶段）} \end{cases} \tag{8.9}$$

其中，ω_c 和 ω_m 分别代表由悬链线机制和受拉薄膜作用所承担的楼板均布荷载。

8.1.3　悬链线阶段

A3、B3、C1、C2 和 C3 五种工况所对应的悬链线机制提供的承载力可根据图 8.4 计算得到。F_g 为 x 方向主梁残余截面所提供的受拉屈服承载力，F_b 和 F'_b 分别为 y 方向与柱相连的次梁和与主梁相连的次梁的残余截面所提供的受拉屈服承载力。对于梁柱栓焊节点来说，F_g 和 F_b 为剪切板和梁未断裂翼缘所提供的受拉屈服承载力；对于次梁-主梁剪切板铰接节点来说，F'_b 为剪切板所提供的受拉屈服承载力。A3、B3、C1、C2 和 C3 五种工况所对应的荷载可分别由式（8.10）、式（8.11）、式（8.12）、式（8.13）和式（8.14）计算得到，可以看出 δ-ω_c 曲线为一条过原点的直线。

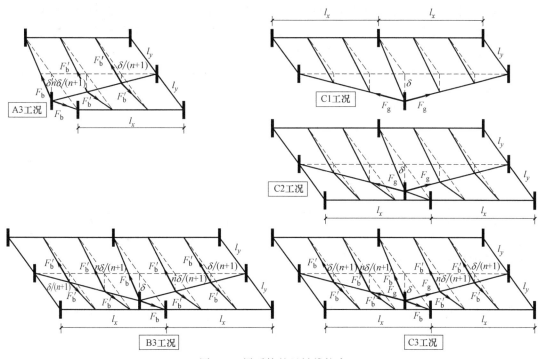

图 8.4　梁系统的悬链线抗力

A3 工况　$\omega_c = \dfrac{\dfrac{2F_b\delta}{l_y} + \dfrac{2F'_b\delta\left(\dfrac{n}{n+1} + \dfrac{n-1}{n+1} + \cdots + \dfrac{1}{n+1}\right)}{l_y}}{2l_xl_y} = \dfrac{(2F_b + nF'_b)\delta}{2l_xl_y^2}$　(8.10)

B3 工况 $\quad \omega_c = \dfrac{\dfrac{2F_b\delta}{l_y} + \dfrac{4F_b'\delta\left(\dfrac{n}{n+1} + \dfrac{n-1}{n+1} + \cdots + \dfrac{1}{n+1}\right)}{l_y}}{4l_xl_y} = \dfrac{(F_b + nF_b')\delta}{2l_xl_y^2}$ (8.11)

C1 工况 $\quad \omega_c = \dfrac{\dfrac{2F_g\delta}{l_x}}{2l_xl_y} = \dfrac{F_g\delta}{l_x^2l_y}$ (8.12)

C2 工况 $\quad \omega_c = \dfrac{\dfrac{2F_g\delta}{l_x}}{4l_xl_y} = \dfrac{F_g\delta}{2l_x^2l_y}$ (8.13)

C3 工况 $\quad \omega_c = \dfrac{\dfrac{2F_g\delta}{l_x} + \dfrac{2F_b\delta}{l_y} + \dfrac{4F_b'\delta\left(\dfrac{n}{n+1} + \dfrac{n-1}{n+1} + \cdots + \dfrac{1}{n+1}\right)}{l_y}}{4l_xl_y} = \dfrac{F_g\delta}{2l_x^2l_y} + \dfrac{(F_b + nF_b')\delta}{2l_xl_y^2}$

(8.14)

由图 8.4 可以看出，在五种可以发展悬链线抗力的柱子失效工况中，只有 C3 工况可以同时发展主梁和次梁两个方向的悬链线抗力。同理，双向受拉薄膜作用也只能在 C3 工况中发展，图 8.5 为其对应的计算简图。T_x 和 T_y 分别为 x 方向和 y 方向单位宽度楼板所发展的受拉薄膜力。T_x 和 T_y 等于各自方向单位宽度楼板钢筋和压型钢板所发展的屈服拉力。对于本节所采用的开口型压型钢板，假定其受拉薄膜力只在沿板肋方向发展。并且，由于在压型钢板两端只在板肋底部通过栓钉连接于钢梁上翼缘，则在沿其板肋方向所发展受拉薄膜力只考虑板肋底部压型钢板的贡献。

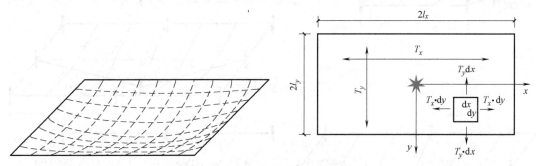

图 8.5　C3 工况的双向受拉薄膜作用

在图 8.5 中，假定边长为 $\mathrm{d}x$ 和 $\mathrm{d}y$ 的单位面积矩形面元所承担的均布荷载为 ω_m。则楼板在法线方向（z 方向）的荷载平衡公式为

$$0 = \omega_m\mathrm{d}x\mathrm{d}y - T_x\mathrm{d}y\frac{\partial z}{\partial x} + T_x\mathrm{d}y\left(\frac{\partial z}{\partial x} + \frac{\partial^2 z}{\partial x^2}\mathrm{d}x\right) - T_y\mathrm{d}x\frac{\partial z}{\partial y} + T_y\mathrm{d}x\left(\frac{\partial z}{\partial y} + \frac{\partial^2 z}{\partial y^2}\mathrm{d}y\right)$$

(8.15)

然后，可得

$$\frac{T_x}{T_y}\cdot\frac{\partial^2 z}{\partial x^2} + \frac{\partial^2 z}{\partial y^2} = -\frac{\omega_m}{T_y}$$ (8.16)

令

$$X = x \cdot \sqrt{T_y / T_x} \qquad (8.17)$$

则式（8.16）可变为

$$\frac{\partial^2 z}{\partial X^2} + \frac{\partial^2 z}{\partial y^2} = -\frac{\omega_m}{T_y} \qquad (8.18)$$

在式（8.18）中，矩形楼板边界位置处（$x = \pm l_x$，$y = \pm l_y$）的 z 等于 0。则式（8.18）的解[183,209] 为

$$\frac{\omega_m l_y^2}{T_y \delta} = \frac{\pi^3}{4 \sum\limits_{n=1,3,5,\cdots}^{\infty} \frac{1}{n^3} (-1)^{\frac{n-1}{2}} \left\{ 1 - \frac{1}{\cosh\left[\left(\frac{n\pi l_x}{2 l_y} \right) \sqrt{T_y / T_x} \right]} \right\}} = C \qquad (8.19)$$

其中，C 为定值。从而，可求得 ω_m 为

$$\omega_m = C \frac{T_y \delta}{l_y^2} \qquad (8.20)$$

由式（8.20）可知，曲线 $\delta - \omega_m$ 同样也是一条过原点的直线。

对于 A3、B3、C1 和 C2 工况来说，只有一个方向的受拉薄膜作用可以得到发展。如图 8.6 所示，以 C1 工况为例，消去式（8.16）中的 y 项可得式（8.21）。

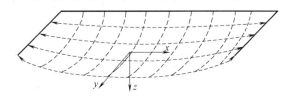

图 8.6　C1 工况的单向受拉薄膜作用

$$\frac{\partial^2 z}{\partial x^2} = -\frac{\omega_m}{T_x} \qquad (8.21)$$

式（8.21）的解为

$$\omega_m = \frac{2 T_x \delta}{l_x^2} \qquad (8.22)$$

A3、B3 和 C2 工况所对应的单向受拉薄膜作用所提供的承载力也可按照同样的方法推得。

综上，分别由悬链线机制和受拉薄膜作用承担的荷载 ω_c 和 ω_m 均已求得，则位移 δ_t 可按式（8.23）求得

$$\omega_y = \omega_c + \omega_m \qquad (8.23)$$

8.1.4　柱子失效

不过，与单层楼盖结构不同的是，多层甚至高层组合楼板钢框架结构在移除柱子之后，与失效柱相邻的柱子会承担很大的重分配重力荷载，这很可能会导致柱子在楼盖结构丧失承载力之前先因受压失稳而破坏。7.3.2 节中，添加了支撑之后，C2、C3 工况的破坏就是因

柱子受压失稳而引起的。这种现象在高层建筑中可能会更加严重，Bao[114] 在模拟一个 10 层的钢筋混凝土整体结构时，由于结构在突然去柱后发生了相邻柱的受压失稳破坏，整体结构在突然去柱后的抗倒塌能力仅为单层楼盖子结构的一半。因此，单层楼盖子结构得到的结果可能会高估了整体结构的抗倒塌性能，要考虑去柱区域的荷载分配到相邻区域后对相邻区域的影响。所以，在设计具有抗连续倒塌性能的结构时，底层柱子或结构下部分柱子的竖向承载能力要足够承担重分配而来的竖向荷载。对于如图 8.7 所示的规则结构，在发生柱子失效后，各类型柱可能出现的最大附属面积如阴影部分所示。图 8.7 中，l_G 代表主梁跨度，l_B 代表次梁跨度，则角柱、主梁侧边柱、次梁侧边柱和内部柱在连续倒塌工况下可能负担的最大附属面积分别为 $0.5l_Gl_B$、$0.75l_Gl_B$、l_Gl_B 和 $1.5l_Gl_B$。因此，在结构设计阶段，这些柱子的竖向承载力要能够承担其最大附属面积内其上各层的竖向荷载之和。

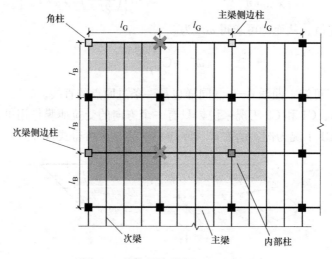

图 8.7　各柱最大附属面积示意图

8.2　模型可靠性验证

图 8.8 和表 8.1 为理论模型的预测结果与五个带楼板框架结构试验结果的对比。这五个试件包括：Dat[79] 的试件 PE1，Qian[86] 的试件 MD，Fu[106] 的试件 2×3-S-PI，以及本文第 6 章的两个试件 2G1B-IN 和 2G1B-OUT。试件 PEI 为典型钢筋混凝土结构，由混凝土梁和混凝土楼板组合，而试件 MD 为只有混凝土楼板的无梁楼盖结构。剩下的三个试件为带压型钢板组合楼板的钢框架结构。

从图 8.8 和表 8.1 的数据对比可以看出，除了试件 2×3-S-PI，其他四个试件的极限承载力的理论预测值与试验实测值的比值范围为 0.66～0.81。而试件 2×3-S-PI 极限承载力的理论预测值与试验实测值的比值为 0.58。这是由于试件 2×3-S-PI 的梁跨度仅为 2m，而组合梁的跨高比仅为 7.4，远小于钢结构梁跨高比的常见范围 10～20，从而导致组合梁内发展了较大的压力拱抗力，导致试验实测值远高于理论预测值。除了试件 PE1 之外，其他四个试件理论预测的失效位移与试验实测的丧失承载力的位移之比的范围为 0.69～0.80。对于 PE1 试件，其理论预测的失效位移与试验实测的丧失承载力的位移之比为

1.18，这是由于此试件在竖向位移为330mm时试件下方可供变形的位移空间被用尽，从而使得试验过早终止。如果在试件PE1下方留有充裕的变形空间，则其荷载-位移曲线应当可以发展到更大的位移处。

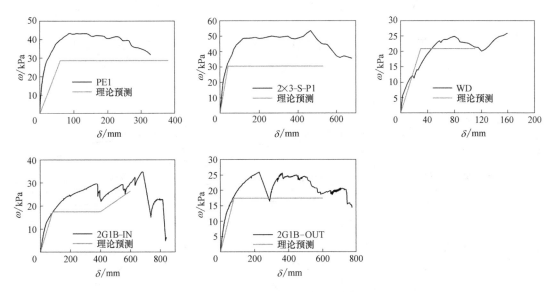

图8.8 理论模型与试验结果对比

理论模型与试验结果对比 表8.1

试件	结构型式	极限承载力/kPa		理论极限承载力/试验极限承载力	极限位移/mm		理论极限位移/试验极限位移
		试验	理论		试验	理论	
PE1	混凝土结构	43.1	28.6	0.66	330	390	1.18
WD		25.9	20.9	0.81	159	110	0.69
2×3-S-PI	组合结构	52.3	30.5	0.58	679	530	0.78
2G1B-OUT		25.6	17.5	0.68	748	600	0.80
2G1B-IN		34.6	26.4	0.76	816	600	0.74

上述内容给出了计算单层组合楼盖系统连续倒塌抗力的简化理论评估方法，现将此理论评估方法拓展到组合楼板钢框架结构。7.3节的计算结果表明，对于各层楼盖结构一致的组合楼盖钢框架建筑，其在各去柱工况下的抗连续倒塌能力近似等于与其具有相同楼盖结构的单层楼盖系统的抗倒塌能力乘以层数。因此，从每层楼盖承担荷载的能力来看，各层楼盖结构相同的组合楼板钢框架结构的抗连续倒塌能力等于其单层楼盖的抗连续倒塌能力。因此，可直接按照第8.1节的计算方法来计算规则的组合楼板钢框架结构的抗连续倒塌能力。

图8.9为第7章中原型结构A各柱子移除工况的理论预测与数值模拟结果的荷载-位移曲线对比，可以看出理论预测的极限承载力值与数值模拟的计算结果较为吻合。所以，此简化理论评估方法可以预测带楼板框架结构在连续倒塌工况下的性能表现，并能给出一个较为保守的极限承载力预测值。此种方法适用于对计算结果精度要求不高，且需要对结构的抗连续倒塌性能进行初步评估的情况。

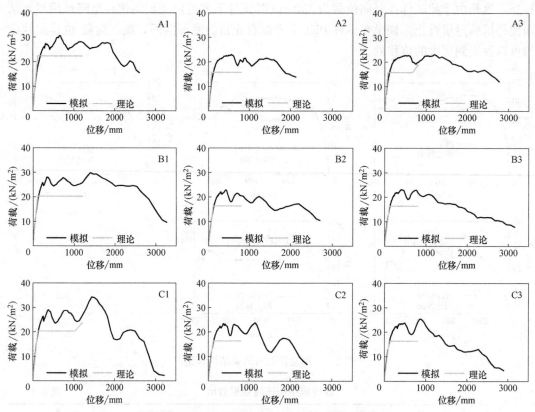

图 8.9 理论模型与原型结构 A 数值模拟结果对比

第 **9** 章

组合楼板钢框架结构体系抗连续倒塌评估策略与鲁棒性提升方法

在进行结构抗连续倒塌性能设计时，既需要有简便可靠的抗连续倒塌性能评估手段，对于不满足要求的设计方案，也需要有兼顾工程可操作性和经济性的鲁棒性提升方法。

9.1 组合楼板钢框架结构体系抗连续倒塌性能评估策略

9.1.1 抗连续倒塌能力确定方法

利用前述多尺度高效数值分析体系或简化理论分析方法，可以得到组合楼板钢框架结构在连续倒塌条件下的非线性静力响应。基于能量守恒的方法[134]，可以按图 9.1 中的方法将非线性静力响应转化为等效动力响应。结构在达到静力响应极值 F_{su} 后，结构的承载能力会变得不稳定，甚至出现较大的振荡，这可能会使得结构在动力荷载作用下出现突然破坏。因此，将静力响应极值 F_{su} 对应的位移定为等效动力响应曲线的终止点[114,210]。在此终止点之前，等效动力响应曲线达到的极值 F_{du} 即可认为是结构在对应工况下的抗连续倒塌能力。

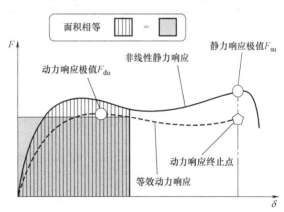

图 9.1　抗连续倒塌能力的确定方法

9.1.2 抗连续倒塌能力评估与设计流程

图 9.2 为组合楼板钢框架结构体系抗连续倒塌性能评估方法和抗连续倒塌设计流程。其思路为根据实际情况选择多尺度数值建模分析或简化理论分析的方式来得到目标结构的非线性静力响应曲线。通过能量守恒的方式将非线性静力响应曲线转换成等效动力响应曲线，从而得到对应的动力响应极值 F_{du}，此值可看作目标结构的抗连续倒塌能力。目标结构的抗连续倒塌需求可以由对应连续倒塌等偶然事件的设计荷载组合计算得到。若目标结构的抗连续倒塌能力大于其抗连续倒塌需求，则认为此目标结构能够抵抗连续倒塌破坏，否则，就要选

择合适的抗连续倒塌鲁棒性提升方法对目标结构进行重新设计，然后，对重新设计后的目标结构的抗连续倒塌性能进行重新评估，直至其抗连续倒塌能力大于抗连续倒塌需求为止。

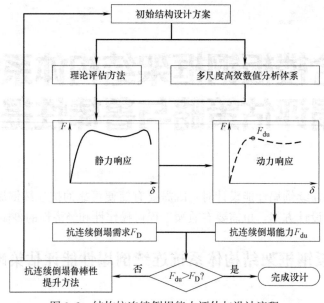

图 9.2　结构抗连续倒塌能力评估与设计流程

9.2　组合楼板钢框架结构体系抗连续倒塌鲁棒性提升方法

9.2.1　抗连续倒塌鲁棒性提升方法分类

基于本书足尺结构试验和多尺度高效数值分析的结果，并总结归纳其他学者的研究成果，图 9.3 给出了方便工程实际应用的提升采用刚接节点的组合楼板钢框架结构抗连续倒

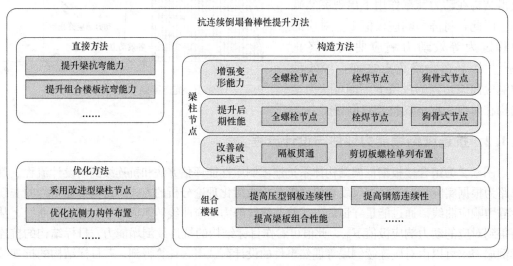

图 9.3　组合楼板钢框架结构抗连续倒塌鲁棒性提升方法

塌鲁棒性的方法，其可划分为三类，分别为直接方法、构造方法和优化方法。

直接方法为通过增大梁高、楼板厚度或梁板材料强度等较为简单的方式提高钢框架结构的抗弯能力，从而提升整体结构的抗连续倒塌性能。

构造方法为采用较为常规的手段来达到改善梁柱节点和组合楼板在连续倒塌工况下变形能力、后期抗力发展以及破坏模式的目的。对于梁柱刚接节点来说，改善节点的变形能力能够避免节点梁柱连接的过早破坏，使得梁柱连接在后期大变形阶段仍保有较大的截面面积来承担悬链线机制产生的轴拉力。因此，对于梁柱刚接节点来说，增强变形能力是提升后期承载力性能的必要条件。试验研究证明，栓焊节点、全螺栓节点和狗骨式削弱节点的变形能力和后期大变形阶段的发展悬链线机制的能力均优于全焊节点[164,211]。因此，在设计钢框架结构时宜选用以上三种刚接节点形式。在连续倒塌工况下，钢管内隔板不能可靠地传递柱两侧梁翼缘之间的拉力，这会制约梁柱节点悬链线抗力的发展，为了避免此类破坏现象，宜将内隔板构造改为隔板贯通构造[53]。试验结果表明，螺栓沿梁高方向分散布置时，腹板处的剪切板螺栓连接易出现延性较高的孔壁承压破坏，而螺栓在梁腹板中心集中布置会使剪切板沿横截面剪断，这种破坏方式延性较差，因此推荐剪切板处螺栓尽量单排沿梁截面高度分散布置[163]。第7章的单层组合楼盖系统计算结果表明，提升压型钢板连续性、提高钢筋连续性和增强梁板间的组合作用都能改善楼盖子结构在连续倒塌工况下的后期承载力。

优化方法为优化抗侧力构件布置方式或采用具有二次防线的改进型梁柱节点等手段实现提升整体结构抗连续倒塌性能的目的。第7章的计算结果表明，在失效柱相邻跨内布置支撑会显著提升对应工况下的抗连续倒塌承载力，同理，剪力墙或填充墙也会明显改善其所在区域的抗连续倒塌能力。因此，在按照9.1节的方法评估了各去柱工况下的抗连续倒塌能力后，可以尽量在满足建筑要求和抗震要求的前提下，将支撑、剪力墙等抗侧力构件设置在抗连续倒塌能力较弱的位置附近。不过，如9.2.3节所述，为了避免支撑可能会削弱其相邻区域内柱子在突然移除工况下的承载力，需要对与支撑相邻的柱子失效工况的抗连续倒塌能力进行有限元分析。通过对抗连续倒塌能力较弱位置处的梁柱节点进行特殊设计，增强其发展悬链线机制的能力，也可以提升钢框架结构的抗连续倒塌鲁棒性，如第3章提出的试件 ST-B 和试件 ST-WBR。图 9.4 为试件 ST-B 给出的翼缘增强型梁柱节点，其通过在梁翼缘高强摩擦型螺栓连接处设置长圆孔来延缓梁翼缘的断裂，因此，增强了梁柱节点的转动能力，从而保证此节点在大变形时能够发展极大的悬链线抗力。

图 9.4 所示的梁柱节点在梁上翼缘位置处设置了螺栓，这可能会妨碍钢-混凝土组合楼板的施工，也可能影响梁板之间的组合作用。为了避免这个问题，在 9.2.2 节中给出了一种在梁内设置钢绞线的改进型梁柱节点。

9.2.2 基于钢绞线改进型节点的抗连续倒塌性能提升方法

目前，已有多名学者[111,148,212-214] 研究

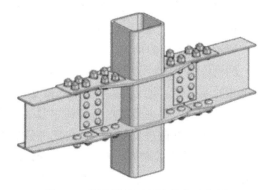

图 9.4　翼缘增强型梁柱节点示意图

了在钢梁腹板区域设置后张预应力钢绞线对梁柱节点抗连续倒塌性能的提升作用。但是，以上学者的研究中，钢绞线均为贯通布置，且都施加了一定程度的预应力。其目的是通过在梁-柱节点区域布置贯通钢绞线来达到为结构在梁柱节点失效后提供二次防线的目的。不过，贯通的钢绞线一旦在某一个节点位置处发生断裂，就会导致同一方向上其他位置处的节点也随此节点一起失去相应钢绞线的承载力贡献。鉴于此，如图 9.5（a）所示，提出了一个钢绞线在各节点之间不连续的改进型节点。此节点包括柱、H 型钢梁、钢绞线以及锚固钢绞线端部位移的加劲肋。除了设置了钢绞线之外，图 9.5（a）所示的节点的其他尺寸及材料性能均与 2G1B-IN 试件中的主梁-柱节点一致。此处选用钢绞线的屈服强度为 1800MPa，极限抗拉强度为 1900MPa，断裂应变为 0.05。如图 9.5（a）所示，共有四根钢绞线布置于梁柱连接位置，每根钢绞线的名义截面积为 98.7mm^2。钢绞线的面积是根据全部钢绞线的受拉屈服承载力应大于梁全截面的受拉屈服承载力来决定的。

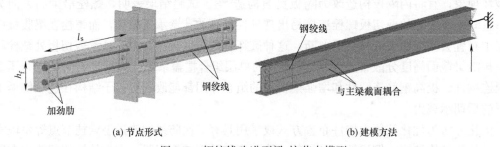

(a) 节点形式　　　　　　　　　　　　　　(b) 建模方法

图 9.5　钢绞线改进型梁-柱节点模型

首先，基于半跨梁柱连接模型，研究钢绞线改进型节点对梁柱节点的改进效果，其对应的有限元模型如图 9.5（b）所示。除了钢绞线之外，其他部分的建模方法与 7.2 节相同，且钢材断裂选用 Bai 模型。钢绞线选用桁架单元模拟，且其末端的锚固连接通过将钢绞线桁架单元节点的自由度与梁截面节点的自由度耦合来模拟。在此半跨梁柱连接模型的梁末端施加竖向的位移荷载。图 9.6（a）对比了有无钢绞线对梁柱连接性能的影响，同时，也研究了钢绞线长度的影响。在图 9.6（a）对应的模型中，钢绞线中没有施加预应力。在设置了钢绞线之后，节点的承载力和变形能力都比无钢绞线时得到了明显提升。在所有的模拟结果中，当钢绞线在梁内的长度 l_s 等于 3 倍的钢梁截面高度 h_f 时，竖向承载力相对于无钢绞线节点的提升幅度最高，为 3.66 倍。同时，当 l_s 等于 3 倍的钢梁截面高度 h_f 时，节点在最大承载力对应的位移也最大，比无钢绞线节点的对应值提高了 98%。在接下来的模拟中，钢绞线的长度都按 $l_s = 3h_f$ 选定。此外，本节还研究了钢绞线的预应力对节点性能的影响。如图 9.6（b）所示，钢绞线的预应力参数由钢绞线预应力与其屈服承载力的比值 β 来反映。图 9.6（b）的模拟结果表明钢绞线的预应力对梁节点的承载力性能和变形能力没有影响。因此，在接下来的模拟中，钢绞线都按照梁内长度为 $l_s = 3h_f$，且无预应力来布置。

将此钢绞线改进型节点引入到原型结构 A 中，将其所有的主梁-柱节点和次梁-柱节点均替换为钢绞线改进型节点，并将此加强后的原型结构 A 称为原型结构 C。在原型结构 C 中，主梁-柱节点处布置 4 根钢绞线，每根名义截面积为 406.5mm^2，次梁-柱节点处也布置 4 根钢绞线，每根名义截面积为 165.0mm^2。如图 9.7 所示，在简化模型中钢绞线由桁架单元建立，每个桁架单元的截面积等于其对应梁截面高度位置处的两根钢绞线截面

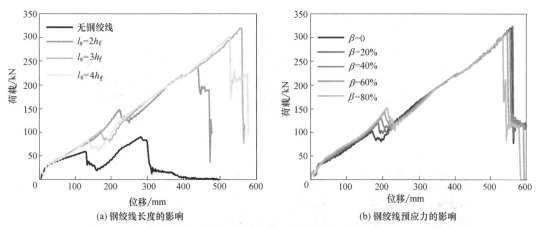

(a) 钢绞线长度的影响　　　　　　　　　(b) 钢绞线预应力的影响

图 9.6　钢绞线改进型梁-柱节点荷载-位移曲线

积之和。在简化模型中，钢绞线一端通过一个刚性杆与梁相连，另一端固定在对应高度的梁柱连接区域，桁架单元的单元尺寸为 50mm。

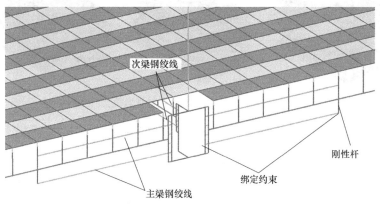

图 9.7　钢绞线改进型梁-柱节点的简化模型

原型结构 C 各去柱工况的竖向变形模式和荷载-位移曲线分别示于图 9.8 和图 9.9 中，相关的模拟结果也归纳于表 9.1 中。在设置了钢绞线改进型节点后，在所有去柱工况下，原型结构 C 的极限承载力 R_C 均超过了其对应原型结构 A 的极限承载力 R_A。对于原型结构 A 来说，A2、A3、B2、B3、C2 和 C3 去柱工况是抗连续倒塌能力较弱的几个工况。在设置了钢绞线改进型节点后，这六个去柱工况的最大承载力至少提高了 11%，其中 A3 去柱工况的提升比例达到了 24%。这些去柱工况抗连续倒塌承载力的提升得益于钢绞线改进型节点提升了梁内悬链线机制的发展。在原型结构 C 所有的去柱工况中，A1 去柱工况是提升比例最少的，仅为 3%，这是因为移除角柱时，抗连续倒塌承载力主要由梁和楼板的抗弯机制，以及各层之间的桁架机制所提供，钢绞线改进型节点在此种情况下难以发挥作用。

依照图 9.1 给出的方法，将图 9.9 中原型结构 A 和原型结构 C 的非线性静力响应曲线转换成等效动力响应曲线，如图 9.10 所示，并将各自的等效动力极限承载力归纳于表 9.2 中。对于原型结构 A 来说，在静力加载情况下，A2、A3、B2、B3、C2 和 C3 去柱工况是抗连续倒塌能力较弱的几个工况，这几个工况所对应的极限承载力差别不大。在转换成动力响应后，B2 和 B3 工况的承载能力明显弱于 A2、A3、C2 和 C3 去柱工况。这是因

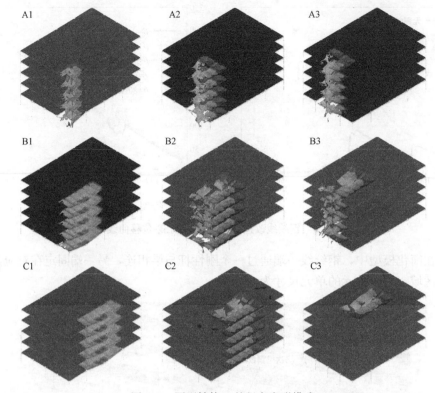

图 9.8　原型结构 C 的竖向变形模式

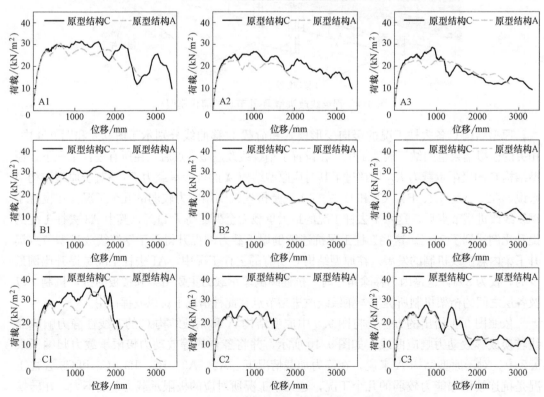

图 9.9　原型结构 A 与原型结构 C 的荷载-位移曲线对比

为，如图 9.9 和图 9.10 所示，B2 和 B3 工况在静力加载时达到极限承载力时的位移较小，且在达到极限承载力后荷载-位移曲线呈现较为明显的下降趋势，这说明主梁因水平边界缺乏水平约束而难以充分发挥后期悬链线承载力。B2 和 B3 两个工况的动力极限承载力约为对应荷载组合的 2.45 倍，因此，可以说原型结构 A 具有抵抗因单个柱子失效而出现连续倒塌的能力。通过对比原型结构 A 和原型结构 C，可以看出，在设置了钢绞线改进型梁柱节点，各去柱工况的等效动力加载下的极限承载力都有所提升，其中，A2、B2、B3 和 C1 工况提升最为明显。在原型结构 C 中，最不利去柱工况仍为 B2、B3、C2 和 C3 等内柱移除工况，但其动力极限承载力至少为对应荷载组合的 2.92 倍，比原型结构 A 最不利工况的动力极限承载力提高了 19%。

原型结构 A 与原型结构 C 的极限承载力对比　　　　表 9.1

工况	原型结构 A	原型结构 C	
	$R_A/(kN/m^2)$	$R_C/(kN/m^2)$	R_C/R_A
A1	30.61	31.67	1.03
A2	23.07	26.81	1.16
A3	23.12	28.76	1.24
B1	29.88	33.08	1.11
B2	22.87	26.27	1.15
B3	23.11	25.80	1.12
C1	34.29	37.00	1.08
C2	23.70	27.58	1.16
C3	25.36	28.04	1.11

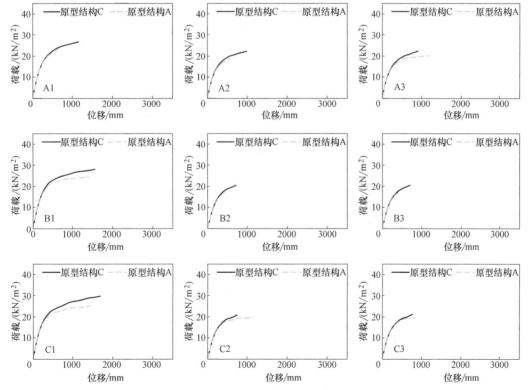

图 9.10　原型结构 A 与原型结构 C 的等效动力荷载-位移曲线

原型结构 A 与原型结构 C 的等效动力极限承载力对比 　　　　　　表 9.2

工况	1.2DL+0.5LL	原型结构 A		原型结构 C	
	$R_d/(kN/m^2)$	$R_A/(kN/m^2)$	R_A/R_d	$R_C/(kN/m^2)$	R_C/R_A
A1	7	23.22	3.32	26.66	1.15
A2	7	18.67	2.67	22.14	1.19
A3	7	20.22	2.89	22.27	1.10
B1	7	24.58	3.51	28.07	1.14
B2	7	17.12	2.45	20.45	1.19
B3	7	17.27	2.47	20.49	1.19
C1	7	25.41	3.63	29.86	1.18
C2	7	19.84	2.83	20.79	1.05
C3	7	19.98	2.85	21.17	1.06

9.2.3　抗连续倒塌鲁棒性提升方法讨论

利用图 9.1 中给出的基于能量守恒的方法，可以得到第 7.3 节中各非线性静力模拟所对应的动力极限承载力，并将其绘于图 9.11 中。图 9.11 中的水平虚线代表 R_d。对于"单层无楼板"的纯框架结构来说，A2、B3 和 C3 工况非常接近 R_d，这在动力去柱情况下非常可能发生连续倒塌。因此，仅仅依靠没有针对连续倒塌特殊设计的无楼板钢框架，可能很难避免突然去柱时的连续倒塌。"单层有楼板"各去柱工况 F_{du} 的最小值（21.62kN/m²）是"单层无楼板"各去柱工况 F_{du} 的最小值（7.96kN/m²）的 2.14 倍，这说明在考虑了组合楼板之后，钢框架结构的抗连续倒塌鲁棒性被至少提高了一倍。采用 WFBW 连接的原型结构 A 各去柱工况 F_{du} 的最小值（17.12kN/m²）比采用 WFWW 连接的原型结构各去柱工况 F_{du} 的最小值（16.02kN/m²）提高了 7%，这说明采用 WFBW 连接比采用 WFWW 连接具有更好的抗连续倒塌性能。

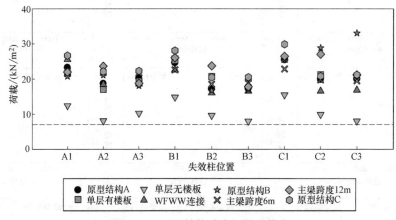

图 9.11　原型结构动力极限承载力

如前一节所述，在将原型结构 A 中的梁柱节点均替换成钢绞线改进型节点之后，结构的抗连续倒塌鲁棒性提高了 19%。如图 9.11 所示，除了 C2 和 C3 工况之外的其他去柱工况所对应的 F_{du} 均得到明显提高。在原型结构 A 中，C2 和 C3 工况均因楼板断裂而失去承载能力。在楼板断裂之后，楼板之上的重力荷载不能继续向两端的梁传递，因而限制了原型结构 C 中钢绞线改进型节点在 C2 和 C3 工况下的贡献。在原型结构 C 中，尽管 B2 和 B3 工况的 F_{du} 被钢绞线改进型节点所提高，但仍未超过 C2 和 C3 工况所对应的 F_{du}，这同样是受到了楼板断裂的制约。鉴于此，对移除内柱工况（B2、B3、C2 和 C3 工况）来说，应该同时提升梁的悬链线抗力和楼板的受拉薄膜作用，只有这样才能保证钢绞线改进型节点充分发挥作用。因此，如第 7 章所述，可以通过提升压型钢板的连续性来提高移除内柱工况条件下楼板的受拉薄膜作用。

此外，如图 9.11 所示，支撑显著提升了原型结构 B 中 C2 和 C3 工况所对应的 F_{du}。但是，原型结构 B 中 A1 和 A3 工况所对应的 F_{du} 却被支撑所削弱。这种现象通过图 9.12 来解释。如图 9.12 中的"类型 1"曲线所示，若结构的静力响应曲线为一条直线，则其所对应的等效动力响应曲线也应该是一条直线，并且 F_{du} 等于 $0.5F_{su}$；但如果静力响应曲线为如"类型 2"曲线所示的凸函数，则 F_{du} 将大于 $0.5F_{su}$。因此，即便"类型 1"和"类型 2"曲线所对应的 F_{su} 相同，但"类型 2"曲线的 F_{du} 将高于"类型 1"曲线的 F_{du}。如图 7.74 所示，原型结构 B 中的 A1、A2 和 A3 工况所对应的荷载-位移曲线更类似"类型 1"曲线，其对应的 F_{su}/F_{du} 比值近似等于 2（图 9.12），因此，即便此三种去柱工况下的 F_{su} 至少被提高了 31%（表 7.17），但其 F_{du} 却被削弱了。原型结构 B 中的 C2 和 C3 工况所对应的荷载-位移曲线更类似"类型 2"曲线，其 F_{su}/F_{du} 比值处于 1.27～1.40 之间，这两工况所对应的 F_{du} 被至少提高了 45%。对于移除外围柱子（A1、A2 和 A3）工况来说，重分配的重力荷载可能并不足以使得其影响范围内的支撑产生足够的竖向位移，从而使得结构的静力荷载-位移曲线更类似"类型 1"曲线。而移除结构内部柱子（C2 和 C3）时的楼板影响面积更大，此位置处的支撑也将因较大的重分配重力荷载而产生较大的竖向变形，使得结构的静力荷载-位移曲线更类似"类型 2"曲线。根据图 9.11 和图 9.12 的结果，可以得出如下结论：钢支撑不宜布置在结构外围柱子的影响区域内。

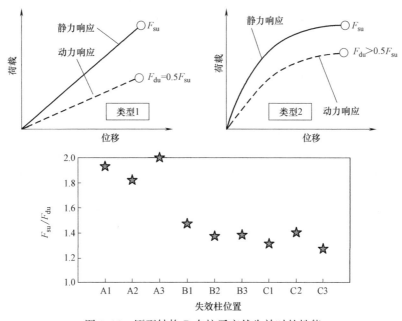

图 9.12 原型结构 B 在柱子突然失效时的性能

参 考 文 献

[1] STAROSSEK U. Progressive collapse of structures [M]. London: ICE Publishing, 2017.

[2] 江晓峰, 陈以一. 建筑结构连续性倒塌及其控制设计的研究现状 [J]. 土木工程学报, 2008, 41 (6): 1-8.

[3] 陆新征, 李易, 叶列平, 等. 钢筋混凝土框架结构抗连续倒塌设计方法的研究 [J]. 工程力学, 2008, 25 (增刊 Ⅱ): 150-157.

[4] 易伟建, 何庆锋, 肖岩. 钢筋混凝土框架结构抗倒塌性能的试验研究 [J]. 建筑结构学报, 2007, 28 (5): 104-109.

[5] GRIFFITHS H, PUGSLEY A, SAUNDERS O A. Report of the inquiry into the collapse of flats at Ronan Point, Canning Town: presented to the Minister of Housing and Local Government [M]. London: HM Stationery Office, 1968.

[6] LEWICKI B, OLESEN S O. Limiting the possibility of progressive collapse [J]. Building research and practice, 1974, 2 (1): 10-13.

[7] LEYENDECKER E V, ELLINGWOOD B R. Design to reduce the risk of progressive collapse [J]. Building science series, 1977, 98.

[8] ELLINGWOOD B R, LEYENDECKER E V. Approaches for design against progressive collapse [J]. Journal of the structural division, 1978, 104 (3): 413-423.

[9] GROSS J L, MCGUIRE W. Progressive collapse resistant design [J]. Journal of structural engineering, 1983, 109 (1): 1-15.

[10] CASCIATI F, FARAVELLI L. Progressive failure for seismic reliability analysis [J]. Engineering structures, 1984, 6 (2): 97-103.

[11] CORLEY W G, SR P F M, SOZEN M A, et al. The Oklahoma City bombing: Summary and recommendations for multihazard mitigation [J]. Journal of performance of constructed facilities, 1998, 12 (3): 100-112.

[12] MLAKAR S, CORLEY W G, SOZEN M A, et al. The Oklahoma City bombing: analysis of blast damage to the Murrah Building [J]. Journal of performance of constructed facilities, 1998, 12 (3): 113-119.

[13] SOZEN M A, THORNTON C H, CORLEY W G, et al. The Oklahoma City bombing: structure and mechanisms of the Murrah Building [J]. Journal of performance of constructed facilities, 1998, 12 (3): 120-136.

[14] BA? ANT Z P, ZHOU Y. Why did the world trade center collapse? —Simple analysis [J]. Journal of engineering mechanics, 2002, 128 (1): 2-6.

[15] NIST. Final report on the collapse of the World Trade Center towers [M]. US Department of Commerce, Technology Administration, National Institute of Standards and Technology, 2005.

[16] BAŽANT Z P, VERDURE M. Mechanics of progressive collapse: Learning from World Trade Center and building demolitions [J]. Journal of engineering mechanics, 2007, 133 (3): 308-319.

[17] YI W J, HE Q F, XIAO Y, et al. Experimental study on progressive collapse-resistant behavior of reinforced concrete frame structures [J]. ACI Structural journal, 2008, 105 (4): 433.

[18] 初明进, 周育泷, 陆新征, 等. 钢筋混凝土单向梁板子结构抗连续倒塌试验研究 [J]. 土木工程学报, 2016, 49 (2): 31-40.

[19] YI W J，ZHANG F Z，KUNNATH S K. Progressive collapse performance of RC flat plate frame structures [J]. Journal of structural engineering，2014，140（9）：04014048.

[20] DAT P X，HAI T K. Membrane actions of RC slabs in mitigating progressive collapse of building structures [J]. Engineering structures，2013，55：107-115.

[21] SU Y，TIAN Y，SONG X. Progressive collapse resistance of axially-restrained frame beams. [J]. ACI Structural journal，2009，106（5）.

[22] 周育泷，李易，陆新征，等. 钢筋混凝土框架抗连续倒塌的压拱机制分析模型 [J]. 工程力学，2016，33（4）：34-42.

[23] SAGIROGLU S. Analytical and experimental evaluation of progressive collapse resistance of reinforced concrete structures [D]. Sendai：Tohoku University，2012.

[24] QIAO H，YANG Y，ZHANG J. Progressive collapse analysis of multistory moment frames with varying mechanisms [J]. Journal of performance of constructed facilities，2018，32（4）：04018043.

[25] QIAN K，LI B. Effects of masonry infill wall on the performance of RC frames to resist progressive collapse [J]. Journal of structural engineering，2017，143（9）：04017118.

[26] SHAN S，LI S，XU S，et al. Experimental study on the progressive collapse performance of RC frames with infill walls [J]. Engineering structures，2016，111：80-92.

[27] LEYENDECKER E V，ELLINGWOOD B. Design methods for reducing the risk of progressive collapse in buildings [M]. Washington，D. C. ：US Department of Commerce，National Bureau of Standards，1977.

[28] 田志敏，张想柏，杜修力. 防恐怖爆炸重要建筑物的概念设计 [J]. 土木工程学报，2007，40（1）：34-41.

[29] 中华人民共和国住房和城乡建设部. 混凝土结构设计规范：GB 50010—2010（2015 年版）[S]. 北京：中国建筑工业出版社，2015.

[30] BRITISH STANDARD INSTITUTE. Loading for buildings—Part 1：code of practice for dead and imposed loads：BS 6399-1：1996. [S]. London：BSI，2002.

[31] BRITISH STANDARD INSTITUTE. Structural use of steelwork in building，Part 1：Code of practice for design-rolled and welded sections：BS5950-1：2000 [S]. London：BSI，2000.

[32] DEPARTMENT OF DEFENSE. Design of buildings to resist progressive collapse：Unified Facilities Criteria：UFC 4-023-03 [M]. Washington，D. C. ：DOD，2016.

[33] ABRUZZO J，MATTA A，PANARIELLO G. Study of mitigation strategies for progressive collapse of a reinforced concrete commercial building [J]. Journal of performance of constructed facilities，2006，20（4）：384-390.

[34] GENERAL SERVICE ADMINISTRATION. Alternate path analysis & design guidelines for progressive collapse resistance [M]. Washington，D. C. ：GSA，2013.

[35] 日本钢结构协会，美国高层建筑和城市住宅理事会. 高冗余度钢结构倒塌控制设计指南 [M]. 陈以一，赵宪忠，译. 上海：同济大学出版社，2007.

[36] COMMISSION OF THE EUROPEAN COMMUNITIES. Common Unified Rules for Different Types of Construction and Material [S]. Brussels：CEC，1990.

[37] BRITISH STANDARDS INSTITUTION. Structural Use of Concrete：Part 1：Code of Practice for Design and Construction [S]. London：BSI，2007.

[38] LI H，CAI X，ZHANG L，et al. Progressive collapse of steel moment-resisting frame subjected to loss of interior column：Experimental tests [J]. Engineering structures，2017，150：203-220.

[39] LIEW J R，TEO T H，SHANMUGAM N E，et al. Testing of steel-concrete composite connec-

tions and appraisal of results [J]. Journal of constructional steel research, 2000, 56 (2): 117-150.

[40] DEMONCEAU J F, JASPART J P. Experimental test simulating a column loss in a composite frame [J]. Advanced steel construction, 2010, 6 (3): 891-913.

[41] SADEK F, MAIN J A, LEW H S, et al. Testing and analysis of steel and concrete beam-column assemblies under a column removal scenario [J]. Journal of structural engineering, 2011, 137 (9): 881-892.

[42] YANG B, TAN K H. Experimental tests of different types of bolted steel beam-column joints under a central-column-removal scenario [J]. Engineering structures, 2013, 54: 112-130.

[43] YANG B, TAN K H. Robustness of bolted-angle connections against progressive collapse: Experimental tests of beam-column joints and development of component-based models [J]. Journal of structural engineering, 2013, 139 (9): 1498-1514.

[44] YANG B, TAN K H. Robustness of bolted-angle connections against progressive collapse: Mechanical modelling of bolted-angle connections under tension [J]. Engineering structures, 2013, 57: 153-168.

[45] YANG B, TAN K H, XIONG G. Behaviour of composite beam-column joints under a middle-column-removal scenario: Component-based modelling [J]. Journal of constructional steel research, 2015, 104: 137-154.

[46] YANG B, TAN K H. Behavior of composite beam-column joints in a middle-column-removal scenario: Experimental tests [J]. Journal of structural engineering, 2014, 140 (2): 04013045.

[47] GUO L, GAO S, FU F, et al. Experimental study and numerical analysis of progressive collapse resistance of composite frames [J]. Journal of constructional steel research, 2013, 89: 236-251.

[48] GUO L, GAO S, WANG Y, et al. Tests of rigid composite joints subjected to bending moment combined with tension [J]. Journal of constructional steel research, 2014, 95: 44-55.

[49] GUO L, GAO S, FU F. Structural performance of semi-rigid composite frame under column loss [J]. Engineering structures, 2015, 95: 112-126.

[50] LI L, WANG W, CHEN Y, et al. Experimental investigation of beam-to-tubular column moment connections under column removal scenario [J]. Journal of constructional steel research, 2013, 88: 244-255.

[51] LI L, WANG W, CHEN Y, et al. Effect of beam web bolt arrangement on catenary behaviour of moment connections [J]. Journal of constructional steel research, 2015, 104: 22-36.

[52] QIN X, WANG W, CHEN Y, et al. Experimental study of through diaphragm connection types under a column removal scenario [J]. Journal of constructional steel research, 2015, 112: 293-304.

[53] WANG W, FANG C, QIN X, et al. Performance of practical beam-to-SHS column connections against progressive collapse [J]. Engineering structures, 2016, 106: 332-347.

[54] SONG B I, SEZEN H. Experimental and analytical progressive collapse assessment of a steel frame building [J]. Engineering structures, 2013, 56: 664-672.

[55] SONG B I, GIRIUNAS K A, SEZEN H. Progressive collapse testing and analysis of a steel frame building [J]. Journal of constructional steel research, 2014, 94: 76-83.

[56] XIAO Y, KUNNATH S, LI F W, et al. Collapse test of three-story half-scale reinforced concrete frame building. [J]. ACI Structural journal, 2015, 112 (4).

[57] SASANI M, BAZAN M, SAGIROGLU S. Experimental and analytical progressive collapse evalu-

参考文献

ation of actual reinforced concrete structure [J]. ACI Structural journal, 2007, 104 (6): 731.

[58] SASANI M, SAGIROGLU S. Progressive collapse resistance of hotel San Diego [J]. Journal of structural engineering, 2008, 134 (3): 478-488.

[59] SASANI M. Response of a reinforced concrete infilled-frame structure to removal of two adjacent columns [J]. Engineering structures, 2008, 30 (9): 2478-2491.

[60] SASANI M, SAGIROGLU S. Gravity load redistribution and progressive collapse resistance of 20-story reinforced concrete structure following loss of interior column [J]. ACI Structural journal, 2010, 107 (6).

[61] SASANI M, KAZEMI A, SAGIROGLU S, et al. Progressive collapse resistance of an actual 11-story structure subjected to severe initial damage [J]. Journal of structural engineering, 2011, 137 (9): 893-902.

[62] RÖLLE L, KUHLMANN U. Partial-strength and highly ductile steel and composite joints as robustness measure [C] //Proceedings of the Nordic Steel Conference.

[63] KOZLOWSKI A, GIZEJOWSKI M, SLECZKA L, et al. Experimental investigations of the joint behavior-robustness assessment of steel and steel-concrete composite frame [C] //Proceeding of 6th conference on steel and composite structures.

[64] YANG B, TAN K H. Experimental tests of different types of bolted steel beam-column joints under a central-column-removal scenario [J]. Engineering structures, 2013, 54: 112-130. DOI: 10. 1016/j. engstruct. 2013. 03. 037.

[65] LIU C, TAN K H, FUNG T C. Dynamic behaviour of web cleat connections subjected to sudden column removal scenario [J]. Journal of constructional steel research, 2013, 86: 92-106.

[66] KARNS J E, HOUGHTON D L, HALL B E, et al. Blast testing of steel frame assemblies to assess the implications of connection behavior on progressive collapse [C] //Structures Congress 2006: Structural Engineering and Public Safety.

[67] KARNS J E, HOUGHTON D L, HONG J K, et al. Behavior of varied steel frame connection types subjected to air blast, debris impact, and/or post-blast progressive collapse load conditions [C] //Structures Congress 2009: Don't Mess with Structural Engineers: Expanding Our Role.

[68] KARNS J E, HOUGHTON D L, HALL B E, et al. Analytical verification of blast testing of steel frame moment connection assemblies [M] //WALLACE J W. Structural Engineering Research Frontiers. Reston ASCE, 2007.

[69] SADEK F, MAIN J A, LEW H S, et al. An experimental and computational study of steel moment connections under a column removal scenario [J]. NIST Technical Note, 2010: 1669.

[70] LEE C H, KIM S, LEE K. Parallel axial-flexural hinge model for nonlinear dynamic progressive collapse analysis of welded steel moment frames [J]. Journal of structural engineering, 2010, 136 (2): 165-173.

[71] YANG B, TAN K H. Numerical analyses of steel beam-column joints subjected to catenary action [J]. Journal of constructional steel research, 2012, 70: 1-11.

[72] YU H, BURGESS I W, DAVISON J B, et al. Tying capacity of web cleat connections in fire, Part 1: Test and finite element simulation [J]. Engineering structures, 2009, 31 (3): 651-663.

[73] KHANDELWAL K, EL-TAWIL S. Collapse behavior of steel special moment resisting frame connections [J]. Journal of structural engineering, 2007, 133 (5): 646-655.

[74] XU G, ELLINGWOOD B R. Probabilistic robustness assessment of pre-Northridge steel moment resisting frames [J]. Journal of structural engineering, 2011, 137 (9): 925-934.

• 315 •

[75] QIAN K, LI B, MA J X. Load-carrying mechanism to resist progressive collapse of RC buildings [J]. Journal of structural engineering, 2015, 141 (2): 04014107.

[76] QIAN K, LI B. Slab Effects on Response of Reinforced Concrete Substructures after Loss of Corner Column [J]. ACI Structural journal, 2012, 109 (6): 845.

[77] QIAN K, LI B, ZHANG Z. Influence of multicolumn removal on the behavior of RC floors [J]. Journal of structural engineering, 2016, 142 (5): 04016006.

[78] QIAN K, LI B. Quantification of slab influences on the dynamic performance of RC frames against progressive collapse [J]. Journal of performance of constructed facilities, 2015, 29 (1): 04014029.

[79] DAT P X, TAN K H. Experimental response of beam-slab substructures subject to penultimate-external column removal [J]. Journal of structural engineering, 2015, 141 (7): 04014170.

[80] LIM N S, TAN K H, LEE C K. Experimental studies of 3D RC substructures under exterior and corner column removal scenarios [J]. Engineering structures, 2017, 150: 409-427.

[81] REN P, LI Y, LU X, et al. Experimental investigation of progressive collapse resistance of one-way reinforced concrete beam-slab substructures under a middle-column-removal scenario [J]. Engineering structures, 2016, 118: 28-40.

[82] LU X, LIN K, LI Y, et al. Experimental investigation of RC beam-slab substructures against progressive collapse subject to an edge-column-removal scenario [J]. Engineering structures, 2017, 149: 91-103.

[83] YU J, LUO L, FANG Q. Structure behavior of reinforced concrete beam-slab assemblies subjected to perimeter middle column removal scenario [J]. Engineering structures, 2020, 208: 110336.

[84] DU K, BAI J, TENG N, et al. Experimental investigation of asymmetrical reinforced concrete spatial frame substructures against progressive collapse under different column removal scenarios [J]. The structural design of tall and special buildings, 2020, 29 (6): e1717.

[85] ALMUSALLAM T, AL-SALLOUM Y, ELSANADEDY H, et al. Development limitations of compressive arch and catenary actions in reinforced concrete special moment resisting frames under column-loss scenarios [J]. Structure and infrastructure engineering, 2020: 1-19.

[86] QIAN K, LI B. Load-resisting mechanism to mitigate progressive collapse of flat slab structures [J]. Magazine of concrete research, 2015, 67 (7): 349-363.

[87] QIAN K, LI B. Experimental study of drop panel effects on response of reinforced concrete flat slabs after loss of corner column [J]. ACI structural journal, 2013, 110 (2): 319-329.

[88] QIAN K, LI B. Dynamic disproportionate collapse in flat-slab structures [J]. Journal of performance of constructed facilities, 2015, 29 (5): B4014005.

[89] 黄文君, 李易, 陆新征, 等. 混凝土板柱子结构抗连续倒塌试验研究 [J]. 建筑结构学报, 2018, 39 (8): 55-61.

[90] MA F, GILBERT B P, GUAN H, et al. Experimental study on the progressive collapse behaviour of RC flat plate substructures subjected to corner column removal scenarios [J]. Engineering structures, 2019, 180: 728-741.

[91] MA F, GILBERT B P, GUAN H, et al. Experimental study on the progressive collapse behaviour of RC flat plate substructures subjected to edge-column and edge-interior-column removal scenarios [J]. Engineering structures, 2020, 209: 110299.

[92] RUSSELL J M, OWEN J S, HAJIRASOULIHA I. Experimental investigation on the dynamic response of RC flat slabs after a sudden column loss [J]. Engineering structures, 2015, 99: 28-41.

[93] ADAM J M, BUITRAGO M, BERTOLESI E, et al. Dynamic performance of a real-scale rein-

forced concrete building test under a corner-column failure scenario [J]. Engineering structures, 2020, 210: 110414.

[94] YU J, RINDER T, STOLZ A, et al. Dynamic progressive collapse of an RC assemblage induced by contact detonation [J]. Journal of structural engineering, 2014, 140 (6): 04014014.

[95] FENG P, QIANG H, QIN W, et al. A novel kinked rebar configuration for simultaneously improving the seismic performance and progressive collapse resistance of RC frame structures [J]. Engineering structures, 2017, 147: 752-767.

[96] LIN K, LU X, LI Y, et al. A novel structural detailing for the improvement of seismic and progressive collapse performances of RC frames [J]. Earthquake engineering & structural dynamics, 2019, 48 (13): 1451-1470.

[97] QIU L, LIN F, WU K. Improving progressive collapse resistance of RC beam-column subassemblages using external steel cables [J]. Journal of performance of constructed facilities, 2020, 34 (1): 04019079.

[98] QIAN K, LI B. Strengthening and retrofitting of RC flat slabs to mitigate progressive collapse by externally bonded CFRP laminates [J]. Journal of composites for construction, 2013, 17 (4): 554-565.

[99] QIAN K, LI B. Strengthening of multibay reinforced concrete flat slabs to mitigate progressive collapse [J]. Journal of structural engineering, 2015, 141 (6): 04014154.

[100] ASTANEH-ASL A, JONES B, ZHAO Y, et al. Progressive collapse resistance of steel building floors [J]. Report Number UCB/CEE-Steel-2001, 2001, 3.

[101] HADJIOANNOU M. Large-scale testing and numerical simulations of composite floor slabs under progressive collapse scenarios [D]. Austin: University of Texas at Austin, 2015.

[102] HADJIOANNOU M, DONAHUE S, WILLIAMSON E B, et al. Large-scale experimental tests of composite steel floor systems subjected to column loss scenarios [J]. Journal of structural engineering, 2018, 144 (2): 04017184.

[103] JOHNSON E S, MEISSNER J E, FAHNESTOCK L A. Experimental behavior of a half-scale steel concrete composite floor system subjected to column removal scenarios [J]. Journal of structural engineering, 2016, 142 (2): 04015133.

[104] JOHNSON E S, WEIGAND J M, FRANCISCO T, et al. Large-scale testing of a steel-concrete composite floor system under column loss scenarios [C] //Structures Congress 2014, 2014: 978-987.

[105] FU Q N, TAN K H, ZHOU X H, et al. Load-resisting mechanisms of 3D composite floor systems under internal column-removal scenario [J]. Engineering structures, 2017, 148: 357-372.

[106] FU Q N, TAN K H, ZHOU X H, et al. Three-dimensional composite floor systems under column-removal scenarios [J]. Journal of structural engineering, 2018, 144 (10): 04018196.

[107] SADEK F, EL-TAWIL S, LEW H S. Robustness of composite floor systems with shear connections: Modeling, simulation, and evaluation [J]. Journal of structural engineering, 2008, 134 (11): 1717-1725.

[108] ALASHKER Y, EL-TAWIL S, SADEK F. Progressive collapse resistance of steel-concrete composite floors [J]. Journal of structural engineering, 2010, 136 (10): 1187-1196.

[109] ALASHKER Y, EL-TAWIL S. A design-oriented model for the collapse resistance of composite floors subjected to column loss [J]. Journal of constructional steel research, 2011, 67 (1): 84-92.

[110] FU Q N, TAN K H, ZHOU X H, et al. Numerical simulations on three-dimensional composite structural systems against progressive collapse [J]. Journal of constructional steel research, 2017, 135: 125-136.

[111] DIMOPOULOS C A, FREDDI F, KARAVASILIS T L, et al. Progressive collapse resistance of steel self-centering MRFs including the effects of the composite floor [J]. Engineering structures, 2020, 208: 109923.

[112] PHAM A T, LIM N S, TAN K H. Investigations of tensile membrane action in beam-slab systems under progressive collapse subject to different loading configurations and boundary conditions [J]. Engineering structures, 2017, 150: 520-536.

[113] PHAM A T, TAN K H, YU J. Numerical investigations on static and dynamic responses of reinforced concrete sub-assemblages under progressive collapse [J]. Engineering structures, 2017, 149: 2-20.

[114] BAO Y, MAIN J A, NOH S-Y. Evaluation of structural robustness against column loss: Methodology and application to RC frame buildings [J]. Journal of structural engineering, 2017, 143 (8): 04017066.

[115] WENG Y H, QIAN K, FU F, et al. Numerical investigation on load redistribution capacity of flat slab substructures to resist progressive collapse [J]. Journal of building engineering, 2020, 29: 101109.

[116] HSIAO P C, LEHMAN D E, ROEDER C W. Improved analytical model for special concentrically braced frames [J]. Journal of constructional steel research, 2012, 73: 80-94.

[117] SEN A D, ROEDER C W, LEHMAN D E, et al. Nonlinear modeling of concentrically braced frames [J]. Journal of constructional steel research, 2019, 157: 103-120.

[118] KHANDELWAL K, EL-TAWIL S, SADEK F. Progressive collapse analysis of seismically designed steel braced frames [J]. Journal of constructional steel research, 2009, 65 (3): 699-708.

[119] MAIN J A, SADEK F. Robustness of steel gravity frame systems with single-plate shear connections [M]. US Department of Commerce, National Institute of Standards and Technology, 2012.

[120] KHANDELWAL K, EL-TAWIL S, KUNNATH S K, et al. Macromodel-based simulation of progressive collapse: Steel frame structures [J]. Journal of structural engineering, 2008, 134 (7): 1070-1078.

[121] XU G, ELLINGWOOD B R. Disproportionate collapse performance of partially restrained steel frames with bolted T-stub connections [J]. Engineering structures, 2011, 33 (1): 32-43.

[122] KIM J, KIM T. Assessment of progressive collapse-resisting capacity of steel moment frames [J]. Journal of constructional steel research, 2009, 65 (1): 169-179.

[123] KIM T, KIM J. Collapse analysis of steel moment frames with various seismic connections [J]. Journal of constructional steel research, 2009, 65 (6): 1316-1322.

[124] KIM J, AN D. Evaluation of progressive collapse potential of steel moment frames considering catenary action [J]. The structural design of tall and special buildings, 2009, 18 (4): 455-465.

[125] KIM H S, KIM J, AN D W. Development of integrated system for progressive collapse analysis of building structures considering dynamic effects [J]. Advances in engineering software, 2009, 40 (1): 1-8.

[126] KIM T, KIM J, PARK J. Investigation of progressive collapse-resisting capability of steel moment frames using push-down analysis [J]. Journal of performance of constructed facilities, 2009, 23 (5): 327-335.

[127] HOFFMAN S T, FAHNESTOCK L A. Behavior of multi-story steel buildings under dynamic column loss scenarios [J]. Steel and composite structures, 2011, 11 (2): 149-168.

[128] FU F. Progressive collapse analysis of high-rise building with 3-D finite element modeling method [J]. Journal of constructional steel research, 2009, 65 (6): 1269-1278.

[129] FU F. 3-D nonlinear dynamic progressive collapse analysis of multi-storey steel composite frame buildings—Parametric study [J]. Engineering structures, 2010, 32 (12): 3974-3980.

[130] KWASNIEWSKI L. Nonlinear dynamic simulations of progressive collapse for a multistory building [J]. Engineering structures, 2010, 32 (5): 1223-1235.

[131] LI H, EL-TAWIL S. Three-dimensional effects and collapse resistance mechanisms in steel frame buildings [J]. Journal of structural engineering, 2014, 140 (8): A4014017.

[132] ALASHKER Y, LI H, EL-TAWIL S. Approximations in progressive collapse modeling [J]. Journal of structural engineering, 2011, 137 (9): 914-924.

[133] KHANDELWAL K, EL-TAWIL S. Pushdown resistance as a measure of robustness in progressive collapse analysis [J]. Engineering structures, 2011, 33 (9): 2653-2661.

[134] IZZUDDIN B A, VLASSIS A G, ELGHAZOULI A Y, et al. Progressive collapse of multi-storey buildings due to sudden column loss—Part I: Simplified assessment framework [J]. Engineering structures, 2008, 30 (5): 1308-1318.

[135] VLASSIS A G, IZZUDDIN B A, ELGHAZOULI A Y, et al. Progressive collapse of multi-storey buildings due to sudden column loss—Part II: Application [J]. Engineering structures, 2008, 30 (5): 1424-1438.

[136] STAROSSEK U, HABERLAND M. Measures of structural robustness—Requirements and applications [C] //Structures Congress 2008: Crossing Borders, 2008: 1-10.

[137] STAROSSEK U. Typology of progressive collapse [J]. Engineering structures, 2007, 29 (9): 2302-2307.

[138] BAKER J W, SCHUBERT M, FABER M H. On the assessment of robustness [J]. Structural safety, 2008, 30 (3): 253-267.

[139] AGARWAL J, BLOCKLEY D, WOODMAN N. Vulnerability of structural systems [J]. Structural safety, 2003, 25 (3): 263-286.

[140] XU G, ELLINGWOOD B R. An energy-based partial pushdown analysis procedure for assessment of disproportionate collapse potential [J]. Journal of constructional steel research, 2011, 67 (3): 547-555.

[141] LI H. Modeling, Behavior and Design of Collapse-Resistant Steel Frame Buildings [D]. Ann Arbor: University of Michigan, 2013.

[142] FU Q N, TAN K H, ZHOU X H, et al. A mechanical model of composite floor systems under an internal column removal scenario [J]. Engineering structures, 2018, 175: 50-62.

[143] ZHANG J Z, LI G Q. Collapse resistance of steel beam-concrete slab composite substructures subjected to middle column loss [J]. Journal of constructional steel research, 2018, 145: 471-488.

[144] LI G Q, ZHANG J Z, JIANG J. Analytical modeling on collapse resistance of steel beam-concrete slab composite substructures subjected to side column loss [J]. Engineering structures, 2018, 169: 238-255.

[145] BAILEY C G. Membrane action of unrestrained lightly reinforced concrete slabs at large displacements [J]. Engineering structures, 2001, 23 (5): 470-483.

[146] MAIN J A, LIU J. Robustness of prototype steel frame buildings against column loss: Assessment and comparisons [C] //Structures Congress 2013: Bridging Your Passion with Your Profession, 2013: 43-54.

[147] SASANI M, KROPELNICKI J. Progressive collapse analysis of an RC structure [J]. The structural design of tall and special buildings, 2008, 17 (4): 757-771.

[148] ASTANEH-ASL A. Progressive collapse prevention in new and existing buildings [C] //9th Arab Structural Engineering Conf. erence, Abu Dhabi, UAE, 2003.

[149] YU J, TAN K H. Experimental and numerical investigation on progressive collapse resistance of reinforced concrete beam column sub-assemblages [J]. Engineering structures, 2013, 55: 90-106.

[150] LUU N N H, DEMONCEAU J F, JASPART J P. Global structural behaviour of a building frame further to its partial destruction by column loss [C] //EUROSTEEL 2008, 5th European Conference on Steel and Composite Structures. ECCS European Convention for Constructional Steelwork, 2008: 1749-1754.

[151] 肖岩, 赵禹斌, 李凤武. 钢筋混凝土大比例模型框架角柱突然失效模拟试验研究 [J]. 自然灾害学报, 2013, 22 (4): 75-81.

[152] 易伟建, 张凡榛. 钢筋混凝土板柱结构抗倒塌性能试验研究 [J]. 建筑结构学报, 2012, 33 (6): 35-41.

[153] DAT P X, TAN K H. Experimental study of beam-slab substructures subjected to a penultimate-internal column loss [J]. Engineering structures, 2013, 55: 2-15.

[154] 张梁, 陈以一, 王拓. 无加劲冷成型方钢管-H 形钢梁翼缘板焊接节点管壁变形初始刚度分析 [J]. 建筑结构学报, 2011, 32 (5): 32-38.

[155] 中华人民共和国住房和城乡建设部. 钢结构设计标准: GB 50017—2017 [S]. 北京: 中国建筑工业出版社, 2017.

[156] 中华人民共和国住房和城乡建设部. 钢结构高强度螺栓连接技术规程: JGJ 82—2011 [S]. 北京: 中国建筑工业出版社, 2011.

[157] AMERICAN SOCIETY OF CIVIL ENGINEERS. Seismic rehabilitation of existing buildings: ASCE 41-06 [S]. Reston: ASCE, 2007.

[158] ABAQUS Analysis User's Manual: version 6. 9 [M]. ABAQUS Inc., 2009.

[159] YU H, BURGESS I W, DAVISON J B, et al. Numerical simulation of bolted steel connections in fire using explicit dynamic analysis [J]. Journal of constructional steel research, 2008, 64 (5): 515-525.

[160] DAI X H, WANG Y C, BAILEY C G. Numerical modelling of structural fire behaviour of restrained steel beam-column assemblies using typical joint types [J]. Engineering structures, 2010, 32 (8): 2337-2351.

[161] EL-TAWIL S, VIDARSSON E, MIKESELL T, et al. Inelastic behavior and design of steel panel zones [J]. Journal of structural engineering, 1999, 125 (2): 183-193.

[162] 中国工程建设标准化协会. 钢结构住宅设计规范: CECS 261: 2009 [S]. 北京: 中国建筑工业出版社, 2009.

[163] 王伟, 李玲, 陈以一. 方钢管柱-H 形梁栓焊混合连接节点抗连续性倒塌性能试验研究 [J]. 建筑结构学报, 2014, 35 (4): 92-99.

[164] 王伟, 李玲, 陈以一, 等. 圆钢管柱-H 形梁外环板式节点抗连续性倒塌性能试验研究 [J]. 建筑结构学报, 2014 (7): 26-33.

[165] LEW H S，MAIN J A，ROBERT S D，et al. Performance of steel moment connections under a column removal scenario. I：Experiments [J]. Journal of Structural Engineering，2013，139 (1)：98-107.

[166] 中华人民共和国住房和城乡建设部. 建筑抗震设计规范：GB 50011—2010 [S]. 北京：中国建筑工业出版社，2016.

[167] KUROBANE Y. Design guide for structural hollow section column connections [M]. Verlag TUV Rheinland，2004.

[168] LINDAPTER INTERNATIONAL LTD. Type HB Hollo-Bolt 922 [M]. UK，www. lindapter. com，2016.

[169] LINDAPTER INTERNATIONAL LTD. HB Installation Card 813：Correct Installation/Richtige Montage [M]. UK，Lindapter International Ltd，2014.

[170] 简小刚，朱能炯，王伟，等. 一种分体嵌套式单边螺栓紧固件：201310660709. X [P]. 2015-07-29.

[171] 中国建筑金属结构协会建筑钢结构委员会. 门式刚架轻型房屋钢结构技术规程：CECS 102：2002（2012 年版）[S]. 北京：中国计划出版社，2003.

[172] 沈祖炎，陈扬骥，陈以一. 钢结构基本原理 [M]. 北京：中国建筑工业出版社，2005.

[173] 李鸣萧. 单边螺栓的研制及其连接性能试验研究 [D]. 上海：同济大学，2017.

[174] 李国强，段炼，陆烨，等. H 型钢梁与矩形钢管柱外伸式端板单向螺栓连接节点承载力试验与理论研究 [J]. 建筑结构学报，2015，36（9）：91-100.

[175] QUINTAS V. Two main methods for yield line analysis of slabs [J]. Journal of Engineering Mechanics，2003，129（2）：223-231.

[176] 徐婷. 单边螺栓的研制及其连接性能试验研究 [D]. 上海：同济大学，2015.

[177] 张耀春. 钢结构设计原理 [M]. 北京：高等教育出版社，2004.

[178] 中华人民共和国住房和城乡建设部. 建筑结构荷载规范：GB 50009—2012 [S]. 北京：中国建筑工业出版社，2012.

[179] 中华人民共和国住房和城乡建设部. 钢筋焊接网混凝土结构技术规程：JGJ 114—2014 [S]. 北京：中国建筑工业出版社，2014.

[180] 中国工程建设标准化协会. 组合楼板设计与施工规范：CECS 273：2010 [S]. 北京：中国计划出版社，2010.

[181] 全国钢标准化技术委员会. 热轧 H 型钢和剖分 T 型钢：GB/T 11263—2017 [S]. 北京：中国标准出版社，2017.

[182] Minimum design loads and associated criteria for buildings and other structures：ASCE/SEI 7-16 [S]. Reston：ASCE，2016.

[183] PARK R，GAMBLE W L. Reinforced concrete slabs [M]. Hoboken：John Wiley & Sons，1999.

[184] JOHNSON R P. Composite Structures of Steel and Concrete：Beams，Slabs，Columns and Frames for Buildings [M]. Hoboken：John Wiley & Sons，2018.

[185] 许金泉. 材料强度学 [M]. 上海：上海交通大学出版社，2009.

[186] BAO Y，KUNNATH S K，EL-TAWIL S，et al. Macromodel-based simulation of progressive collapse：RC frame structures [J]. Journal of Structural Engineering，2008，134（7）：1079-1091.

[187] MCCLINTOCK F A. A criterion for ductile fracture by the growth of holes [J]. Journal of Applied Mechanics，1968，35（2）：363-371.

[188] RICE J R, TRACEY D M. On the ductile enlargement of voids in triaxial stress fields [J]. Journal of the Mechanics and Physics of Solids, 1969, 17 (3): 201-217.

[189] GURSON A. Continuum Theory of Ductile Rupture by Void Nucleation and Growth: Part 1-Yield Criteria and Flow Rules for Porous Ductilr Media [J]. Journal of Engineering Materials and Technology, 1977, 99: 2-15.

[190] JOHNSON G R, COOK W H. Fracture characteristics of three metals subjected to various strains, strain rates, temperatures and pressures [J]. Engineering fracture mechanics, 1985, 21 (1): 31-48.

[191] BAO Y. Prediction of ductile crack formation in uncracked bodies [D]. Cambridge, Mass.: Massachusetts Institute of Technology, 2003.

[192] WILKINS M L, STREIT R D, REAUGH J E. Cumulative-strain-damage model of ductile fracture: simulation and prediction of engineering fracture tests [R]. Lawrence Livermore National Lab., CA (USA); Science Applications, Inc., San Leandro, CA (USA), 1980.

[193] XUE L. Damage accumulation and fracture initiation in uncracked ductile solids subject to triaxial loading [J]. International journal of solids and structures, 2007, 44 (16): 5163-5181.

[194] BAI Y. Effect of loading history on necking and fracture [D]. Cambridge, Mass.: Massachusetts Institute of Technology, 2007.

[195] WIERZBICKI T, BAO Y, BAI Y. A new experimental technique for constructing a fracture envelope of metals under multi-axial loading [C] //Proceedings of the 2005 SEM annual conference and exposition on experimental and applied mechanics. Portland USA, 2005: 1295-1303.

[196] BAI Y, WIERZBICKI T. A new model of metal plasticity and fracture with pressure and Lode dependence [J]. International journal of plasticity, 2008, 24 (6): 1071-1096.

[197] JIA L-J, KUWAMURA H. Ductile fracture simulation of structural steels under monotonic tension [J]. Journal of Structural Engineering, 2014, 140 (5): 04013115.

[198] YAN S, ZHAO X, WU A. Ductile fracture simulation of constructional steels based on yield-to-fracture stress-strain relationship and micromechanism-based fracture criterion [J]. Journal of Structural Engineering, 2018, 144 (3): 04018004.

[199] LS-DYNA. Keyword User's manual R11 [M]. Livermore Software Technology Corporation, 2007.

[200] GRASSL P, JIRÁSEK M. Damage-plastic model for concrete failure [J]. International journal of solids and structures, 2006, 43 (22-23): 7166-7196.

[201] GRASSL P, XENOS D, NYSTRÖM U, et al. CDPM2: A damage-plasticity approach to modelling the failure of concrete [J]. International Journal of Solids and Structures, 2013, 50 (24): 3805-3816.

[202] Model code for concrete structures: CEB-FIP 2010 [S]. Lausanne: International Federation for Structural Concrete, 2010.

[203] GOPALARATNAM V S, SHAH S P. Softening response of plain concrete in direct tension [J]. ACI Journal Proceedings, 1985, 82 (3): 310-323.

[204] SINHA B P, GERSTLE K H, TULIN L G. Stress-strain relations for concrete under cyclic loading [J] ACI Journal Proceedings, 1964, 61 (2): 195-211.

[205] TAHMASEBINIA F, RANZI G, ZONA A. A probabilistic three-dimensional finite element study on simply-supported composite floor beams [J]. Australian Journal of Structural Engineering, 2011, 12 (3): 251-262.

[206] Design of composite steel and concrete structures, part 1-1: general rules and rules for buildings:

ENV 1994-1-1 [S]. Brussels：European Committee for Standardization，2004.

[207] 建设部建筑制品与构配件产品标准化技术委员会. 建筑结构用冷弯矩形钢管：JG/T 178—2005 [S]. 北京：中国标准出版社，2005.

[208] Design of structures for earthquake resistance，part 3：assessment and retrofitting for buildings：ENV 1998-1-4 [S]. Brussels：European Committee for Standardization，2010.

[209] TIMOSHENKO S，GOODIER J N. Theory of Elasticity [M]. New York：McGraw-Hill book Company，1951.

[210] MAIN J A. Composite floor systems under column loss：collapse resistance and tie force requirements [J]. Journal of Structural Engineering，2014，140 (8)：A4014003.

[211] 王伟，秦希. 提升抗连续倒塌能力的钢框架梁柱刚性节点设计理念与方法 [J]. 建筑结构学报，2016，37 (6)：123-130.

[212] TSITOS A，MOSQUEDA G. Experimental investigation of the progressive collapse of a steel special moment-resisting frame and a post-tensioned energy-dissipating frame [M] //Role of Seismic Testing Facilities in Performance-Based Earthquake Engineering. Springer，2012：367-382.

[213] PIRMOZ A，LIU M M. Finite element modeling and capacity analysis of post-tensioned steel frames against progressive collapse [J]. Engineering Structures，2016，126：446-456.

[214] VASDRAVELLIS G，BAIGUERA M，AL-SAMMARAIE D. Robustness assessment of a steel self-centering moment-resisting frame under column loss [J]. Journal of Constructional Steel Research，2018，141：36-49.